教育部高等学校航空航天类专业教学指导委员会推荐教材
航空航天类专业应用型人才培养教材

飞机制造技术基础

——机械加工

(第2版)

郑 晖　赵天章　戚英伟　韩志仁　编著

北京航空航天大学出版社

内容简介

本书主要介绍飞机零件机械加工工艺、切削加工工艺基础、现代制造技术、机械加工工艺规程设计、装配工艺和飞机典型零件机械加工，从相关的基础理论、分类方法、制造手段、制造设备、制造工艺设计、零件的工艺性等方面进行阐述，并列举飞机上的壁板、梁类、框类、缘条长桁类典型零件的机械加工特性。

本书是为航空院校飞行器制造专业学生全面学习和了解飞机制造技术而编写的，可作为飞行器设计专业的教材，也可作为从事飞机设计和制造的工程技术人员的参考书。

图书在版编目(CIP)数据

飞机制造技术基础. 机械加工 / 郑晖等编著. -- 2 版. -- 北京 ：北京航空航天大学出版社，2023.7

ISBN 978-7-5124-4113-2

Ⅰ. ①飞… Ⅱ. ①郑… Ⅲ. ①飞机—制造—机械加工 Ⅳ. ①V262

中国国家版本馆 CIP 数据核字(2023)第 118587 号

飞机制造技术基础——机械加工(第 2 版)

郑 晖　赵天章　戚英伟　韩志仁　编著

策划编辑　周世婷　　责任编辑　周世婷

*

北京航空航天大学出版社出版发行

北京市海淀区学院路 37 号(邮编 100191)　http://www.buaapress.com.cn

发行部电话：(010)82317024　传真：(010)82328026

读者信箱：goodtextbook@126.com　邮购电话：(010)82316936

北京富资园科技发展有限公司印装　各地书店经销

*

开本：789×1 092　1/16　印张：13　字数：333 千字

2023 年 8 月第 2 版　2024 年 1 月第 2 次印刷　印数：1 001－2 000 册

ISBN 978-7-5124-4113-2　定价：49.00 元

航空航天类专业应用型人才培养教材
编 委 会

前 言

飞机制造过程包括毛坯制造、零件加工、装配安装和试验4个阶段。

随着航空制造技术的发展,不仅飞机制造过程的4个阶段中具体的制造技术得到了飞速发展,新技术不断出现和应用,而且飞机设计制造的传统模式也发生了改变:以MBD规范为基础的三维综合信息模型作为飞机制造的依据,改变了传统的二维工程图模式,在整个制造过程中依据的载体、表达方式和制造手段等均发生了变化,最终实现了全三维数字化、无纸化制造。

数字化技术最先体现在机械零件的数控加工方面。数控加工设备的飞速发展,航空企业在数控机床设备方面的大量投入,形成了以高性能、高精度为集群的数控加工能力。在此基础上,飞机零件的设计理念也随之改变,部分钣金件直接设计成机加件,从而更好地保证了零件的强度和尺寸精度,使得在整个飞机设计中机加件数量明显增加。

机械加工方法作为飞机零件的主要制造方法之一,与数字化设计和数字化制造技术相结合,确立了其重要地位。

机械加工涉及一整套理论体系和工艺方法,全书分为6章进行介绍。其中,飞机零件机械加工工艺概述为第1章,阐述了飞机机械加工零件的特点及分类。切削加工工艺基础为第2章,内容包括切削原理、加工方法、加工精度和表面质量。现代制造技术属于机械加工的特种加工技术,为第3章,主要面向超精密加工。机械加工工艺规程设计为第4章,是工艺人员编写零件机械加工的指令性文件的过程。装配工艺设计为第5章,是工艺人员编写产品装配的指令性文件的过程。飞机典型零件机械加工为第6章,列举了飞机上的壁板、梁类、框类、缘条、长桁类典型零件的机械加工特性。

本书的内容与《飞机制造技术基础——热加工、塑性加工及数字化制造》(第2版)互为补充,与其共同组成飞机制造技术基础的全部内容。本书不仅适于航空院校教学,也适合工程技术人员参考。

本书整体结构由韩志仁负责设计。全书由郑晖、韩志仁编写,赵天章和戚英伟负责校稿和整理。

由于本书编写人员的时间、知识和经验有限,在内容编排和题材取舍方面难免有处理不妥和疏漏之处,请广大读者批评指正,以便今后修订。

编 者

2023年4月

前言

目 录

第 1 章　飞机零件机械加工工艺概述

机械加工是指通过一种机械设备对工件的外形尺寸或性能进行改变的过程。飞机零件机械加工(简称“机加”)工艺是飞机制造技术中的重要组成部分。

讨论飞机的制造技术前,首先需要了解的是飞机的结构特点,然后才能针对具体情况进行具体分析。

飞机的结构可以用 6 大特点来说明:零件种类多、尺寸大、刚性差、外形复杂、精度要求高、结构复杂。

① 零件种类多　一般来说,汽车零件数量是以千为计数单位的,几千个零件的汽车已经属于零件数目极多的机电产品了。而飞机的零件数量是以十万为计数单位的,几十万零件的飞机不算复杂的,大型商用飞机零件个数甚至要到百万量级。像波音 747 这样的大型飞机,零件数量可以到 400 万个以上。

② 尺寸大　大型运输机 C-5A 飞机翼展 68 m,机身长 75 m;飞机尺寸大的一个重要原因是飞机有很多大尺寸的单个零件,比如 A-380 的机翼右上壁板的尺寸可达 33 m×2.8 m,波音 747 机翼上一块整体壁板长达 34 m。

③ 刚性差　大型客机的蒙皮厚度也就 2 mm,薄弱处甚至只有 1.2～1.8 mm。

④ 外形复杂　飞机外形往往不能用一个简单数学公式表达,目前设计时都采用复杂的插值曲线、曲面来表达,而最终的设计是依靠风洞进行试验来定型的。

⑤ 精度要求高　一个 30 m 长的零件,比如大型飞机的机翼,表面波纹度要达到 0.5 mm。

⑥ 结构复杂　大部分飞机由前面所说外形复杂且刚性差的很多零件组成,于是零件之间结构关系复杂且难以定位在一起,因此需要更多的紧固件,而紧固件的增多给装配带来一定难度。

飞机零件机械加工工艺是飞机制造技术中的重要组成部分。尽管目前,我国在飞机制造领域的技术水平距离欧美发达国家还有些许差距,但在过去的数十年里,我国制造业一直处于快速发展的阶段,并经历了翻天覆地的变化,政府加大投入力度,提升自身技术水平,迅速发展起自己的国产大飞机。中国的飞机制造业已经成为了全球中高端制造的一个中心。未来,中国的飞机制造业将继续成为国民经济的重要支柱产业。因此,在总结经验的基础上,加强科学研究、提高加工工艺水平,是发展航空工业的重要环节之一。

1.1　飞机零件机加工艺的重要性

当代飞机要求具有先进的设计、优化的选材和精良的制造工艺。统计资料表明,随着飞机技术性能的不断提高和数控加工技术的广泛应用,机加零件的数量在不断增多,整体大件增加得更为显著。以歼击机为例,机加零件的件数 N,整体大件的件数 M 和机加零件的制造劳动量占全机制造劳动量的百分数 B 都在不断增长,其增长趋势如图 1-1 所示。

飞机机体的大部分骨架零件都要进行机械加工,只有不断地寻求新的机加工艺方法和先进的加工设备,才能适应多品种、中小批量、生产周期长、劳动量大的机加零件的生产需要。

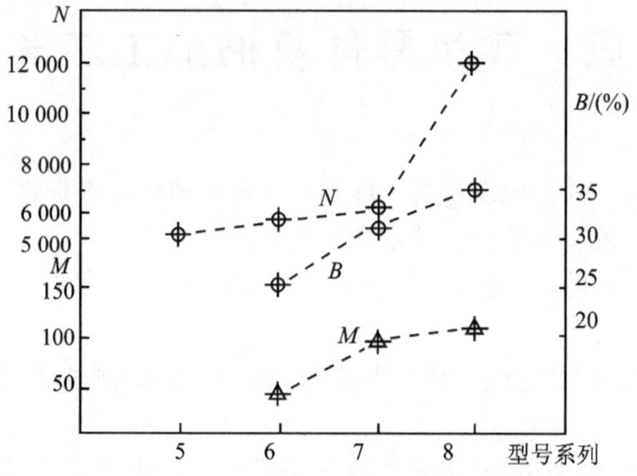

图 1-1　歼击机机加零件件数、整体大件的件数和制造劳动量占全机制造劳动量的百分数的增长趋势

随着电子计算机技术和数控加工技术的发展,计算机辅助设计/辅助制造(CAD/CAM)技术和柔性制造系统(FMS)技术得到了广泛应用和迅速发展,机加工艺技术水平得到了很大提高。这对保证机加零件的质量、缩短制造周期、降低生产成本、增加竞争和应变能力,以及扩大国际合作等发挥了巨大作用。

1.2　飞机零件机加工艺的特点

飞机零件机加工艺之所以有别于一般机械制造业的机加工艺,是因为飞机的结构和生产方式具有其自身的特点。

机加零件是飞机机体骨架和气动外形的重要组成部分,它们品种繁多、形状复杂、选材各异。与一般机械制造业相比,飞机零件的加工难度大,对制造技术的要求高。例如,壁板、梁、框、座舱盖骨架整体结构件,由构成飞机气动外形的流线型曲面、各种异形切面、结合槽口及交点孔组合而成的复杂组合体,它们不但对形位公差精度要求高,而且有严格的重量控制和使用寿命的要求。飞机零件机加工艺具有航空工艺的明显特色,所采用的加工手段包括手工操作、半自动化的数控加工、全自动化的柔性制造系统等多种,其间的技术水平差异很大。

零件加工时,除要求按图纸尺寸制造外,对构成气动外形的流线型曲面、结合槽口以及交点孔等,还有符合专用检验工装的要求。专用工装品种多,协调关系复杂、协调精度要求高。应用计算机辅助设计和辅助制造,可大大减少协调环节、提高协调精度、节省许多专用工装、缩短新产品的研制周期。

为了达到零件设计的各项技术要求,飞机机加零件的工艺过程复杂、控制严格。零件外形和尺寸的准确度、边缘状况、表面完整性(包括表面粗糙度、表面应力、表面腐蚀、表面烧伤、表面纹理方向、表面电磁特性变化等),都必须采用相应的工艺措施来保证,采用动态的检测手段来进行检验。

在飞机机加工艺中,铣削加工工艺占有重要的地位。铣削加工的劳动量占全机机加总劳动量的 33.8%~48.5%。因此,大型多坐标数控铣床得到了广泛的应用。表 1-1 列出了一些飞机机加零件机加劳动量的统计数字。

表1-1　飞机机加零件机加劳动量统计表

飞机代号	机加零件总工时/h	铣削加工工时/h	铣削加工工时所占比例/%
A	4 180	2 026	48.5
B	4 594	1 557.8	33.8
C	8 676	4 192	48.3
D	31 929	14 004	43.0
E	5 650	1 628	35.0

飞机机加工艺综合运用各种先进机加工艺的复杂技术，如成组技术(GT)、数控加工技术、仿形加工技术、精密深孔加工技术、超精加工技术、无切屑加工技术等。

飞机机加工艺的发展取决于飞机结构的改进、新型材料的应用和新工艺、新技术及先进设备的采用。军用飞机不断提高的战术技术指标，民用飞机安全、寿命、舒适的市场要求，比刚度大、比强度高、耐腐蚀材料的使用等，都迫切需要飞机机加工艺技术不断得以完善、发展和提高。

1.3　飞机机加零件分类

飞机机加零件按结构特点和工艺特点可分为7大类，见表1-2。

表1-2　飞机机加零件按结构和工艺特点分类

<table>
<tr><th>序　号</th><th colspan="2">类　别</th><th>结构特点</th><th>使用材料</th><th>主要机加方法</th></tr>
<tr><td rowspan="4">1</td><td rowspan="4">整体结构件</td><td>壁板</td><td>气动外形，带内槽</td><td>铝合金
钛合金</td><td>三坐标数控铣切</td></tr>
<tr><td>梁</td><td rowspan="2">气动外缘、带变斜角、截面形状多种(1、L、T、U、Z字形等)</td><td rowspan="2">铝合金
合金钢</td><td rowspan="2">四、五坐标数控铣切</td></tr>
<tr><td>框、肋</td></tr>
<tr><td>座舱盖骨架</td><td>气动外形复杂</td><td>铸造镁合金</td><td>对结合部位机械加工，外形、气密槽五坐标数控铣切</td></tr>
<tr><td>2</td><td colspan="2">起落架和作动筒</td><td>筒形、深孔、带叉耳接头</td><td>合金钢
铝合金
钛合金</td><td>车、铣切、高速铰孔、镗、超精、珩磨</td></tr>
<tr><td>3</td><td colspan="2">接头类零件</td><td>叉耳形、平板形、盒形</td><td>合金钢
铝合金</td><td>铣切、钻孔</td></tr>
<tr><td>4</td><td colspan="2">缘条、型材类零件</td><td>细长、带变斜角、截面形状多种(1、L、T、Z字形等)</td><td>铝合金
合金钢</td><td>三、四、五坐标数控铣切</td></tr>
<tr><td>5</td><td colspan="2">摇臂支座类零件</td><td>带叉耳、带轴承孔、单臂、双臂、多臂</td><td>铝合金
合金钢</td><td>成组加工(铣、钻)、镗、磨、拉孔</td></tr>
</table>

续表 1-2

序　号	类　别	结构特点	使用材料	主要机加方法
6	开关、活门壳体类零件	直通、弯头、三通、四通管外形，带内外螺纹，密封锥体，密封环槽	钢 合金钢 铝合金	车、钻孔、铣切
7	管嘴、紧固件类零件	螺钉的杆身为圆柱体，带螺纹；头部为四方形、六方形或圆形，带一字型或十字型槽；螺母为蝶形或拖板形，带内螺纹	钢 合金钢 铝合金	车、冷镦、搓丝、滚丝、钻孔

由于现代飞机的性能不断提高，因此整体结构已成为现代飞机广泛应用的主要承力构件。

整体结构与旧式的铆接结构相比，有许多突出的优点。在气动性能方面，整体结构外形准确，对称性好；在强度方面，整体结构刚性好，比强度高，可减轻重量(约15%～20%)，气密性好；在工艺和经济效益方面，整体结构大大减少了零件和连接件的数量，装配后变形小，可使部件成本降低50%左右。当前整体结构的制造技术水平，已成为衡量世界各国航空技术水平和基础工业水平的重要标志之一。

其他各类零件，如起落架、作动筒、接头支臂、缘条型材、摇臂、支座、开关、活门壳体、管嘴、紧固件等，将在有关章节中论述。

习　题

1. 飞机结构的六大特点是什么？
2. 飞机机加零件，按其结构特点和工艺特点可分为几大类？

第 2 章　切削加工工艺基础

2.1　概　述

切削加工是指使用切削工具(包括刀具、磨具和磨料)，在工具和工件的相对运动中，把工件上多余的材料层切除，使工件获得规定的几何参数(包括尺寸、形状和位置)和表面质量的加工方法。

截至目前，机器上的零件，除少部分采用材料的精密成型技术，如精密铸造、精密锻造、粉末冶金等无屑加工方法获得以外，绝大多数零件是靠切削加工获得的。因此，切削加工是机械制造的主要手段，在各种基本加工方法中具有重要的地位。

2.1.1　零件表面的形成

基本表面：包括外圆面、内圆面(孔)、平面。

成型面：包括螺纹、齿轮的齿形等。

这些表面可分别用图 2-1 所示的相应加工方法来获得。

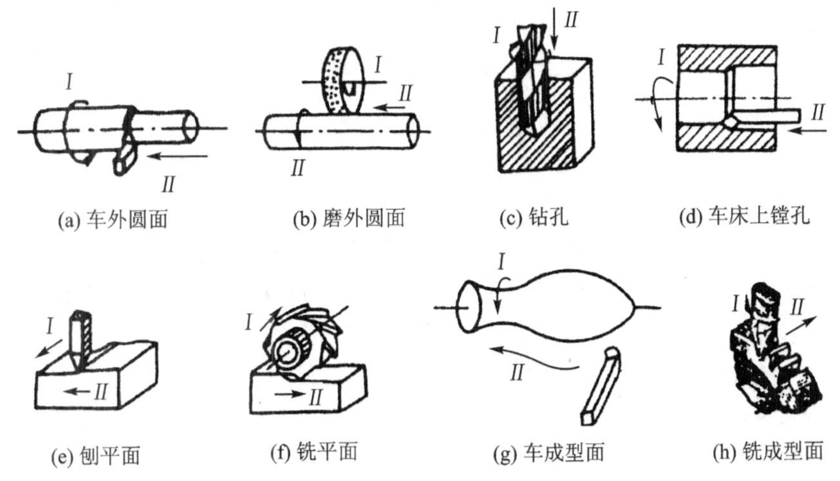

图 2-1　零件不同表面加工时的切削运动

切削加工过程是一个动态过程，在切削过程中，工件上通常存在着三个不断变化的切削表面，即待加工表面、已加工表面和过渡表面(加工表面)。

待加工表面：工件上即将被切除的表面。

已加工表面：工件上已切去切削层而形成的新表面。

过渡表面(加工表面)：工件上正被刀具切削着的表面，介于已加工表面和待加工表面之间。以车削外圆为例，如图 2-2 所示。

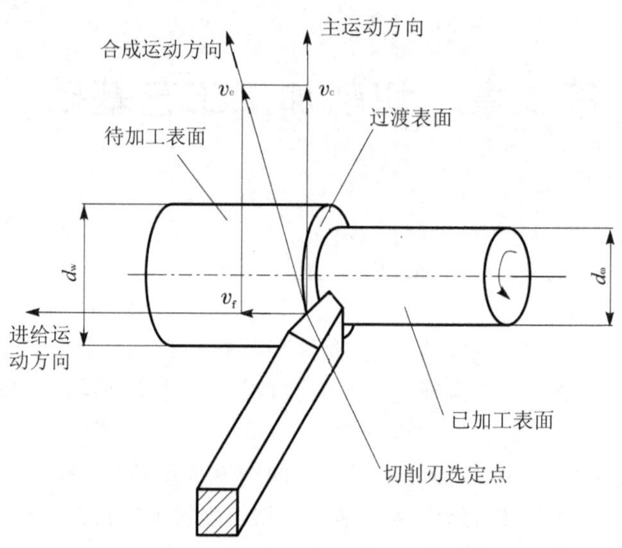

图 2-2　切削运动与加工表面

2.1.2　切削运动

切削运动(cutting motions)：在切削加工中,刀具和工件间必须有一定的相对运动。

切削运动可以是旋转运动或直线运动,也可以是连续的或间歇的。

切削运动包括主运动(见图 2-1 中 *I*)和进给运动(见图 2-1 中 *II*)。

1. 主运动

主运动是刀具与工件之间的相对运动。它使刀具的前刀面能够接近工件,切除工件上的被切削层,使之转变为切屑,从而完成切削加工。一般,主运动切削速度(v_c)最高,消耗功率最大,机床通常只有一个主运动。例如,车削加工时,工件的回转运动是主运动。

2. 进给运动

进给运动是配合主运动实现依次连续不断地切除多余金属层的刀具与工件之间的附加相对运动。进给运动与主运动配合即可完成所需表面几何形状的加工,根据工件表面形状成型的需要,进给运动可以是多个,也可以是一个;可以是连续的,也可以是间歇的。

3. 合成切削运动与合成切削速度

当主运动和进给运动同时进行时,刀具切削刃上某一点相对于工件的运动称为合成切削运动,其大小和方向用合成切削速度 v_e 表示(见图 2-2)：

$$v_e = v_c + v_f \tag{2-1}$$

2.1.3　切削用量

切削用量(cutting conditions)包括切削速度 v_c、进给量 f(或进给速度 v_f)和背吃刀量 a_p 三要素。

1. 切削速度

切削刃上选定点相对工件主运动的瞬时速度称为切削速度(cutting speed),以 v_c 表示,单位为 m/s 或 m/min。

若主运动为旋转运动(如车削、铣削等),切削速度一般为其最大线速度,公式如下:

$$v_c = \frac{\pi d n}{1\ 000} \tag{2-2}$$

式中:d 为工件(或刀具)的直径,mm;n 为工件(或刀具)的转速,r/s 或 r/min。

若主运动为往复直线运动(如刨削、插削等),则常以其平均速度为切削速度,公式如下:

$$v_c = \frac{2 L n_r}{1\ 000} \tag{2-3}$$

式中:L 为往复行程长度,mm;n_r 为主运动每秒或每分钟的往复次数,str/s 或 str/min。

2. 进给量

刀具在进给运动方向上相对工件的位移量称为进给量(feed rate)。

用单齿刀具(如车刀、刨刀等)加工时,进给量常用刀具或工件每转或每行程刀具在进给运动方向上相对工件的位移量来度量,称为每转进给量或每行程进给量,以 f 表示,单位为 mm/r 或 mm/str。

用多齿刀具(如铣刀、钻头等)加工时,进给运动的瞬时速度称为进给速度,以 v_f 表示,单位为 mm/s 或 mm/min。刀具每转或每行程中每齿相对工作进给运动方向上的位移量,称为每齿进给量,以 f_z 表示,单位为 mm/z(毫米/齿)。

f_z、f、v_f 之间有如下关系:

$$v_f = f n = f_z z n \tag{2-4}$$

式中:n 为刀具或工件转速,r/s 或 r/min;z 为刀具的齿数。

3. 背吃刀量

在通过切削刃上选定点并垂直于该点主运动方向的切削层尺寸平面中,垂直于进给运动方向测量的切削层尺寸,称为背吃刀量(back engagement of the cutting edge),以 a_p 表示,单位为 mm。如图 2-3 所示,车外圆时,a_p 可用下式计算,即

$$a_p = \frac{d_w - d_m}{2} \tag{2-5}$$

式中:d_w 和 d_m 分别为工件待加工和已加工表面直径,mm。

工件上由主切削刃形成的那部分表面为过渡表面。

2.1.4　切削层参数

切削层是指切削过程中,由刀具切削部分的一个单一动作(如车削时工件转一圈,车刀主切削刃移动一段距离)所切除的工件材料层。它决定了切屑的尺寸及刀具切削部分的载荷。

切削层的尺寸和形状通常是在切削层尺寸平面中测量的,如图 2-3 与图 2-4 所示。

① 切削层公称横截面积 A_D　在给定瞬间,切削层在切削层尺寸平面里的实际横截面积,单位为 mm^2。

② 切削层公称宽度 b_D　在给定瞬间,沿加工表面度量的切削层尺寸,在切削层尺寸平面中测量,单位为 mm。

③ 切削层公称厚度 h_D　同一瞬间,切削层公称横截面积与其公称宽度之比,单位为 mm。

由定义可知

$$A_D = b_D h_D \tag{2-6}$$

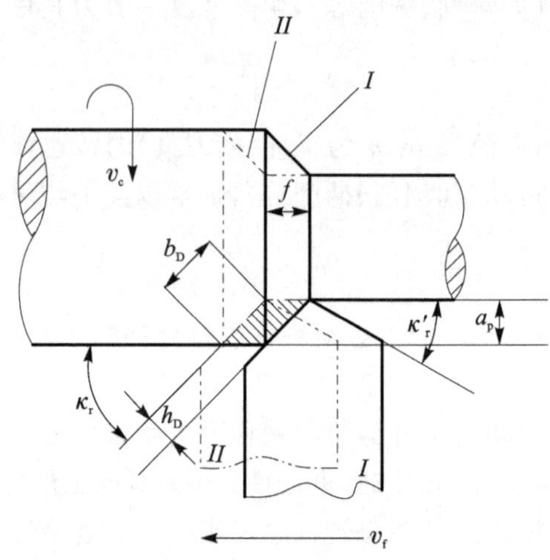

图 2-3　切削用量和切削层参数

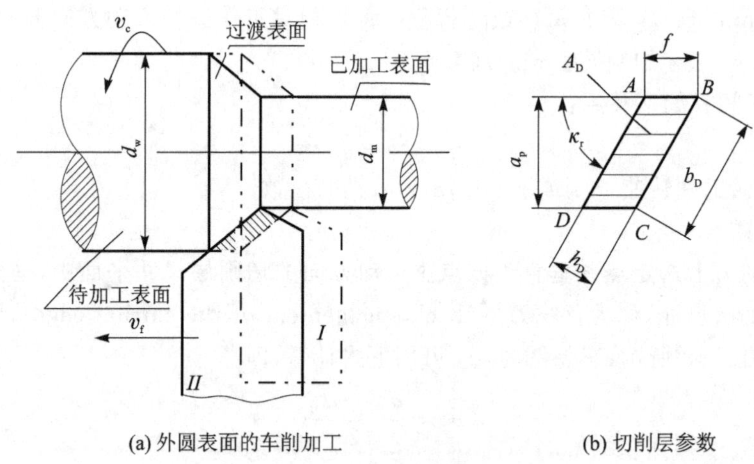

(a) 外圆表面的车削加工　　(b) 切削层参数

图 2-4　切削层参数

因为 A_D 不包括残留面积,而且在各种加工方法中 A_D 与进给量和背吃刀量的关系不同,所以 A_D 不等于 f 与 a_p 的积。只有在车削加工中,当残留面积很小时,才能近似地认为它们相等,即

$$A_D \approx fa_p \quad \text{mm}^2$$

2.2　切削刀具

2.2.1　刀具切削部分的组成与刀具角度

1. 刀具切削部分的组成

外圆车刀是最基本、最典型的切削刀具,其切削部分(又称刀头)由前刀面、主后刀面、副后刀面、主切削刃、副切削刃和刀尖组成。其定义如下:

① 前刀面　刀具上与切屑接触并相互作用的表面(即切屑流过的表面)。

② 主后刀面　刀具上与工件过渡表面相对并相互作用的表面。

③ 副后刀面　刀具上与已加工表面相对并相互作用的表面。

④ 主切削刃　前刀面与主后刀面的交线。它完成主要的切削工作。

⑤ 副切削刃　前刀面与主后刀面的交线。它配合主切削刃完成切削工作,并最终形成已加工表面。

⑥ 刀尖　主切削刃和副切削刃连接处的一段刀刃。它可以是小的直线段或圆弧。

具体参见切削运动与加工表面及刀具组成图(见图 2-5)。其他各类刀具,如刨刀、钻头、铣刀等,都可以看作是车刀的演变和组合。

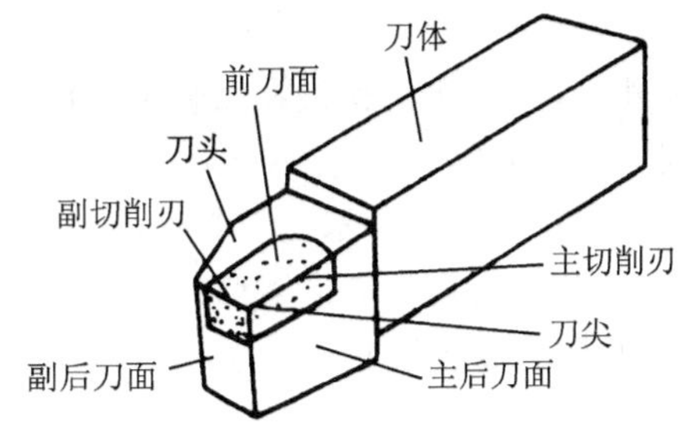

图 2-5　刀具组成图

2. 刀具标注角度参考系

假定运动条件:用刀具主运动向量近似代替合成运动向量,然后再用平行或垂直于主运动方向的坐标平面构成参考系。

假定安装条件:假定刀具的安装位置恰好使其底面或轴线与参考系的平面平行或垂直。

① 基面 p_r　通过切削刃选定点垂直于主运动方向的平面。由于刀具静止参考系是在假定条件下建立的,因此,对车刀、刨刀来说,其基面平行于刀具的底面;对钻头、铣刀等旋转刀具来说,则为通过切削刃某选定点,包含刀具轴线的平面。基面是刀具制造、刃磨及测量时的定位基准。

② 切削平面 p_s　通过切削刃选定点与主切削刃相切并垂直于基面的平面。当切削刃为直线刃时,过切削刃选定点的切削平面即是包含切削刃并垂直于基面的平面。

③ 正交平面 p_o　通过切削刃选定点并同时垂直于基面和切削平面的平面。也可认为,正交平面是过切削刃选定点垂直于主切削刃在基面上的投影所作的平面。

由 p_r、p_s、p_o 组成一个正交平面参考系,如图 2-6 所示。

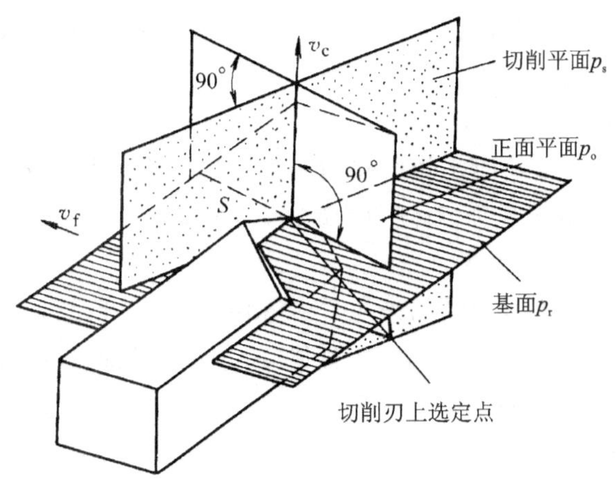

图 2-6　正交平面参考系

3. 刀具工作角度参考系

上述刀具标注角度参考系，在定义基面时，都只考虑主运动，不考虑进给运动，即在假定运动条件下确定的参考系。但刀具在实际使用过程中，这样的参考系所确定的刀具角度，往往不能确切反映切削加工的真实情况。只有用合成切削速度方向来确定参考系，才符合切削加工的实际。

另外，刀具实际安装位置也影响工作角度的大小。只有采用刀具工作角度参考系，才能反映切削加工的实际。

刀具工作角度参考系与刀具标注角度参考系的唯一区别是：用合成切削运动方向取代主运动切削方向，用实际进给运动方向取代假定进给运动方向。

4. 刀具的标注角度

在正交平面参考系中可标注出如下刀具角度，如图 2-7 所示。

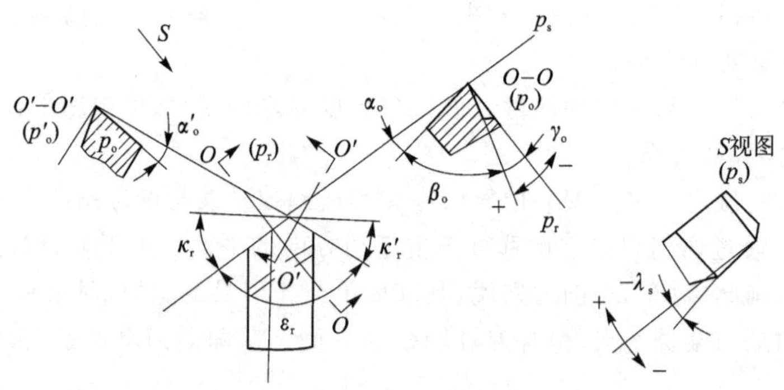

图 2-7　正交平面参考系内的刀具标注角度

(1) 在基面内测量的角度

① 主偏角 κ_r　主切削刃在基面上的投影与假定进给运动方向间的夹角。它总是为正值。

② 副偏角 κ'_r　副切削刃在基面上的投影与假定进给运动反方向之间的夹角。

③ 刀尖角 ε_r　主、副切削刃在基面投影之间的夹角。

在基面内，主偏角 κ_r 和副偏角 κ'_r 分别决定了主切削刃和副切削刃的位置，刀尖角 ε_r 可由主偏角和副偏角派生得到，即 $\varepsilon_r = 180° - (\kappa_r + \kappa'_r)$。

(2) 在切削平面内测量的角度

刃倾角 λ_s　主切削刃与基面之间的夹角。当刀尖是主切削刃的最高点时，刃倾角为正值；当刀尖是主切削刃的最低点时，刃倾角为负值；当主切削刃与基面重合时，刃倾角为 0°。

(3) 在正交平面内测量的角度

① 前角 γ_o　前刀面与基面之间的夹角。前角有正、负和 0°之分，当前刀面与切削平面夹角小于 90°时前角为正值，大于 90°时前角为负值，前刀面与基面重合时前角为 0°。

② 后角 α_o　后刀面与切削平面之间的夹角。当后刀面与基面夹角小于 90°时后角为正值。为减小刀具和加工表面之间的摩擦，后角一般不能为 0°，更不能为负值。

③ 楔角 β_o　前刀面与后刀面之间的夹角。此角为派生角。

在正交平面内，前角 γ_o 和后角 α_o 分别决定了前刀面和后刀面的位置，楔角 β_o 可由前角和后角派生得到，即 $\beta_o = 90° - (\gamma_o + \alpha_o)$。

(4) 在副切削刃的正交平面内测量的角度

参照主切削刃的研究方法，可过副切削刃选定点垂直于副切削刃在基面上的投影作出副切削刃的正交平面(用 p'_o表示)，在副切削刃的正交平面内可同样测量副后角 α'_o。

5．刀具的工作角度

在实际的切削加工中，由于刀具安装位置和进给运动的影响，上述标注角度会发生一定的变化。角度变化的根本原因是切削平面、基面和正交平面位置的改变。以切削过程中实际的切削平面 p_s、基面 p_r 和主剖面 p_o 为参考平面所确定的刀具角度称为刀具的工作角度，又称实际角度。

(1) 刀具工作参考系平面

① 工作基面 p_{re}　通过切削刃选定点并与合成切削速度方向相垂直的平面。

② 工作切削平面 p_{se}　通过切削刃选定点与切削刃相切并垂直于工作基面的平面。

(2) 进给量对工作角度的影响

以切断车刀加工为例，设切断车刀主偏角 $\kappa_r=90°$，前角 $\lambda_o>0°$，后角 $\alpha_o>0°$，安装时刀尖对准工件的中心高。

不考虑进给运动时，前角 λ_o 和后角 α_o 为标注角度。当考虑横向进给运动后，刀刃上选定点相对于工件的运动轨迹，是主运动和横向进给运动的合成运动轨迹，为阿基米德螺旋线，如图 2-8 所示。其合成运动方向 v_e 为过该点的阿基米德螺旋线的切线方向。因此，工作基面 p_{re} 和工作切削平面 p_{se} 相对 p_r 和 p_s 相应地转动了一个 μ 角，结果引起切断刀的角度的变化，其值为

$$\gamma_{oe}=\gamma_o+\mu \tag{2-7}$$

$$\alpha_{oe}=\alpha_o-\mu \tag{2-8}$$

$$\tan\mu=\frac{v_f}{v_c}=\frac{f}{\pi d} \tag{2-9}$$

式中：f 为工件每转一圈刀具的横向进给量，mm/r；d 为工件切削刃选定点处的瞬时过渡表面直径，mm。

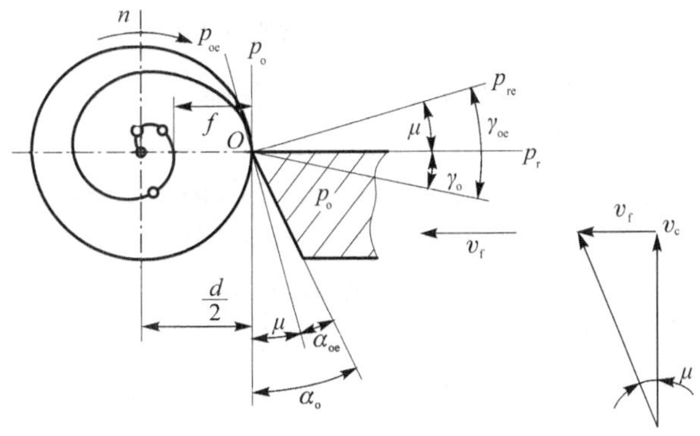

图 2-8　横向进给运动对工作角度的影响

由式(2-7)～式(2-9)可知，在横向进给切削或切断工件时，随着进给量 f 的增加和加工

直径 d 的减小，μ 值不断增大，工作后角不断减小；当刀尖接近工件中心位置时，工作后角的减小特别严重，很容易因后面和工件过渡表面剧烈摩擦使刀刃崩碎或工件被挤断，切削中应引起充分重视。因此，切断工件时不宜选用过大的进给量 f，或在切断接近结束时，应适当减小进给量或适当加大标注后角。

对于纵向外圆车削，同样，随着进给量 f 的增加和加工直径 d 的减小，μ 值增大，工作前角增大，工作后角减小；但在纵向外圆车削过程中，工件直径基本不变，进给量又较小，一般可忽略不计，不必进行工作角度的计算。但当进给量很大时，如车螺纹时，尤其是大导程或多头螺纹时，工作角度与标注角度相差很大，必须进行工作角度计算。

(3) 刀具安装位置对工作角度的影响

① 刀具安装高低的影响　在外圆横车时，忽略进给量的影响，并假定 $\kappa_r=90°$，$\lambda_s=0°$，当刀尖安装位置高于工件中心时，工作切削平面和工作基面将转动 θ 角，使工作前角增大，工作后角减小，如图 2-9 所示，工作角度与标注角度的换算关系如下：

$$\gamma_{oe}=\gamma_o+\theta \tag{2-10}$$

$$\alpha_{oe}=\alpha_o-\theta \tag{2-11}$$

$$\tan\theta\approx\frac{2h}{d} \tag{2-12}$$

式中：h 为切削刃高于工件中心的距离，mm；d 为工件上选定点的直径，mm。

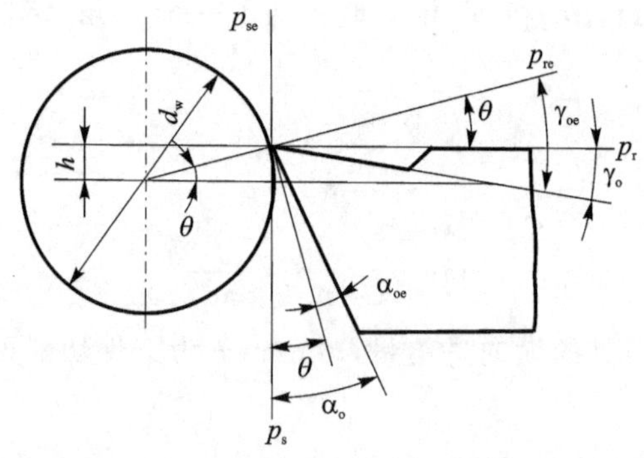

图 2-9　刀具安装高低的影响

当刀尖安装低于工件中心时，刀具工作角度的变化则相反。内孔镗削时的角度变化情况恰好与外圆车削时的情况相反。

② 刀杆轴线与进给运动方向不垂直的影响　当刀杆的轴线与进给运动方向不垂直时，如果刀杆右斜，使主偏角 κ_{re} 增大，则副偏角 κ'_{re} 减小；如果刀杆左斜，使主偏角 κ_{re} 减小，则副偏角 κ'_{re} 增大。车削锥面时，进给方向与工件轴线不平行，也会使实际的主偏角和副偏角发生变化。

以上讨论的刀具工作角度是单独考虑一个因素的影响，实际工作中的刀具可能既有安装高低或偏斜的影响，又有进给运动的影响，这时应综合考虑各项影响的结果，将各项叠加起来。

2.2.2　刀具材料

1. 刀具材料应具备的性能

从切削加工的使用实际出发，刀具材料应具备如下性能：

① 高硬度和耐磨性　要实现切削加工，刀具材料必须具有比工件材料高的硬度，高硬度是刀具材料的最基本性能。在金属切削加工中，刀具材料的硬度应在 60HRC 以上。工件材料的硬度越高，要求刀具材料的硬度相应提高。

② 足够的强度和韧性　要使刀具在切削力作用下不致产生破坏，就必须具有足够的强度。同时还要具备足够的韧性，以承受各种应力、冲击载荷和振动的作用。

③ 良好的耐热性和导热性　切削过程中一般都会产生很高的温度，刀具材料必须具有一定的耐热性，以保证在高温下仍然具有所要求的硬度的性能。

④ 良好的工艺性　为了便于制造，刀具切削部分材料应具有良好的锻造、焊接、热处理和磨削加工等性能。

⑤ 经济性　应结合本国的资源，尽可能降低材料的成本。

2. 常用的刀具材料

刀具切削部分材料主要有碳素工具钢、合金工具钢、高速钢、硬质合金、陶瓷和超硬刀具材料等，各种刀具材料的力学性能如表 2-1 所列。

表 2-1　各种刀具材料的力学性能

材料种类	硬　度	密度/($g\cdot cm^{-3}$)	抗弯强度/GPa	冲击韧性/($kJ\cdot m^{-2}$)	热导率/[$W\cdot(m\cdot K)^{-1}$]	耐热性/℃
碳素工具钢	63HRC～65HRC	7.6～7.8	2.2	—	41.8	200～250
合金工具钢	63HRC～66HRC	7.7～7.9	2.4	—	41.8	300～400
高速钢	63HRC～70HRC	8.0～8.8	1.96～5.88	98～588	16.7～25.1	600～700
硬质合金	89HRA～94HRA	8.0～15	0.9～2.45	29～59	16.7～87.9	800～1 000
陶瓷	91HRA～95HRA	3.6～4.7	0.45～0.8	5～12	19.2～38.2	1 200
立方氮化硼	8 000HV～9 000HV	3.44～3.49	0.45～0.8	—	19.2～38.2	1 200
金刚石	10 000HV	3.47～3.56	0.21～0.48	—	19.2～38.2	1 200

其中，碳素工具钢与合金工具钢由于耐热性差、抗弯强度高、焊接与刃磨性能好等特点，被广泛用于中、低速切削的成型刀具，但不宜高速切削。生产中使用最多的是高速钢和硬质合金。

（1）高速钢

高速钢是在合金工具钢中加入了较多的钨、铬、钼、钒等合金元素的高合金工具钢。高速钢具有较高的硬度（热处理硬度可达 63～66HRC）和耐热性（600～650 ℃），切削中碳钢的速度一般不高于 50～60 m/min。其具有高的强度（抗弯强度为一般硬质合金的 2～3 倍）和韧性，能抵抗一定的冲击振动，而且还具有较好的工艺性，可以制造刃形复杂的刀具，如钻头、丝锥、成型刀具、拉刀和齿轮刀具等。

高速钢按用途不同分为通用型高速钢和高性能高速钢。

① 通用型高速钢，其工艺性能好，能满足通用工程材料的切削加工要求。常用的种类有：

- 钨系高速钢：最常用的牌号为 W18Cr4V，它具有较好的综合性能，可制造各种复杂刀具和精加工刀具，在我国应用较普遍。
- 钼系高速钢：最常用的牌号是 W6Mo5Cr4V2，其抗弯强度和冲击韧度都高于钨系高速钢，并具有较好的热塑性和磨削性能，但热稳定性低于钨系高速钢，适合制作抵抗冲击刀具及各种热轧刀具。

② 高性能高速钢是在通用型高速钢中加入钴、钒、铝等合金元素,以进一步提高其耐磨性和耐热性等。

常见高速钢的力学性能和应用范围如表2-2所列。

表2-2 常用高速钢的力学性能和应用范围

类型		硬度 HRC	抗弯强度/GPa	冲击韧性/($MJ \cdot m^{-2}$)	600 ℃时硬度 HRC	主要性能和适用范围
通用型高速钢	W18Cr4V	63~66	3.0~3.4	0.18~0.32	48.5	综合性能好,通用性强,可磨削,适于加工轻合金、碳素钢、合金钢,以及普通铸铁的精加工刀具和复杂刀具,如螺纹车刀、成型车刀、拉刀等
	W6Mo5Cr4V2	63~66	3.5~4.0	0.30~0.40	47~48	强度和韧性略高于W18Cr4V,热稳定性略低于W18Cr4V,热塑性好,适于加工轻合金、碳素钢、合金钢的热成型刀具及承受冲击、结构薄弱的刀具
	W14Cr4VMnRe	64~66	~4.0	~0.31	50.5	切削性能与W18Cr4V相当,热塑性好,适于制作热轧刀具
高性能高速钢	95 W18Cr4V	66~68	3.0~3.4	0.17~0.22	51	属高碳高速钢,常温硬度和高温硬度有所提高,适于加工普通钢材和铸铁,耐磨性要求较高的钻头、铰刀、丝锥、铣刀和车刀等,但不宜受大的冲击
高性能高速钢	W6Mo5Cr4V3	65~67	~3.2	~0.25	51.7	属高钒高速钢,耐磨性很好,适合切削对刀具磨损较大的材料,如纤维、硬橡胶、塑料等,也用于加工不锈钢、高强度钢和高温合金等
	W2Mo9Cr4VCo8	67~69	2.7~3.8	0.23~0.30	55	属含钴高速钢,有很高的常温和高温硬度,适合加工高强度耐热钢、高温合金、钛合金等难加工材料,可磨性好,适于做精密复杂刀具,但不宜在冲击切削条件下工作
	W6Mo5Cr4V2Al	67~69	2.84~3.82	0.23~0.30	60	属含铝高速钢,切削性能相当于W2Mo9Cr4VCo8,适于制造铣刀、钻头、铰刀、齿轮刀具和拉刀等,用于加工合金钢、不锈钢、高强度钢和高温合金

(2) 硬质合金

硬质合金是用粉末冶金的方法制成的。它是由硬度和熔点很高的金属碳化物(碳化钨

WC、碳化钛 TiC、碳化钽 TaC、碳化铌 NbC 等)的微粉和金属黏结剂(钴 Co、镍 Ni、钼 Mo 等)以粉末冶金法烧结而成。硬质合金的硬度高达 78～82HRC,耐磨性很好,能耐 800～1 000 ℃的高温,允许的切削速度比高速钢高 4～10 倍。切削速度可达 100 m/min 以上,能加工包括淬火钢在内的多种材料,因此被广泛应用。但硬质合金抗弯强度低,冲击韧性差,制造工艺性差,不易做成形状复杂的整体刀具。在实际使用中,一般将硬质合金刀片焊接或机械夹固在刀体上使用。

国际标准化组织(ISO 513—1975(E))规定,用于切削加工的硬质合金分为三大类,分别用 K、P、M 表示。

- K 类适用于加工短切屑的黑色金属、有色金属和非金属材料,相当于我国的 YG 类硬质合金,外包装用红色标志;
- P 类适用于加工长切屑的黑色金属,相当于我国的 YT 类硬质合金,外包装用蓝色标志;
- M 类适用于加工长、短切屑的黑色金属和有色金属,相当于我国的 YW 类硬质合金,外包装用黄色标志。

常用硬质合金牌号及用途见表 2-3。

表 2-3　常用硬质合金牌号及用途

牌号		化学成分/%				性能比较	适用场合
ISO(相近)	国产	WC	WTiC	WTaC (WTbC)	WCo		
K01	YG3X	96.5	—	<0.5	3	抗弯强度、韧性及进给量↓ 硬度、耐磨性及切削速度↑	铸铁、有色金属及合金的精加工,也可用于合金钢、淬火钢等的精加工,不能承受冲击载荷
K10	YG6X	93.5	—	<0.5	6		铸铁、冷硬铸铁、合金铸铁、耐热钢、合金钢的半精加工、精加工
K20	YG6	94	—	—	6		铸铁、有色金属及合金的粗加工、半精加工
K30	YG8	92	—	—	8		铸铁、有色金属及合金、非金属的粗加工,能适应断续切削
P01	YT30	66	30	—	4		碳钢和合金钢连续切削时的精加工
P10	YT15	79	15	—	6		碳钢和合金钢连续切削时的半精加工、精加工

续表 2-3

牌号		化学成分/%				性能比较	适用场合
ISO(相近)	国产	WC	WTiC	WTaC (WTbC)	WCo		
P20	YT14	78	14	—	8	抗弯强度、韧性及进给量↓ 硬度和切削速度↑	碳钢和合金钢连续切削时的粗加工、半精加工、精加工或断续切削时的精加工
P30	YT5	85	5	—	10		碳钢和合金钢的粗加工,也可用于断续切削
M10	YW1	84	6	4	6	抗弯强度、韧性及进给量↓ 硬度和切削速度↑	不锈钢、耐热钢、高锰钢及其他难加工材料及普通钢料、铸铁的半精加工和精加工
M20	YW2	82	6	4	8		不锈钢、耐热钢、高锰钢及其他难加工材料及普通钢料、铸铁的粗加工和半精加工

(3) 其他刀具材料

① 陶瓷材料　以氧化铝为主要成分,经压制成型后烧结而成的一种刀具材料。它有很高的硬度和耐磨性,硬度达 78HRC,耐热高达 1 200 ℃以上,化学性能稳定,故能承受较高的切削速度。但陶瓷材料的最大弱点是抗弯强度低,冲击韧性差,主要用于钢、铸铁、有色金属、高硬度材料及大件和高精度零件的精加工。

② 金刚石　分天然和人造两种,由于价格昂贵天然金刚石用得很少。金刚石是目前已知的最硬物质,其硬度接近 10 000HV,是硬质合金的 80～120 倍,但韧性差,在一定温度下与铁族元素亲和力大,因此不宜加工黑色金属,主要用于加工有色金属以及非金属材料的高速精加工。

③ 立方氮化硼(CBN)　由氮化硼在高温高压作用下转变而成。它具有仅次于金刚石的硬度和耐磨性,硬度可达 8 000～9 000HV,耐热高达 1 400 ℃,化学稳定性好,与铁族元素亲和力小,但强度低,焊接性差,主要用于淬硬钢、冷硬铸铁、高温合金和一些难加工材料的加工。

2.3　金属切削过程中的物理现象

金属切削过程是指用刀具从工件表面上切去多余的金属,形成切屑和已加工表面的全过程。在这个过程中会遇到一系列物理现象(又称切削过程的基本规律),如形成切屑、切削力、切削热、刀具磨损等。掌握这些物理现象的产生和变化规律,对于保证切削加工质量、提高生产率、降低成本和促进切削加工技术的发展,都有十分重要的意义。

2.3.1　切削变形及切削的种类

1. 切削时的三个变形区

以切削塑性金属为例，切削层金属转变为切屑而和母体分离的本质，是工件表层材料在加工过程中，受到刀具切削刃和前面的强烈挤压，连续发生弹性变形、塑性变形、断裂破坏，使切削层不断变成切屑从前面流出。图 2－10 为低速切削时的切削层内发生的三个变形区情况。

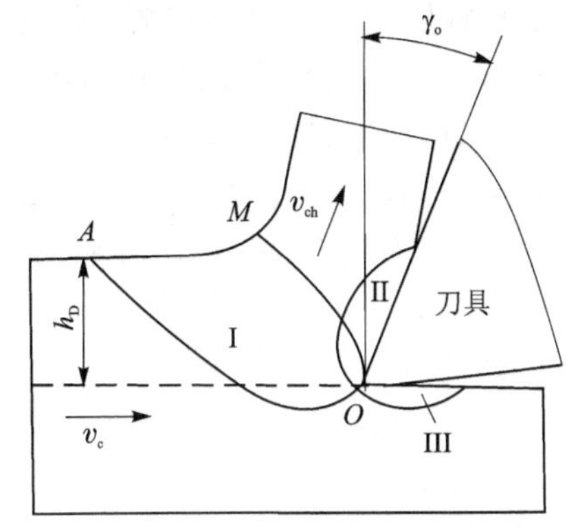

图 2－10　切削时形成的三个变形区

① 第一变形区Ⅰ：当刀具前面以切削速度 v_c 挤压切削层时，切削层中的某点沿 OA 面开始产生剪切滑移，直到其流动方向开始与刀具前面平行，不再沿 OM 面滑移，切削层形成切屑沿刀具前面流出。从 OA 面开始发生塑性变形到 OM 面晶粒的剪切滑移基本完成，这一区域称为第一变形区。第一变形区的主要特征是沿滑移面的剪切滑移变形以及随之产生的加工硬化。

② 第二变形区Ⅱ：当剪切滑移形成的切屑在刀具前面流出时，切屑底层进一步受到刀具的挤压和摩擦，使靠近刀具前面的金属再次产生剪切变形，称为第二变形区。

③ 第三变形区Ⅲ：工件与刀具后面接触的区域，受到刀具刃口与刀具后面的挤压和摩擦，造成已加工表面变形，称为第三变形区。这是由于在实际切削中刀具的刃口不可避免地存在钝圆半径 r_n，使被挤压层再次受到刀具后面的拉伸、摩擦作用，进一步产生塑性变形，使已加工表面变形加剧。

2. 切屑的种类

由于加工材料性质、切削条件不同，所以切削过程中的变形程度也不同。根据切削过程中变形程度的不同，形成四种不同形态的切屑，如图 2－11 所示。

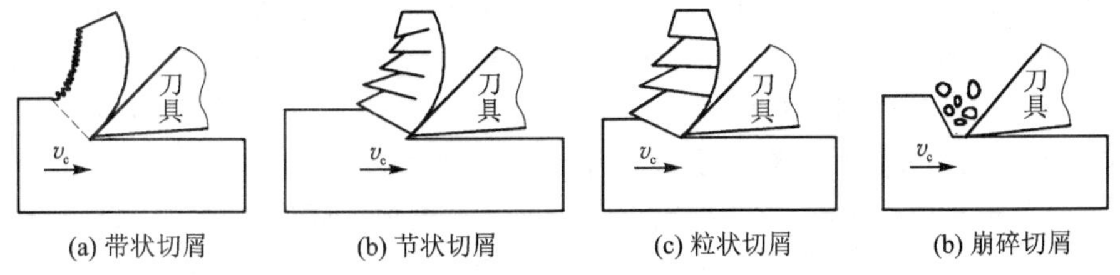

图 2－11　切屑的种类

① 带状切屑，切屑连续成带状，底面光滑，背面无明显裂纹，呈微小锯齿形，如图 2－11(a) 所示。一般加工塑性金属材料(如低碳钢、铜、铝)，采用较大的刀具前角 γ_o、较小的切削层公称厚度 h_D 和较高的切削速度 v_c 时，最易形成这种切屑。形成带状切屑时，切削力波动小，切削过程比较平稳，已加工表面的粗糙度较小，但需采取断屑措施，保证正常生产，尤其是自动生产线和自动机床生产。

② 节状切屑，又称挤裂切屑。这种切屑背面有较深的裂纹，呈较大的锯齿形。一般加工塑性较低金属材料(如黄铜)，在刀具前角 γ_o 较小，切削层公称厚度 h_D 较大，切削速度 v_c 较低

时,或加工碳素钢材料在工艺系统刚性不足时,易形成这种切屑。形成节状切屑时,切削力波动较大,切削过程不太稳定,已加工表面的粗糙度较大。

③ 粒状切屑,又称单元切屑。切削塑性材料时,若整个剪切面上的切应力超过了材料断裂强度,所产生的裂纹贯穿切屑断面时,挤裂呈粒状切屑。采用小前角或副前角,以极低的切削速度和大的切削层公称厚度切削时,会形成这种切屑。形成粒状切屑时,切削力波动大,切削过程不平稳,已加工表面的粗糙度大。

④ 崩碎切屑,切削铸铁、青铜等脆性材料时,切削层通常在弹性变形后未经塑性变形就被挤裂,形成不规则的碎块状的崩碎切屑。工件材料越脆硬,刀具前角越小,切削层公称厚度越大,越易产生崩碎切屑。形成崩碎切屑时,切削力波动大,且切削层金属集中在切削刃口碎断,易损坏刀具,加工表面也凸凹不平,已加工表面的粗糙度增大。

3. 积屑瘤

(1) 积屑瘤的形成

在切削速度不高而又能形成连续性切屑的情况下,加工钢料或其他塑性材料时,常在切削刃口附近黏结一块很硬的金属堆积物,它包围着切削刃且覆盖刀具部分前面,这就是积屑瘤。

积屑瘤的形成主要是由于切削加工时,在一定的温度和压力作用下,切屑与刀具前面发生强烈摩擦,致使切屑底层金属流动速度降低而形成滞流层;如果温度和压力合适,滞流层就与前面黏结而留在刀具前面上;由于黏结层经过塑性变形硬度提高,所以连续流动的切屑从黏结层上流动时,又会形成新的滞留层,使黏结层在前一层的基础上积聚。这样一层又一层地堆积,黏结层愈来愈大,最后长成积屑瘤。当积屑瘤生成时或生成后,在外力、振动等的作用下,会局部断裂或脱落;另外,当切削温度超过工件材料的再结晶温度时,由于加工硬化消失,金属软化,积屑瘤也会脱落和消失。由此可见,产生积屑瘤的决定因素是切削温度,加工硬化和黏结是形成积屑瘤的必要条件。

积屑瘤的化学成分与工件材料相同,它的硬度是工件材料的2～3.5倍,与刀具前面黏结牢固,能担负实际切削工作,但不稳定,时生时灭、时大时小。

(2) 影响积屑瘤的主要因素与控制

要抑制积屑瘤的生成和发展,必须有效控制切屑底层与前面的黏结和加工硬化。

① 工件材料塑性。通过热处理降低材料塑性,提高其硬度,可抑制积屑瘤的生成。

② 切削速度,是通过切削温度和摩擦系数来影响积屑瘤的。低速切削时,切屑流动较慢,切削温度较低,切屑与刀具前面摩擦系数小,切屑与前面不易发生黏结,不会形成积屑瘤,因此用高速钢刀具低速车削或铰削,可获得较小的表面粗糙度值。高速切削时,切削温度高,切屑底层金属软化,加工硬化和变形强化消失,也不会生成积屑瘤;因此,选择耐热性好的刀具材料进行高速切削,也可获得较小的表面粗糙度值。中速切削时,切削温度为300～400 ℃,是形成积屑瘤的适宜温度,此时摩擦系数最大,积屑瘤生长得最高,因而表面粗糙值最大。

③ 减小进给量,增大刀具前角,减小刀具前面的粗糙度值,合理使用切削液等,可使切削变形减小,切削力减小,切削温度下降,都可抑制积屑瘤的生成。

2.3.2 切削力

切削过程中,切削力直接影响切削热、刀具磨损与耐用度、加工精度和已加工表面质量。在生产中,切削力又是计算切削功率,设计机床、刀具和夹具时进行强度、刚度计算的主要依据，研究切削力的变化规律，对于分析切削过程和生产实际都有重要意义。

1. 切削力的来源与分解

金属切削时，工件材料抵抗刀具切削时所产生的阻力称为切削力。它与刀具作用在工件上的力大小相等，方向相反。切削力来源于两方面：一是三个变形区内金属产生的弹性变形抗力和塑性变形抗力；二是切屑与前面、工件与后面之间的摩擦力。

切削时的总切削力一般为空间力，其方向和大小受多种因素影响而不易确定，为了便于分析切削力的作用，测量计算其大小及生产实际的应用，一般把总切削力 F 分解为三个互相垂直的切削分力 F_c、F_p 和 F_f，如图 2-12 所示。

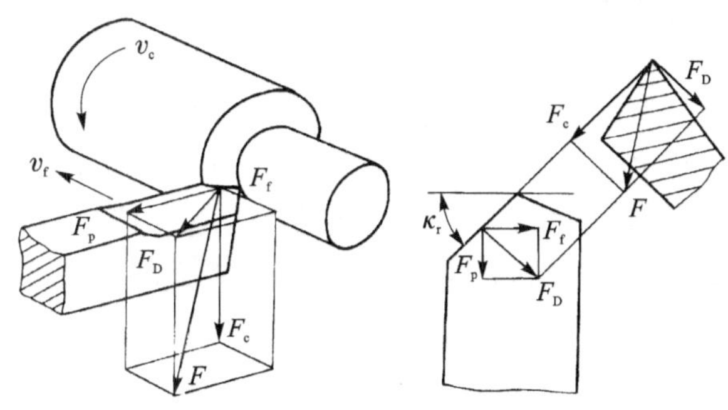

图 2-12　切削合力和分力

① 主切削力 F_c，是总切削力在主运动方向上的分力。它与主运动方向一致，垂直于基面，是三个切削分力中最大的，所以称为主切削力。主切削力是作用在工件上，并通过卡盘传递到机床主轴箱，它是设计机床主轴、齿轮，计算机床切削功率，校核刀具、夹具的强度与刚度，选择切削用量等的主要依据。

② 背向力 F_p，是总切削力吃刀方向上的切削分力，在内、外圆车削中又称径向力，单位为 N。由于在背向力方向上没有相对运动，所以背向力不消耗切削功率，但它作用在工件和机床刚性最差的方向上，易使工件在水平面内变形，影响工件精度，并易引起振动。背向力是校验机床刚度的主要依据。

③ 进给力 F_f，是总切削力在进给运动方向上的切削分力，在外圆车削中又称轴向力，单位为 N。进给力作用在机床的进给机构上，是校验机床进给机构强度和刚度的主要依据。

2. 单位切削力和切削功率

单位切削力是指单位切削面积上的主切削力，用 p 表示，单位为 N/mm^2。可按下式计算：

$$p=\frac{F_c}{A_D}=\frac{F_c}{a_p f} \tag{2-13}$$

单位切削力 p 可在《切削用量简明手册》中查到。

切削功率是指在切削过程中消耗的功率，它等于总切削力的三个分力消耗的功率总和。用 P_c 表示，单位为 kW。由于 F_f 所消耗的功率所占比例很小，为 1%～1.5%，通常略去不计。F_p 方向的运动速度为零，不消耗功率，所以切削功率为

$$P_c=\frac{F_c v_c\times10^{-3}}{60} \tag{2-14}$$

式中：P_c 为切削功率，kW；F_c 为主切削力，N；v_c 为切削速度，m/min。

根据切削功率选择机床电机功率时，还应考虑到机床的传动效率。机床电机功率为

$$P_e \geqslant \frac{P_c}{\eta} \tag{2-15}$$

式中：P_e 为机床电机功率，kW；η 为机床的传动效率，一般为 0.75～0.85。

3. 影响切削力的主要因素

(1) 工件材料的影响

工件材料的强度、硬度越高，材料的剪切屈服强度就越高，切削力越大。工件材料的塑性、韧性越好，加工硬化的程度越高，由于变形严重，故切削力也增大。

(2) 切削用量的影响

切削用量中，背吃刀量与进给量对切削力影响较大。当 a_p 或 f 加大时，切削层的公称横截面积增大，变形抗力和摩擦阻力增加，因而切削力随之加大。实验证明，当其他条件一定时，背吃刀量 a_p 增大一倍时，切削力也增大一倍；进给量 f 增加一倍时，切削力增加 70%～80%。生产实践中，切削层的横截面积相同时，选择大的 f 比选择大的 a_p 切削力要小，如强力切削法就是基于这个原理。

(3) 刀具几何角度的影响

前角 γ_o 加大，切削层易从刀具前面流出，切削变形减小，因此切削力下降。

主偏角 κ_r 对三个分力都有影响，但对主切削力 F_c 影响较小，对进给力 F_f 和背向力 F_p 影响较大。当 κ_r 增大时，F_f 增大，F_p 减小。

刃倾角 λ_s 对主切削力的影响较小，对进给力 F_f 和背向力 F_p 影响较大。当 λ_s 逐渐由正值变为负值时，F_f 增大，F_p 减小。

2.3.3 切削热与切削温度

切削热和由它产生的切削温度，是影响刀具磨损和加工精度的重要原因。高的切削温度使刀具磨损加剧，耐用度下降；机床的热变形，工件和刀具受热膨胀会导致工件精度达不到要求。

1. 切削热的产生与传出

在切削过程中，三个变形区因变形和摩擦所做的功绝大部分转变为热能，称为切削热。切削热来源于切削时切削层金属发生弹性和塑性变形功转变的热；刀具前面与切屑、刀具后面与工件表面摩擦产生的热。其中，切削塑性金属时，切削热主要来源于剪切区变形和刀具前面与切屑的摩擦所消耗的功。切削脆性材料时，切削热主要来源于刀具后面与工件的摩擦所消耗的功。总的来说，切削塑性材料产生的热量要比脆性材料多。

切削时所产生的切削热主要以热传导的方式分别由切屑、工件、刀具及周围介质向外传散。各部分传出热量的百分比，随工件材料、刀具材料、切削用量、刀具几何参数及加工方式的不同而变化。在一般干切削的情况下，大部分切削热由切屑带走，其次传至工件和刀具，周围介质传出的热量很少。

2. 影响切削温度的因素

切削温度的高低一方面取决于单位时间内产生热量的多少，同时又取决于单位时间内传散热量的多少，所以切削温度是指产生热量与传散热量的综合结果。

(1) 工件材料

工件材料的强度越大、硬度越高，切削时消耗的功越多，产生的切削热就越多，切削温度升高。工件材料的热导率大，热量容易传出，若产生的切削热相同，则热容量大的材料，切削温度低。工件材料的塑性越好，切削变形越大，切削时消耗的功越多，产生的切削热越多，切削温度升高。

(2) 切削用量的影响

切削用量中，切削速度对切削温度影响最大。切削速度 v_c 增加，切削的路径增长，切屑底层与刀具前面发生强烈摩擦，从而产生大量的切削热，切削温度显著升高。

进给量 f 对切削温度有一定的影响。随着进给量的增大，单位时间内金属的切削量增加，消耗的功率增大，切削热增大，切削温度上升。

背吃刀量 a_p 对切削温度影响很小。随着背吃刀量的增加，切削层金属的变形与摩擦成正比例增加，产生的热量按比例增加。但由于切削刃参加工作的长度也成比例增长，改善了刀头的散热条件，最终切削温度略有增高。

(3) 刀具几何角度的影响

刀具几何参数对切削温度影响较大的是前角和主偏角。

前角 γ_o 增大，切削变形及切屑与刀具前面的摩擦减小，产生的热量小，切削温度下降；反之，切削温度升高。实验证明，前角从 10°增大到 25°时，切削温度约降低 25%。但前角太大，刀具的楔角减小，散热体积减小，切削温度反而升高。

主偏角 κ_r 增大，刀具主切削刃工作长度缩短，刀尖角 ε_r 减小，散热面积减小，切削热相对集中，从而提高了切削温度。反之，主偏角减小，切削温度降低。

2.3.4　刀具磨损与刀具耐用度

刀具在切削过程中与切屑、工件之间产生剧烈的挤压、摩擦，从而产生磨损。刀具磨损后，会缩短刀具的使用时间，降低表面质量，增加刀具材料的损耗，因此，刀具磨损是影响生产效率、加工质量和成本的一个重要因素。

1. 刀具磨损的形式

刀具磨损可分为正常磨损和非正常磨损两类。

(1) 刀具的正常磨损

正常磨损是指刀具在设计与使用合理、制造与刃磨质量符合要求的情况下，在切削过程中逐渐产生的磨损。如图 2-13(a)所示，刀具正常磨损主要包括以下三种形式：

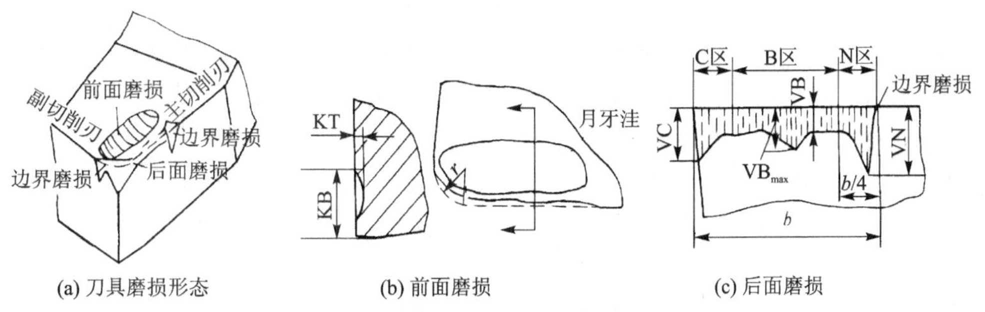

(a) 刀具磨损形态　(b) 前面磨损　(c) 后面磨损

图 2-13　刀具的正常磨损形式

① 前面磨损　在切削塑性材料、切削速度较高、切削厚度较大的情况下,当刀具的耐热性和耐磨性稍有不足时,切屑在前刀面上经常会磨出一个月牙洼。月牙洼产生的地方是切削温度最高的地方。前面磨损量的大小,用月牙洼的宽度KB和深度KT表示,如图2-13(b)所示。

② 后面磨损　由于工件表面和刀具后面间存在着强烈的挤压、摩擦,在后面上毗邻切削刃的地方很快被磨出后角为0°的小棱面,这就是后面磨损。在切削速度较低、切削厚度较小的情况下,切削塑性金属以及加工脆性金属时主要发生这种磨损。在后面磨损带中间部位(B区)上,磨损比较均匀,平均磨损带宽度以VB表示,而最大磨损宽度以VB_{max}表示,如图2-13(c)所示。

③ 前后面同时磨损　这种磨损形式是指切削之后,刀具上同时出现前面和后面磨损。在切削塑性金属、采用大于中等切削速度和中等进给量时,常出现这种磨损形式。

一般情况下,无论是加工塑性材料还是脆性材料,刀具的后面都会产生磨损,刀具磨损的大小常用后面磨损量VB的大小表示。

(2) 刀具的非正常磨损

非正常磨损亦称刀具破损,一般属于非正常失效。刀具破损大多与使用不当有关。刀具破损主要是由于切削过程中的冲击、振动、热应力等造成刀具切削刃突然崩刃碎裂、折断、卷刃或热裂纹等。在研究刀具磨损时,一般研究刀具的正常磨损。

2. 刀具的磨损过程及磨钝标准

(1) 刀具的磨损过程

生产中,较常见到的是刀具后面磨损。在正常磨损情况下,刀具磨损量随切削时间的增加而逐渐加大。其磨损过程分为三个阶段,如图2-14所示。

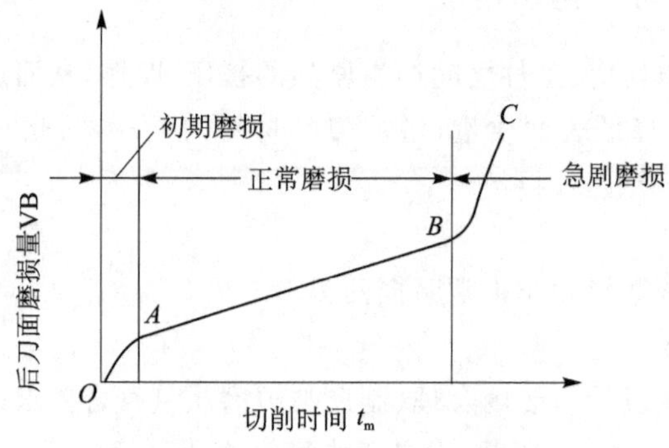

图2-14　刀具磨损典型曲线

初期磨损阶段(*OA*段):在开始切削的短时间内,磨损较快。这是由于新刃磨的刀具表面粗糙不平或表面组织不耐磨(如烧伤、裂纹)等原因造成的。另外,新刃磨的刀具比较锋利,与工件接触面积小、压力大,因此刀具后面上很快被磨出一个窄的棱面。

正常磨损阶段(*AB*段):经初期磨损,后面上被磨出一条狭窄的棱面,接触面积增大,压强减小,故磨损量随时间的增加而均匀增长,磨损比较缓慢、稳定。这一阶段是刀具工作的有效阶段。

急剧磨损阶段(*BC*段):磨损量达到一定值后,切削刃变钝,切削力增大,切削温度升高,刀具强度、硬度降低,磨损急剧加速。此时刀具如果继续工作,不但不能保证加工质量,而且刀具材料消耗严重，成本增加，故应当及时更换刀具。

(2) 刀具的磨钝标准

刀具的磨钝标准是指避免刀具发生急剧磨损，也就是在正常磨损即将告终前，应及时换刀刃磨。

在使用刀具时，应该控制刀具在产生急剧磨损前必须重磨或更换新切削刃。这时刀具的磨损量称为磨钝标准或磨损限度。由于后刀面磨损最常见，且易于控制和测量。因此，规定将后刀面上均匀磨损区平均磨损量允许达到的最大值 VB 作为刀具的磨钝标准。

实际生产中磨钝标准应根据加工要求制定。精加工，主要保证加工精度和表面质量，因此磨钝标准 VB 定得较小。粗加工时，为了减少磨刀次数，提高生产率，磨钝标准 VB 定得较大。表 2-4 所列为车刀的磨钝标准，供使用时参考。

表 2-4　磨钝标准 VB 值

mm

加工方式	刚性差	钢　件	铸铁件	钢、铸铁大件
精车	0.1～0.3			
粗车	0.4～0.5	0.6～0.8	0.8～1.2	1.0～1.5

实际生产中操作工人也可以根据观察到的现象，如工件上是否出现亮点和暗点，加工表面粗糙度的变化情况，切屑形状和颜色的变化，是否出现振动或不正常的声音等，判断刀具是否达到磨钝标准。

3. 刀具耐用度

按磨钝标准鉴定刀具是否能继续正常工作，需要停机测量，这在生产现场是难以实现的。为了更加方便、快捷、准确地判断刀具的磨损情况，一般用刀具耐用度来间接反映刀具的磨钝标准。在柔性加工设备上，也常使用切削力的数值作为刀具的磨钝标准，从而实现对刀具磨损状态的自然监控。

(1) 刀具耐用度的概念

刃磨后的刀具从开始切削直到磨损量达到磨钝标准为止的总切削时间称为刀具耐用度，用 T 表示。耐用度为切削时间，不包括对刀、测量等非切削时间。

刀具耐用度的大小表示刀具磨损的快慢，刀具耐用度大，表示刀具磨损慢；耐用度小，表示刀具磨损快。另外，刀具耐用度与刀具寿命是两个不同的概念。刀具寿命是指一把新刀从投入使用到报废为止总的切削时间，刀具的寿命等于刀具耐用度乘以刃磨次数。

生产实践中经常遇到的技术问题之一，就是根据工件材料选定刀具材料之后，如何正确选择切削用量 v_c、f、a_p。一般是先选定背吃刀量、进给量和其他参数后，再根据已确定的刀具寿命的合理数值 T 来计算切削速度，称为刀具耐用度下允许的切削速度，用 v_{cT} 表示。v_{cT} 是生产中选用切削速度的依据。

(2) 刀具耐用度合理数值的确定

根据刀具的耐用度方程，当刀具耐用度一定时，为了提高生产率，应首先考虑增大背吃刀量，其次是增大进给量，然后根据耐用度、已定的背吃刀量和进给量确定切削速度。这样既能保持刀具耐用度，发挥刀具切削性能，又能提高生产率。由于刀具耐用度确定得太低和太高都会使生产率降低，因此，刀具耐用度存在一个合理数值。

确定刀具耐用度的合理数值的方法一般有两种：一是根据加工一个零件花费时间最少的观

点来制定刀具耐用度,称为最大生产率耐用度;二是根据加工一个零件的成本最低的观点来制定刀具耐用度,称为最低成本耐用度。生产中常采用最低成本耐用度,只有当生产任务紧急或生产中出现不平衡环节时,才选用最低生产率耐用度。

表2-5中推荐的某些刀具耐用度值,可供选用时参考。生产中还可参考有关手册资料查出。

表2-5　刀具耐用度值

刀具类型	耐用度/min	刀具类型	耐用度/min
高速钢车刀、刨刀、镗刀	30～60	硬质合金面铣刀	90～180
硬质合金焊接车刀	15～60	齿轮刀	200～300
硬质合金可转位车刀	15～45	自动线、组合机床、自动线刀	240～480
高速钢钻头	80～120		

2.4　机械制造中的加工方法与装备

2.4.1　金属切削机床的分类、型号与主要技术参数

1. 机床的分类

机床主要是按加工方法和所用刀具进行分类,根据国家制定的机床型号编制方法,机床分为11大类:车床、钻床、镗床、磨床、齿轮加工机床、螺纹加工机床、铣床、刨插床、拉床、锯床和其他机床。

在每一类机床中,又按工艺范围、布局形式和结构性能分为若干组,每一组又分为若干个系(系列)。

除了上述基本分类方法外,还有其他分类方法。

① 按照万能性程度,机床可分为:

- 通用机床:这类机床的工艺范围很宽,可以加工一定尺寸范围内的多种类型零件,完成多种多样的工序,如卧式车床、万能升降台铣床、万能外圆磨床等。
- 专门化机床:这类机床的工艺范围较窄,只能用于加工不同尺寸的一类或几类零件的一种(或几种)特定工序,如丝杆车床、凸轮轴车床等。
- 专用机床:这类机床的工艺范围最窄,通常只能完成某一特定零件的特定工序,如加工机床主轴箱体孔的专用镗床、加工机床导轨的专用导轨磨床等。它是根据特定的工艺要求专门设计、制造的,生产率和自动化程度较高,适用于大批量生产。组合机床也属于专用机床。

② 按照机床的工作精度,可分为普通精度机床、精密机床和高精度机床。

③ 按照质量和尺寸,可分为仪表机床、中型机床(一般机床)、大型机床(质量大于10 t)、重型机床(质量在30 t以上)和超重型机床(质量在100 t以上)。

④ 按照机床主要器官的数目,可分为单轴、多轴、单刀、多刀机床等。

⑤ 按照自动化程度不同,可分为普通机床、半自动机床和自动机床。自动机床具有完整的自动工作循环,包括自动装卸工件,能够连续自动地加工出工件。半自动机床也有完整的自

动工作循环,但装卸工件还须人工完成,因此不能连续加工。

2. 机床的型号编制

机床的型号是机床产品的代号,用于表明机床的类型、通用和结构特性以及主要技术参数等。GB/T 15375—94《金属切削机床型号编制方法》规定,我国的机床型号由汉语拼音字母和阿拉伯数字按一定规律组合而成。

(1) 通用机床的型号编制

① 通用机床型号的表示方法如图 2-15 所示。

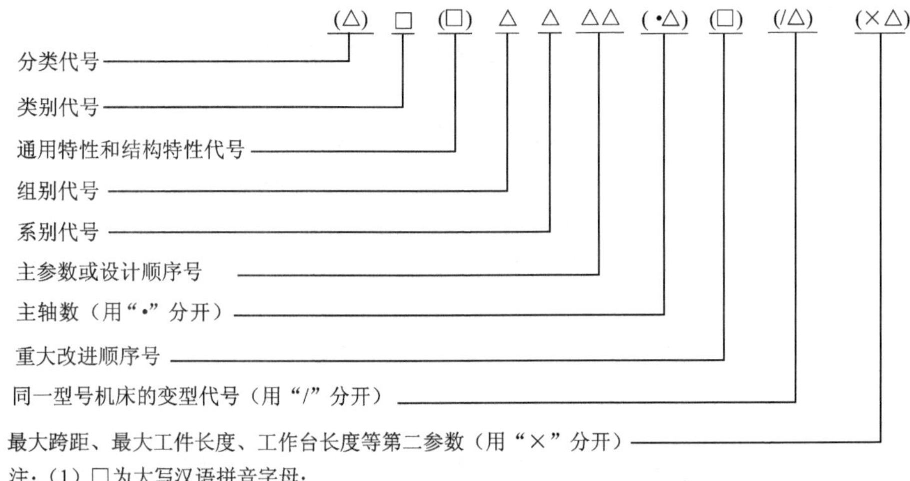

图 2-15　通用机床型号表示方法

② 机床的类别代号如表 2-6 所列。

表 2-6　机床类别代号

类别	车床	钻床	镗床	磨床			齿轮加工机床	螺纹加工机床	铣床	刨床	拉床	电加工机床	切断机床	其他机床
代号	C	Z	T	M	2M	3M	Y	S	X	B	L	D	G	Q
读音	车	钻	镗	磨	2 磨	3 磨	牙	丝	铣	刨	拉	电	割	其

③ 机床的通用特性代号如表 2-7 所列。

表 2-7　机床通用特性代号

通用特性	高精度	精密	自动	半自动	数控	加工中心(自动换刀)	仿形	轻型	加重型	简式或经济型	柔性加工单元	数显	高速
代号	G	M	Z	B	K	H	F	Q	C	J	R	X	S
读音	高	密	自	半	控	换	彷	轻	重	简	柔	显	速

④ 机床的结构特性代号:为区别主参数相同而结构不同的机床,在型号中用大写汉语拼音字母区分,如 CA6140 中的"A"。

⑤ 机床的组别、系别代号,如表 2-8 所列。

⑥ 机床的主参数、设计顺序号和第二主参数。

- 机床主参数:代表机床规格的大小,在机床型号中,用阿拉伯数字给出主参数的折算值(1/10或1/150)。
- 设计顺序号:当无法用一个主参数表示时,则用设计顺序号表示。
- 第二主参数:一般指主轴数、最大跨距、最大工件长度及工作台工作面长度等,它也用折算值表示。

⑦ 机床的重大改进顺序号:当机床性能和结构布局有重大改进时,在原机床型号尾部加重大改进顺序号A,B,C等。

⑧ 其他特性代号:用以反映各类机床的特性,用阿拉伯数字或汉语拼音字母(或二者组合)来表示。

⑨ 企业代号:生产单位为机床厂时,由机床厂所在城市名称的大写汉语拼音字母及该厂在该城市建立的先后顺序号,或机床厂名称的大写汉语拼音字母表示。

表2-8 通用机床类、组划分表

类别		组别									
		0	1	2	3	4	5	6	7	8	9
车床C		仪表车床	单轴自动、半自动车床	多轴自动、半自动车床	回轮、转塔车床	曲轴及凸轮轴车床	立式车床	落地及卧式车床	仿形及多刀车床	轮、轴、辊、锭及铲齿车床	其他车床
钻床Z		—	坐标镗钻床	深孔钻床	摇臂钻床	台式钻床	立式钻床	卧式钻床	铣钻床	中心孔钻床	—
镗床T		—	—	深孔镗床	—	坐标镗床	立式镗床	卧式铣镗床	精镗床	汽车、拖拉机修理用镗床	—
磨床	M	仪表磨床	外圆磨床	内圆磨床	砂轮机床	坐标磨床	导轨磨床	刀具刃磨床	平面及端面磨床	曲轴、凸轮轴、花键轴及轧辊磨床	工具磨床
	2M	—	超精机床	内圆研磨机床	外圆及其他研磨机床	抛光机床	砂带抛光及磨削机床	刀具刃磨及研磨机床	可转位刀片磨削机床	研磨机床	其他磨床
	3M	—	球轴承套圈沟磨床	滚子轴承套圈滚道磨床	轴承套圈超精机床	—	叶片磨削机床	滚子加工机床	钢球加工机床	气门、活塞及活塞环磨削机床	汽车、拖拉机修磨机床

续表 2-8

类别	组别									
	0	1	2	3	4	5	6	7	8	9
齿轮加工机床 Y	仪表齿轮加工机床	—	锥齿轮加工机床	滚齿及铣齿机床	剃齿及研齿机床	插齿机床	花键轴铣床	齿轮磨齿机床	其他齿轮加工机床	齿轮倒角及检查机床
螺纹加工机床 S	—	—	—	套丝机床	攻丝机床	—	螺纹铣床	螺纹磨床	螺纹车床	—
铣床 X	仪表铣床	悬臂及滑枕铣床	龙门铣床	平面铣床	仿形铣床	立式升降台铣床	卧式升降台铣床	床身铣床	工具铣床	其他铣床
刨插床 B	—	悬臂刨床	龙门刨床	—	—	插床	牛头刨床	—	边缘及模具刨床	其他刨床
拉床 L	—	—	侧拉床	卧式外拉床	连续拉床	立式内拉床	卧式内拉床	立式外拉床	键槽及螺纹拉床	其他拉床
锯床 G	—	—	砂轮片锯床	—	卧式带锯床	立式带锯床	圆锯床	弓锯床	锉锯床	—
其他机床 Q	其他仪表机床	管子加工机床	木螺钉加工机床	—	刻线机床	切断机床	—	—	—	—

通用机床型号编制举例如图 2-16 所示。

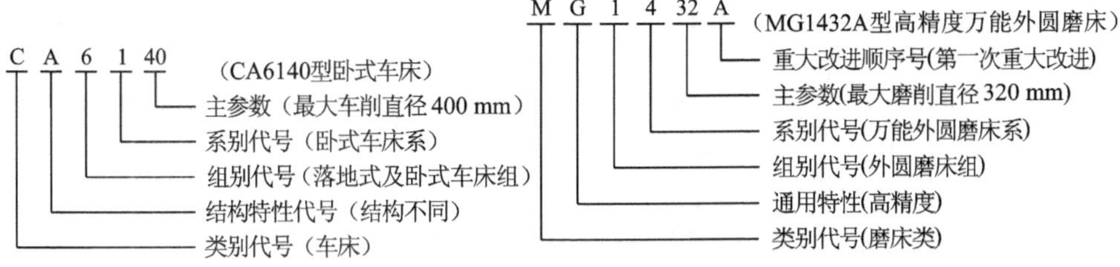

图 2-16 通用机床型号编制举例

(2) 专用机床的型号编制

① 专用机床型号表示方法。专用机床的型号一般由设计单位代号和设计顺序号组成，其表示方法如图 2-17 所示。

② 设计单位代号。包括机床生产厂和机床研究单位代号(位于型号之首)，见《金属切削机床型号编制方法》(GB/T 15375—1994)。

③ 设计顺序号。按该单位的设计顺序号(从 001 起始)排列，位于设计单位代号之后，并用“－”隔开，读作“至”。例如，北京第一机床厂设计制造的第 100 种专用机床为专用铣床，其

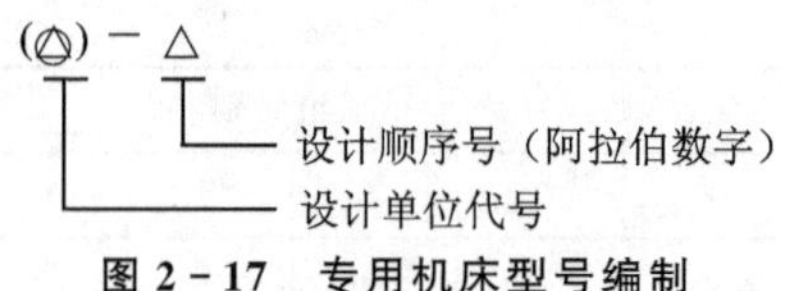

图 2-17 专用机床型号编制

型号为B1—100。

3. 机床的主要技术参数(主参数和基本参数)

主参数:代表机床规格的大小,在机床型号中,用阿拉伯数字给出的是主参数折算值(1/10或/100)。各类主要机床的主参数和折算系数见表2-9。

基本参数:包括尺寸参数、运动参数和动力参数。

尺寸参数:机床的主要结构尺寸 。

运动参数:机床执行中的运动速度,包括主运动的速度范围、速度列表和进给量的范围,进给数列以及空行程速度等。

表 2-9 各类主要机床的主参数和折算系数

机　床	主参数名称	主参数折算系数	第二主参数
卧式车床	床身上最大回转直径	1/10	最大工件长度
立式车床	最大车削直径	1/100	最大工件高度
摇臂钻床	最大钻孔直径	1/1	最大跨距
卧式镗铣床	镗轴直径	1/10	—
坐标镗床	工作台面宽度	1/10	工作台面长度
外圆磨床	最大磨削直径	1/10	最大磨削长度
内圆磨床	最大磨削孔径	1/10	最大磨削深度
矩台平面磨床	工作台面宽度	1/10	工作台面长度
齿轮加工机床	最大工件直径	1/10	最大模数
龙门铣床	工作台面宽度	1/100	工作台面长度
升降台铣床	工作台面宽度	1/10	工作台面长度
龙门刨床	最大刨削宽度	1/100	最大刨削长度
插床及牛头刨床	最大插削及刨削长度	1/10	—
拉床	额定拉力	1/1	最大行程

2.4.2 工件表面成型方法与机床运动分析

1. 工件表面成型方法

机械制造过程是工艺设计要求实现的过程。在这一过程中,针对不同的要求可以采用不同的加工方法,如锻造、铸造、焊接、机械加工、热处理等。就机械加工而言,是根据具体的设计要求选用相应的切削加工方法,即:在机床上通过刀具与工件的相对运动,从工件毛坯上切除多余金属,使之形成符合要求的形状、尺寸的表面的过程。因此,机械加工过程是工件表面的形成过程。

(1) 工件表面的构成

机械零件的表面形状千变万化，但大都是由几种常见的表面组合而成的。这些表面包括平面、圆柱面、圆锥面、球面、螺旋面、圆环面以及成型曲面等，图 2-18 所示为由这些表面组成各种类型的零件。图 2-19 所示是几种常见的零件类型。

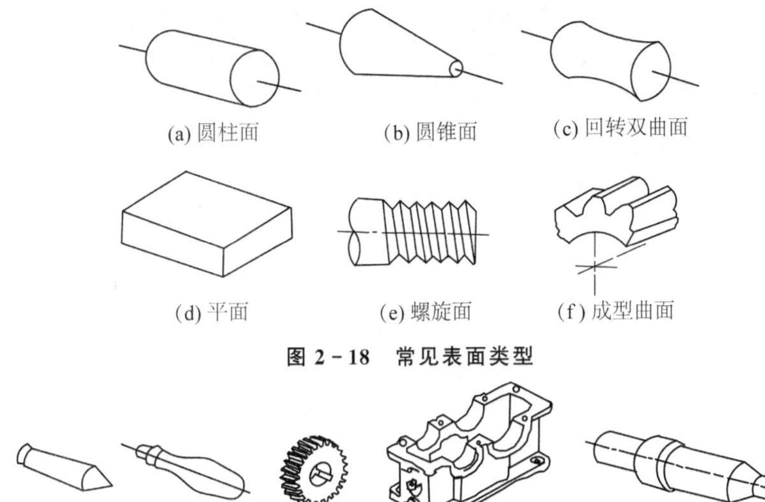

图 2-18　常见表面类型

图 2-19　常见零件类型

(2) 常见工件表面的成形方法

机械零件的任何表面都可看作是一条线(称为母线)沿着另一条线(称为导线)运动的轨迹。形成表面的母线和导线统称为发生线。

机械加工中，工件表面是由工件与刀具之间的相对运动和刀具切削刃的形状共同实现的。相同的表面，切削刃的不同，工件和刀具之间的相对运动也不相同，这是形成各种加工方法的基础，有轨迹法、成形法、展成法、相切法等，见图 2-20。

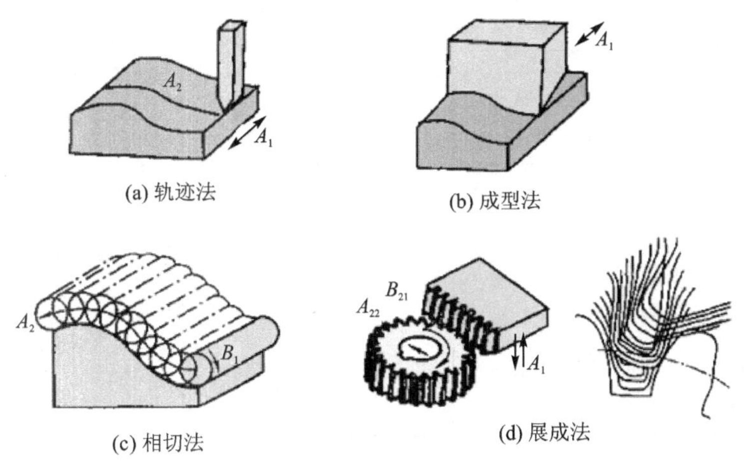

图 2-20　常见成形方法

① 轨迹法：指的是刀具切削刃与工件表面之间为近似点接触，通过刀具与工件之间的相对运动，由刀具刀尖的运动轨迹来实现表面的成型。

② 成形法：是指刀具切削刃与工件表面之间为线接触，切削刃的形状与形成工件表面的一条发生线完全相同，另一条发生线由刀具与工件的相对运动来实现。

③ 展成法：是指对各种齿形表面进行加工时，刀具的切削刃与工件表面之间为线接触，刀具与工件之间作展成运动(或称啮合运动)，齿形表面的母线是切削刃各瞬时位置的包络线。

④ 相切法：利用刀具边旋转边做轨迹运动对工件进行加工的方法。

2.4.3 外圆表面加工

1. 外圆表面的加工方法

轴类、套类和盘类零件是具有外圆表面的典型零件。外圆表面常用的机械加工方法有车削、磨削和各种光整加工方法。车削加工是外圆表面最经济有效的加工方法，但就其经济精度来说，一般适于作为外圆表面粗加工和半精加工；磨削加工是外圆表面主要精加工方法，特别适用于各种高硬度和淬火后零件的精加工；光整加工是精加工之后进行的超精密加工方法(如滚压、抛光、研磨等)，适用于某些精度和表面质量要求很高的零件。

由于各种加工方法所能达到的经济加工精度、表面粗糙度、生产率和生产成本各不相同，因此必须根据具体情况，选用合理的加工方法，从而加工出满足零件图纸上要求的合格零件。表2-10为外圆表面各种加工方案。

表2-10 外圆表面加工方案

序号	加工方法	经济加工精度	表面粗糙度 $Ra/\mu m$	使用范围
1	粗车	IT13～IT11	50～12.5	适用于淬火钢以外的各种金属
2	粗车—半精车	IT10～IT8	6.3～3.2	
3	粗车—半精车—精车	IT8～IT7	1.6～0.8	
4	粗车—半精车—精车—滚压	IT8～IT7	0.2～0.025 5	
5	粗车—半精车—磨削	IT8～IT7	0.8～0.4	主要用于淬火钢，也可用于未淬火钢，但不适用于有色金属
6	粗车—半精车—粗磨—精磨	IT7～IT6	0.4～0.1	
7	粗车—半精车—粗磨—精磨—超精加工(或轮式超精磨)	IT5	0.1～0.012	
8	粗车—半精车—精车—精细车(金刚车)	IT7～IT6	0.4～0.025	主要用于要求较高的有色金属
9	粗车—半精车—粗磨—精磨—超精磨(或镜面磨)	IT5以上	0.025～0.006	极高精度的外圆加工
10	粗车—半精车—粗磨—精磨—研磨	IT5以上	0.1～0.012	

2. 外圆表面的车削加工

(1) 外圆车削的形式和加工精度

车削外圆是一种最常见、最基本的车削方法，其主要形式见图2-21。

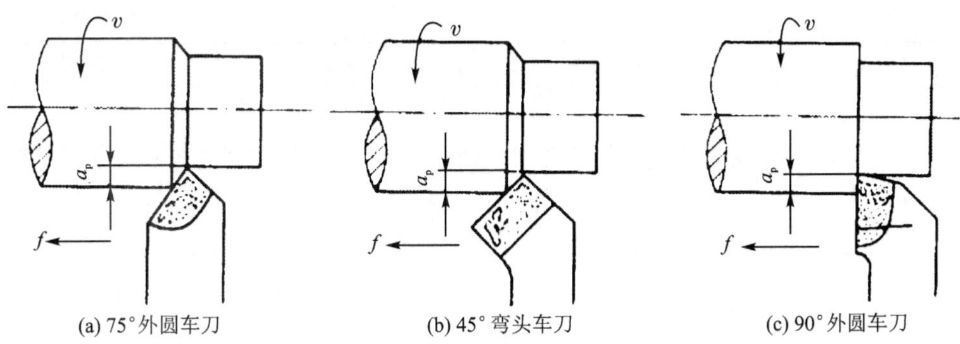

(a) 75°外圆车刀　(b) 45°弯头车刀　(c) 90°外圆车刀

图 2－21　外圆车削的形式

车削外圆一般可划分为粗车、半精车、精车和精细车，各种车削方案所能达到的加工精度和表面粗糙度各不相同，必须合理地选用。详见表 2－10。

(2) 外圆车削工件的装夹方法

外圆车削加工时，最常见的工件装夹方法见表 2－11。

表 2－11　最常见的工件装夹方法

名　称	装夹简图	装夹特点	应　用
三爪卡盘		三个卡爪可同时移动，自动定心，装夹迅速方便	长径比小于 4，截面为圆形，六方体的中、小型工件加工
四爪卡盘		四个卡爪都可单独移动，装夹工件需要找正	长径比小于 4，截面为方形、椭圆形的较大、较重的工件
花盘		盘面上多通槽和 T 形槽，使用螺钉、压板装夹，装夹前需找正	形状不规则的工件、孔或外圆与定位基面垂直的工件的加工
双顶尖		定心正确，装夹稳定	长径比为 4～15 的实心轴类零件加工

续表 2-11

名 称	装夹简图	装夹特点	应 用
双顶尖中心架		支爪可调,增加工件刚性	长径比大于15的细长轴工件粗加工
一夹一顶跟刀架		支爪随刀具一起运动,无接刀痕	长径比大于15的细长轴工件半精加工、精加工
心轴		能保证外圆、端面对内孔的位置精度	以孔为定位基准的套类零件的加工

(3) 车刀的结构形式

车刀按结构不同可分为整体式、焊接式、机夹重磨式和机夹可转位式等几种。

整体式车刀是将车刀的切削部分与夹持部分用同一种材料制成,如尺寸不大的高速钢车刀常用这种结构。

焊接式车刀是在碳钢刀杆(常用45钢)上根据刀片的形状和尺寸铣出刀槽后将硬质合金刀片钎焊在刀槽中,然后刃磨出所需的几何参数。焊接式车刀结构简单、紧凑,刚性好,灵活性大,可根据切削要求较方便地刃磨出所需角度,故应用广泛。但经高温钎焊的硬质合金刀片,易产生应力和裂纹,切削性能有所下降,并且刀杆不能重复使用,浪费较大。

机夹重磨式车刀的刀片与刀杆是两个可拆的独立元件,切削时靠夹紧元件将它们紧固在一起,由于避免了因焊接产生的缺陷,可提高刀具的切削性能,并且刀杆可多次使用。

机夹可转位式车刀是将压制有合理几何参数、断屑槽,并有几个切削刃的多边形刀片,用机械夹固的方法,装夹在标准刀杆上,以实现切削的一种刀具结构。当刀片的一个切削刃磨钝后,松开夹紧元件,把刀片转位换成另一新切削刃,便可继续使用。与焊接式车刀相比,机夹可转位式车刀具有切削效率高、刀片使用寿命长、刀具消耗费用低等优点。可转位车刀的刀杆可重复使用,节省了刀杆材料。刀杆和刀片实现标准化、系列化,有利于刀具的管理工作。图2-22所示为常见车刀的结构示意图。

(4) 外圆车刀的选择和装夹

外圆车刀应根据外圆表面加工方案选择。粗车外圆要求外圆粗车刀强度高,能在切削深度大或走刀速度快的情况下保持刀头坚固。精车外圆要求外圆车刀刀刃锋利、光洁。

如图2-21所示,主偏角 $\kappa_r=75°$ 的外圆车刀刀头强度高,生产中常选用为外圆粗车刀。主偏角 $\kappa_r=45°$ 的弯头车刀,使用方便,还可以车端面和倒角,但因其副偏角 κ_r' 大,工件表面加工粗糙,不适于精加工。主偏角 $\kappa_r=90°$ 的外圆车刀可用粗车或精车,还可车削有垂直台阶的外圆和细长轴。

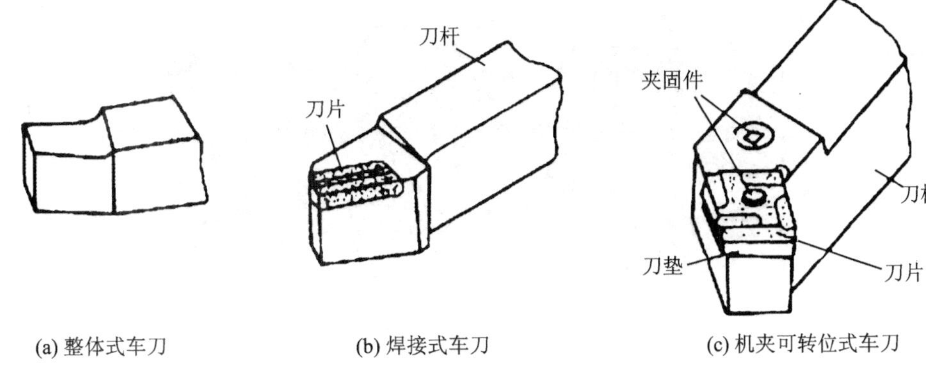

图 2-22　常见车刀的结构示意图

车刀在刀架上的安装高度，一般应使刀尖位置与工件旋转轴线等高。安装时可用尾架顶尖作为标准，或在工件端面车一印痕，就可知道轴线位置，这样就可以把车刀调整安装好。

车刀在刀架上的位置，一般应垂直于工件旋转轴线，否则会引起主偏角 κ_r 变化，还可能使刀尖扎入工件已加工表面或影响表面粗糙度。

(5) 车　床

① 车床的用途　主要用于加工零件的各种回转表面，如内外圆柱表面、内外圆锥表面、成型回转表面和回转体的端面等，有些车床还能车削螺纹表面。由于大多数机器零件都具有回转表面，并且大部分需要用车床来加工，因此，车床是一般机器制造厂中应用最广泛的一类机床，占机床总数的 35%～50%。

在车床上，除使用车刀进行加工之外，还可以使用各种孔加工刀具（如钻头、铰刀、镗刀等）进行孔加工，或者使用螺纹刀具（丝锥、板牙）进行内、外螺纹加工。

② 车床的运动：

- 工件的旋转运动　是车床的主运动，其特点是速度较高，消耗功率较大。
- 刀具的直线移动　是车床的进给运动，能够使毛坯上新的金属层被不断投入切削，以便切削出整个加工表面。

上述运动是车床形成加工表面形状所需的表面成型运动。车床上车削螺纹时，工件的旋转运动和刀具的直线移动形成螺旋运动，是一种复合成型运动。

③ 车床的分类　为适应不同的加工要求，车床分为很多种类。按其结构和用途不同，可分为卧式车床、立式车床、转塔车床、回轮车床及落地车床。图 2-23 所示为卧式车床，其所能加工的典型零件表面如图 2-24 所示。

图 2-25 所示为立式车床，可分为单柱式立式车床和双柱式立式车床。

图 2-26 所示为转塔车床，其特点如下：没有丝杠和尾座，而在车床尾部装有一个可纵向移动的转塔刀架，其上可装多把刀，工作中周期性转位，顺序地对工件进行加工；刀具行程由挡块控制；易保证精度，提高生产率。

转塔车床适用于成批加工形状复杂的盘套类零件，如图 2-27 所示。

3. 外圆表面的磨削加工

用磨具以较高的线速度对工件表面进行加工的方法称为磨削。磨削加工是一种多刀多刃的高速切削方法，它适用于零件精加工和硬表面的加工。

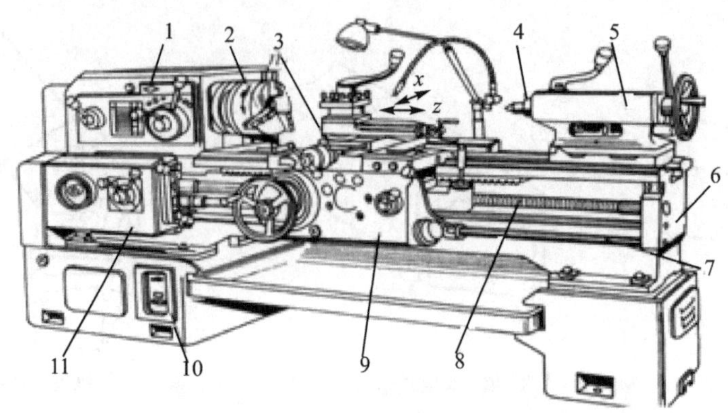

1—主轴箱;2—夹盘;3—刀架;4—后顶尖;5—尾座;
6—床身;7—光杠;8—丝杠;9—溜板箱;10—底座;11—进给箱

图 2-23 卧式车床

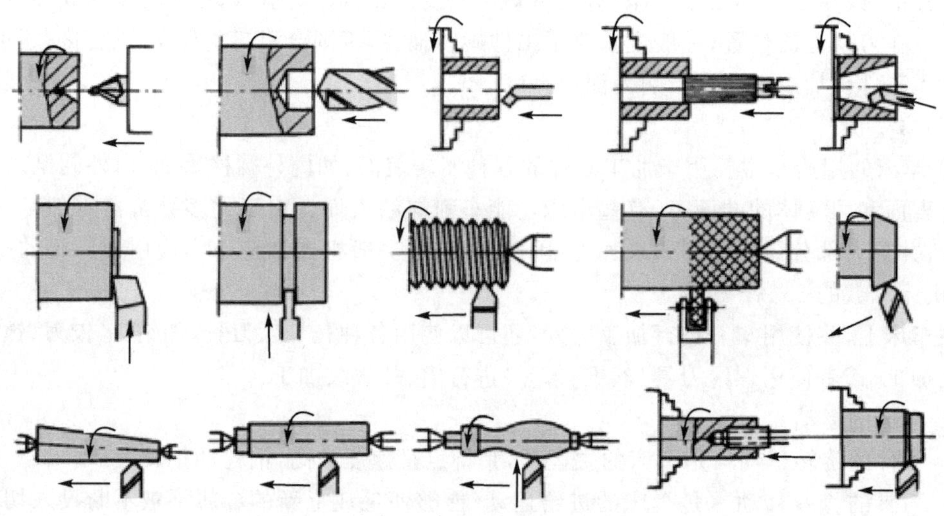

图 2-24 卧式车床所能加工的典型零件表面

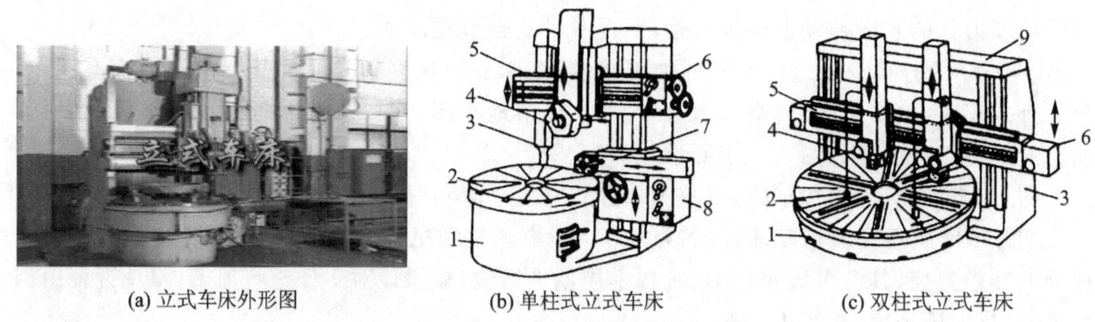

(a) 立式车床外形图　(b) 单柱式立式车床　(c) 双柱式立式车床

1—底座;2—工作台;3—立柱;4—垂直刀架;5—横梁;6—垂直刀架进给箱;
7—侧刀架;8—侧刀架进给箱;9—横梁

图 2-25 立式车床

磨削的工艺范围很广,可以划分为粗磨、精磨、细磨及镜面磨。各种磨削方案所能达到的经济加工精度和表面粗糙度值见表 2-10。

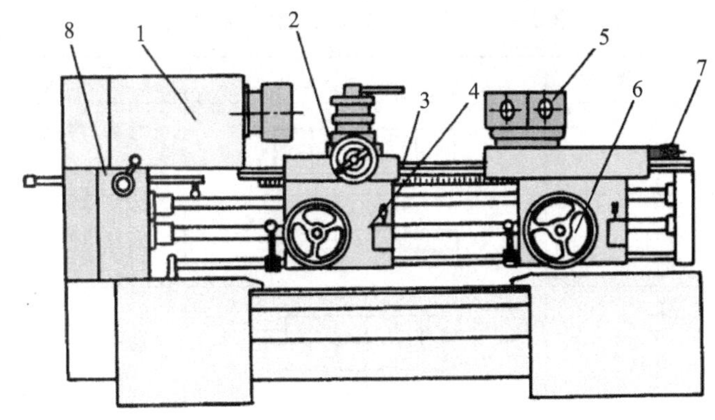

1—主轴箱；2—前刀架；3—床身；4—前刀架溜板箱；
5—转塔刀架；6—转塔刀架溜板箱；7—定程装置；8—进给箱

图 2-26　普通转塔车床

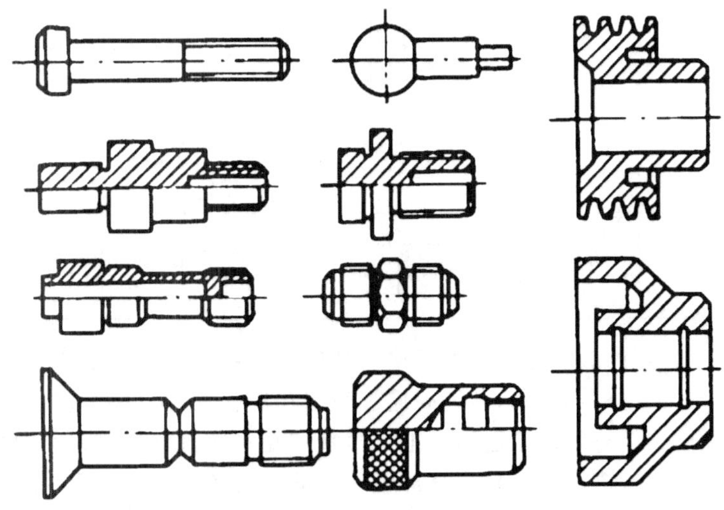

图 2-27　转塔车床上加工的典型零件

磨削加工采用的磨具(或磨料)具有颗粒小、硬度高、耐热性好等特点，因此可以加工较硬的金属材料和非金属材料，如淬硬钢、硬质合金刀具、陶瓷等；加工过程中同时参与切削运动的颗粒多，能切除极薄极细的切屑，因而加工精度高，表面粗糙度值小。磨削加工作为一种精加工方法，在生产中得到广泛应用。目前，由于强力磨削的发展，也可以直接将毛坯磨削到所需要的尺寸和精度，从而获得了较高的生产率。

(1) *外圆磨床的磨削方法*

外圆表面磨削一般在外圆磨床或无心外圆磨床上进行，也可采用砂带磨床磨削。在外圆磨床上磨削工件外圆时，轴类零件常用顶尖装夹，其方法与车削时基本相同，但磨床所用顶尖不随工件一起转动。这样，主轴与轴承的制造误差、轴承间隙、顶尖的同轴度误差等就不会反映到工件上，可提高加工精度。盘套类工件则用心轴和顶尖装夹，所用心轴和车削心轴基本相同，只是形状和位置精度以及表面粗糙度要求较严格。磨削短又无中心孔的轴类工件时，可用三爪自定心卡盘或四爪单动卡盘装夹。

常用砂轮形状、代号和用途如表 2-12 所列。

表 2-12 常用砂轮形状、代号和用途

砂轮名称	代 号	简 图	主要用途
平行砂轮	1		外圆磨、内圆磨、平面磨、无心磨、工具
薄片砂轮	41		切断及切槽
筒形砂轮	2		端磨平面
碗形砂轮	11		刃磨刀具、磨导轨
蝶形1号砂轮	12		磨铣刀、铰刀、拉刀、磨齿轮
双斜边砂轮	4		磨齿轮及螺纹
杯形砂轮	6		磨平面、内圆、刃磨刀具

在外圆磨床上，常用的磨削方法有纵磨法、横磨法、综合磨法及深磨法。

① 纵磨法，如图2-28(a)所示，砂轮高速旋转起切削作用，工件旋转做圆周进给运动，并和工作台一起做纵向往复直线进给运动。工作台每往复一次，砂轮沿磨削深度方向完成一次横向进给，每次进给(吃刀深度)都很小，全部磨削余量是在多次往复行程中完成的。当工件磨削接近最终尺寸时(尚有余量0.005～0.01 mm)，应无横向进给光磨几次，直到火花消失为止。纵磨法加工精度和表面质量较高，适应性强，用同一砂轮可磨削直径和长度不同的工件，但生产率低。在单件、小批量生产及精磨中，应用广泛，特别适用于磨削细长轴等刚性差的工件。

② 横磨法(切入法)，如图2-28(b)所示，磨削时，工件不做纵向往复运动，砂轮以缓慢的速度连续或间断地向工件做横向进给运动，直到磨去全部余量。横磨时，工件与砂轮的接触面积大，磨削力大，发热量大而集中，所以易发生工件变形、烧刀和退火。横磨法生产效率高，适用于成批或大量生产中，磨削长度短、刚性好、精度低的外圆表面及两侧都有台肩的轴颈。若将砂轮修整成型，也可直接磨削成型面。

③ 综合磨法，如图2-28(c)所示，先用横磨法将工件分段进行粗磨，相邻之间有5～15 mm的搭接，每段上留有0.011～0.03 mm的精磨余量，精磨时采用纵磨法。这种磨削方法综合了纵磨和横磨的优点，适用于磨削余量较大(余量0.7～0.6 mm)的工件。

④ 深磨法，如图2-28(d)磨削时，采用较小的纵向进给量(1～2 mm/r)和较大的吃刀深度(0.21～0.6 mm)在一次走刀中磨去全部余量。为避免切削负荷集中和砂轮外圆棱角迅速磨钝，应将砂轮修整成锥形或台阶形，外径小的台阶起粗磨作用，可修粗些；外径大的起精磨作用，修细些。深磨法可获得较高精度和生产率，表面粗糙度值较小，适用于大批量生产、加工刚

性好的短轴。

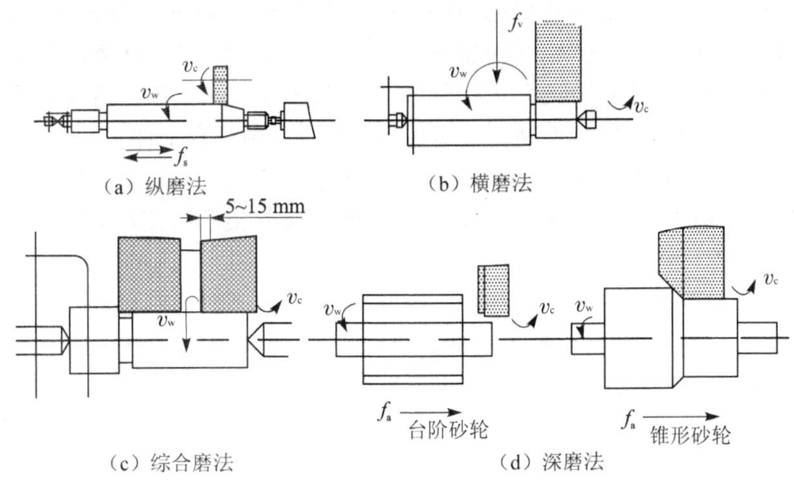

图 2-28　外圆磨床的磨削方法

(2) 无心外圆磨床的磨削方法

在无心磨床磨削工件外圆时，工件不用顶尖来定心和支承，而是直接将工件放在砂轮和导轮(用橡胶结合剂做的粒度较粗的砂轮)之间，由托板支承，工件被磨削的外圆面作定位面，见图 2-29(a)。无心外圆磨床有两种磨削方式：贯穿磨削法和切入磨削法。

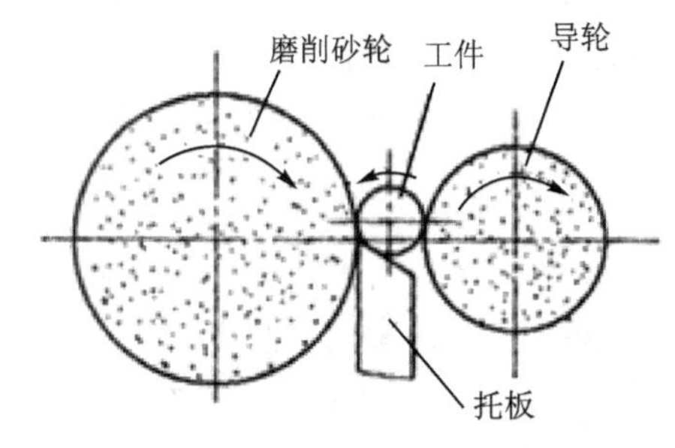

(a) 外圆表面无心磨削

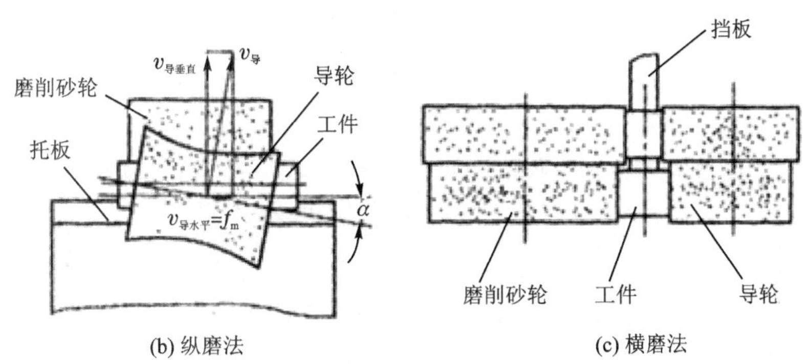

(b) 纵磨法　　(c) 横磨法

图 2-29　无心外圆磨床加工及磨削方法

① 贯穿磨削法(纵磨法)，如图 2-29(b)所示，磨削时将工件从机床前面放到托板上，推入

磨削区,由于导轮轴线在垂直平面内倾斜 α 角($\alpha=1°\sim6°$),导轮与工件接触处的线速度可以分解成水平和垂直两个方向的分速度,控制工件的圆周进给运动,使工件做纵向进给。所以当工件进入磨削区后,既做旋转运动,又做轴向移动,穿过磨削区,工件就磨削完毕。α 角增大,生产率高,但表面粗糙度值增大;反之,情况相反。为保证导轮与工件呈线接触状态,需将导轮形状修整成回转双曲面形。这种磨削方法不适用带台阶的圆柱形工件。

② 切入磨削法(横磨法)。将工件放在托板和导轮之间,然后由工件(连同导轮)或磨削砂轮横向切入进给,磨削工件表面。这时导轮的中心线仅倾斜很小角度(约 30′),以便对工件产生一微小的轴向推力,使它靠住挡板,得到可靠轴向定位,见图 2-29 (c)。切入磨削法适用于磨削有阶梯或成型回转表面的工件,但磨削表面长度不能大于磨削砂轮宽度。

在磨床上磨削外圆表面时,应采用充足的切削液,一般磨钢件多用苏打水或乳化液;铝件采用加少量矿物油的煤油;铸铁、青铜件一般不用切削液,而用吸尘器清除尘屑。

4. M1432A 型万能外圆磨床

M1432A 型万能外圆磨床主要用于磨削内外圆柱面、内外圆锥面、阶梯轴轴肩以及端面和简单的成型回转表面等。它属于普遍精度级机床,磨削精度可达 IT7～IT6 级,表面粗糙度 Ra 为 1.25～0.08 μm。这种机床万能性强,但自动化程度较低,磨削效率不高,适用于工具车间、维修车间和单件小批生产类型。其主参数最大磨削直径为 320 mm。

图 2-30 为 M1432A 型万能外圆磨床外形图。由图可见,在床身 1 的纵向导轨上装有工作台,台面上装有头架 2 和尾架 5,用于夹持不同长度的工件,头架带动工件旋转。工作台由液压传动沿床身导轨往复移动,使工件实现纵向进给运动。工作台由上下两层组成,其上部可相对下部在水平面内偏转一定的角度(一般不大于±10°),以便磨削锥度不大的圆锥面。砂轮架 4 安装在滑鞍 6 上,转动横向进给脚踏操纵板 7,通过横向进给机构带动滑鞍及砂轮架做快速进退或周期性自动切入进给。内圆磨具 3 放下时用以磨削内圆(图示处于抬起状态)。

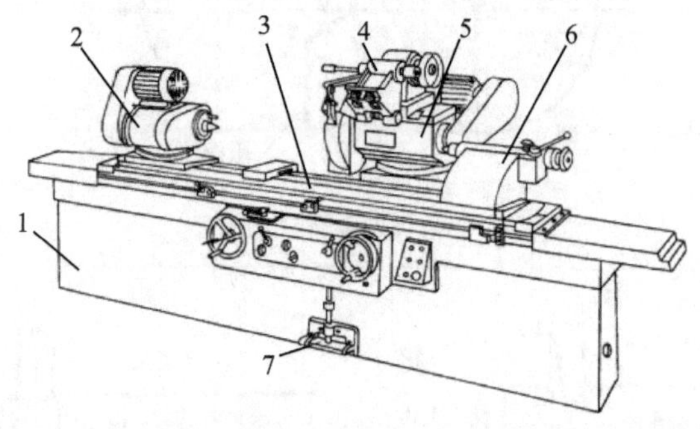

1—床身;2—头架;3—内圆磨具;4—砂轮架;5—尾架;6—滑鞍;7—脚踏操纵板

图 2-30　M1432A 型万能外圆磨床外形图

图 2-31 为万能外圆磨床的典型加工方法:图(a)为用纵磨法磨削外圆柱面,图(b)为扳转工作台用纵磨法磨削长圆锥面,图(c)为扳动砂轮架用切入法磨削短圆锥面,图(d)为扳动头架用纵磨法磨削圆锥面,图(e)为用内圆磨具磨削圆柱孔。

分析 M1432A 型万能外圆磨床的典型加工方法可知,机床必须具备以下运动:外圆磨和内圆磨砂轮的旋转主运动,工件圆周进给运动,工件(工作台)往复纵向进给运动,砂轮横向进给运动。此外,机床还应有两个辅助运动:砂轮横向快速进退和尾架套筒缩回,以便装卸工件。

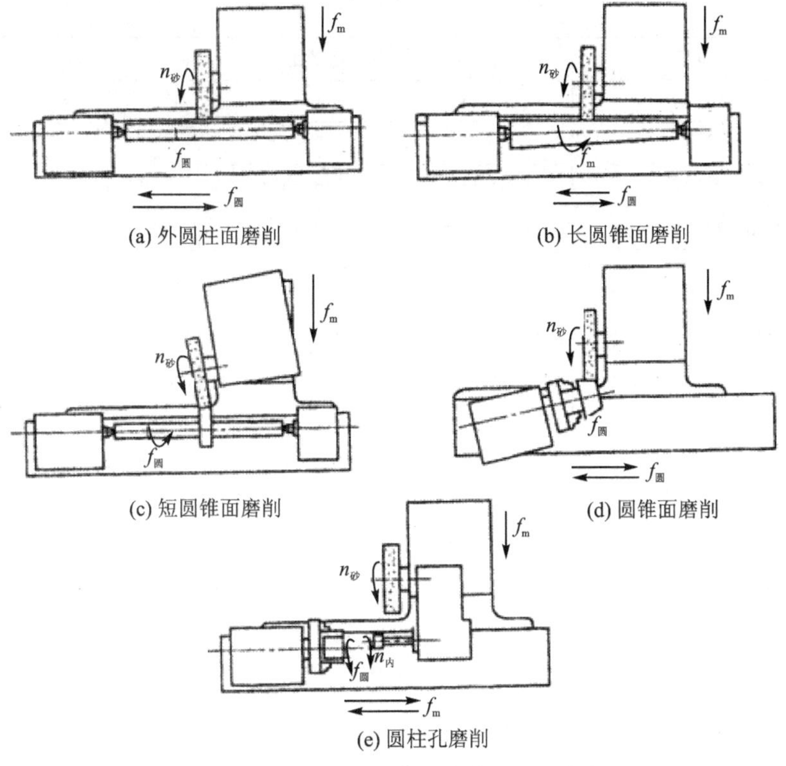

(a) 外圆柱面磨削　(b) 长圆锥面磨削　(c) 短圆锥面磨削　(d) 圆锥面磨削　(e) 圆柱孔磨削

图 2－31　万能外圆磨床的典型加工方法

2.4.4　内圆表面加工

1. 内圆表面的加工方法

内圆表面(即内孔)也是组成零件的基本表面之一。零件上有多种多样的孔,如螺钉、螺栓的紧固孔,套筒、法兰盘及齿轮等回转体零件上的孔,箱体类零件上的主轴及传动轴的轴承孔,炮筒、空心轴内的深孔(一般 $l/d \geqslant 10$),以及常用于保证零件间配合准确性的圆锥孔等。

与外圆表面的加工相比,内圆表面的加工条件差。因为孔加工刀具或磨具的尺寸(直径、长度)受被加工孔本身尺寸的限制,刀具的刚性差,容易产生弯曲变形及振动;切削过程中,孔内排屑、散热、冷却、润滑条件差。因此,孔的加工精度和表面粗糙度都不容易控制。此外,大部分孔加工刀具为定尺寸刀具,刀具直径的制造误差和磨损,将直接影响孔的加工精度。因此,在一般情况下,加工孔比加工同样尺寸、精度的外圆表面要困难些。当一个零件要求内圆表面与外圆表面必须保持某种确定关系时,一般总是先加工内圆表面,然后再以内圆表面定位加工外圆表面。

内圆表面的加工可以在车、钻、镗、拉、磨床上进行。常用的加工方法有:钻孔、扩孔、铰孔、镗孔、拉孔和磨孔等。选择加工方法时,应考虑孔径大小、深度、精度、工件形状、尺寸、质量、材料、生产批量及设备等具体条件。对于精度要求较高的孔,最后还须经珩磨或研磨及滚压等精密加工。

内圆表面的各种加工方案及其所能达到的经济加工精度和表面粗糙度值,详见表 2－13。

表 2-13　内圆表面加工方案

序　号	加工方案	经济加工精度	表面粗糙度 $Ra/\mu m$	适用范围
1	钻	IT12～IT11	12.5	加工未淬火钢及铸铁实心毛坯，也可加工有色金属(但表面粗糙度稍粗糙，孔径小于15～20 mm)
2	钻—铰	IT9	3.2～1.6	
3	钻—铰—精铰	IT8～IT7	1.6～0.8	
4	钻—扩	IT11～IT10	12.5～6.3	同上，但孔径大于15～20 mm
5	钻—扩—铰	IT9～IT8	3.2～1.6	
6	钻—扩—粗铰—精铰	IT7	1.6～0.8	
7	钻—扩—机铰—手铰	IT7～IT6	0.4～0.1	
8	钻—扩—拉	IT9～IT7	1.6～0.1	大批量生产(精度由拉刀精度决定)
9	粗镗(或扩孔)	IT12～IT11	12.5～6.3	除淬火钢外各种材料，毛坯有铸出孔或锻出孔
10	粗镗(粗扩)—半精镗(精扩)	IT9～IT8	3.2～1.6	
11	粗镗(扩)—半精镗(精扩)—精镗(铰)	IT8～IT7	1.6～0.8	
12	粗镗(扩)—半精镗(精扩)—精镗—浮动镗刀精镗	IT7～IT6	0.8～0.4	
13	粗镗(扩)—半精镗—磨孔	IT8～IT7	0.8～0.2	主要用于淬火钢，也可用于未淬火钢，但不宜用于有色金属
14	粗镗(扩)—半精镗—粗磨—精磨	IT7～IT6	0.2～0.1	
15	粗镗—半精镗—精镗—金刚镗	IT7～IT6	0.4～0.05	主要用于精度要求高的有色金属加工
16	钻—(扩)—粗铰—精铰—珩磨； 钻—(扩)—拉—珩磨； 粗镗—半精镗—精镗—珩磨	IT7～IT6	0.2～0.025	精度要求很高的孔
17	以研磨代替上述方案中珩磨	IT6以上	—	

2. 钻削加工

用钻头在实体材料上加工孔的方法称为钻孔；用扩孔钻对已有孔进行扩大再加工的方法称为扩孔。它们统称为钻削加工。钻削加工主要在钻床上进行。钻削加工操作简便，适应性强，应用很广。

(1) 钻　孔

钻孔最常用的刀具是麻花钻，用麻花钻钻孔的尺寸精度为IT13～IT11，表面粗糙度 Ra

值为 50～12.5 μm，属于粗加工。钻孔主要用于质量要求不高的孔的终加工，例如螺栓孔、油孔等，也可作为质量要求较高孔的预加工。

麻花钻由工具厂专业生产，其常备规格为 ϕ0.1～ϕ80。麻花钻的结构主要由柄部、颈部及工作部分组成，见图 2-32。

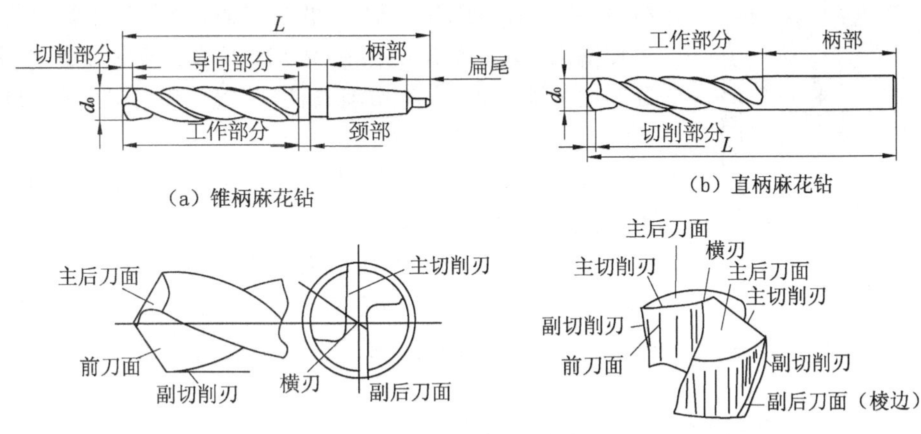

(c) 麻花钻切削部分

图 2-32　麻花钻的结构

柄部是钻头的夹持部分，用于传递扭矩和轴向力。柄部有直柄和锥柄两种形式，钻头直径小于 12 mm 时制成直柄，见图 2-32(b)；钻头直径大于 12 mm 时制成莫氏锥度的圆锥柄，见图 2-32(a)。锥柄后端的扁尾可插入钻床主轴的长方孔中，可以传递较大的扭矩。

颈部是柄部和工作部分的连接部分，是磨削柄部时砂轮的退刀槽，也是打印商标和钻头规格的地方。直柄钻头一般不制有颈部。

钻头的工作部分包括切削部分和导向部分。切削部分担负主要切削工作，如图 2-32(c)所示，切削部分由两条主切削刃、两条副切削刃、一条横刃、两个前刀面和两个后刀面组成。螺旋槽的一部分为前刀面，钻头的顶锥面为主后刀面。导向部分的作用是当切削部分切入工件后起导向作用，也是切削部分的后备部分。导向部分有两条螺旋槽和两条棱边，螺旋槽起排屑和输送切削液的作用，棱边起导向、修光孔壁的作用。导向部分有微小的倒锥度，即从切削部分向柄部每 100 mm 长度上钻头直径 d_0 减少 0.03～0.12 mm，以减少与孔壁的摩擦。

麻花钻的主要几何角度有顶角 2φ、螺旋角 β、前角 γ_0、后角 α_0 和横刃斜角 ψ 等。这些几何角度对钻削加工的性能、切削力大小、排屑情况等都有直接的影响，使用时要根据不同加工材料和切削要求来选取。

麻花钻虽然是孔加工的主要刀具，长期以来一直被广泛使用，但是由于麻花钻在结构上存在着比较严重的缺陷，致使钻孔的质量和生产率受到很大影响，主要表现在：

① 钻头主切削刃上各点的前角变化很大，钻孔时，外缘处的切削速度最大，而该处的前角最大，刀刃强度最薄弱，因此钻头在外缘处的磨损特别严重。

② 钻头横刃较长，横刃及其附近的前角为负值，达$-60°$～$-55°$。钻孔时，横刃处于挤刮状态，轴向抗力较大。同时横刃过长，不利于钻头定心，易产生引偏，致使加工孔的孔径增大，孔不圆或孔的轴线歪斜等。

③ 钻削加工过程是半封闭加工。钻孔时，主切削刃全长同时参加切削，切削刃长，切屑

宽,而各点切屑的流出方向和速度各异,切屑呈螺卷状,而容屑槽又受钻头本身尺寸的限制,因而排屑困难,切削液也不易注入切削区域,冷却和散热不良,大大降低了钻头的使用寿命。

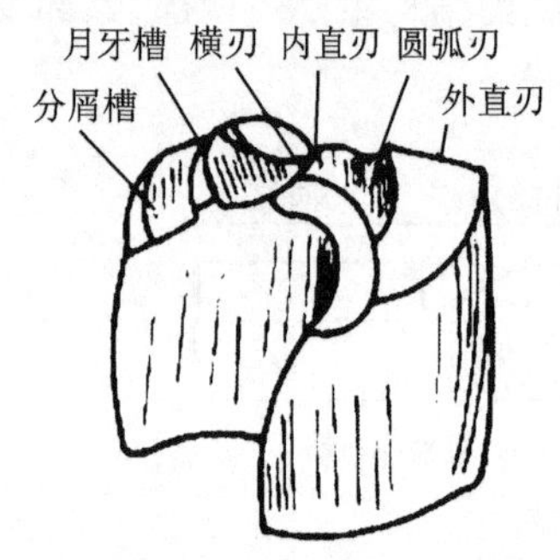

图 2-33 标准型群钻

针对标准高速钢麻花钻存在的缺陷,在实践中采取多种措施修磨麻花钻的结构。如修磨横刃,减少横刃长度,增大横刃前角,减小轴向受力状况;修磨前刀面,增大钻芯处前角;修磨主切削刃,改善散热条件;在主切削刃后面磨出分屑槽,利于排屑和切削液注入,改善切削条件;等等。用麻花钻综合修磨而成的新型钻头,即"群钻"。

图 2-33 是标准型群钻结构,适合于钻削碳素钢和低合金钢。其修磨主要特征如下:

① 将横刃磨短、磨低,改善横刃处切削条件。

② 将靠近钻心附近主刃修磨成一段顶角较大的内直刃和一段圆弧刃,以增大该段切削刃前角。同时,对称的圆弧刃在钻削过程中起到定心及分屑作用。

③ 在外直刃上磨出分屑槽,改善断屑、排屑情况。

经过综合修磨而成的群钻,切削性能显著改善。钻削轴向力比标准麻花钻下降 35%~50%,转矩降低 10%~30%,切削轻快省力;改善了散热、断屑及冷却润滑条件,耐用度比标准麻花钻提高了 3~5 倍;另外,生产率、加工精度、表面质量都有所提高。

(2) 钻深孔

对于孔的深度与直径之比 $l/d=5\sim10$ 的普通深孔,可以用接长麻花钻加工;对于孔的深度与直径之比 $l/d>5\sim10$ 的深孔,必须采用特殊结构的深孔钻才能加工。

深孔加工难度大,技术要求高,这是深孔加工的特点所决定的。因此,设计和使用深孔钻时应注意钻头的导向,防止偏斜;保证可靠的断屑和排屑;采取有效的冷却和润滑措施。下面介绍几种常见深孔钻的工作原理与结构特点。

1) 单刃外排屑深孔钻

单刃外排屑深孔钻又称枪钻,主要用于加工直径 $d=3\sim20$ mm,孔深与直径之比 $l/d>100$ 的小深孔。其工作原理见图 2-34。切削时,切削液以高压(3.5~10 MPa)从钻杆和切削部分的进液孔注入切削区域,以冷却、润滑钻头,切屑经钻杆与切削部分的 V 形槽冲出,因此称为外排屑。

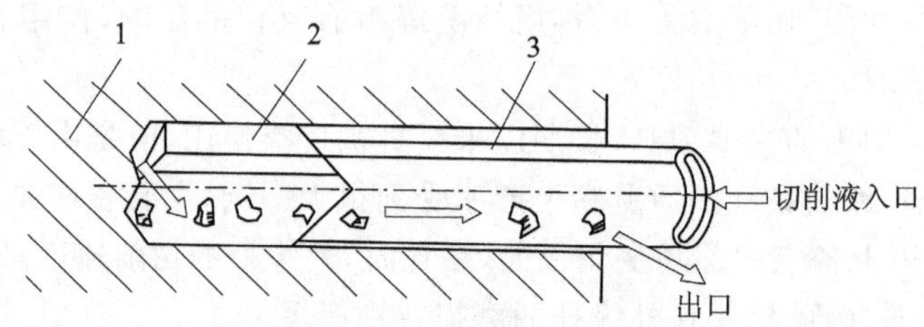

1—工件;2—切削部分;3—钻杆

图 2-34 单刃外排屑深孔钻工作原理

枪钻的特点是结构较简单,钻头背部圆弧支承面在切削过程起导向定位作用,切削稳定,孔加工直线性好。

2）错齿内排屑深孔钻

错齿内排屑深孔钻适于加工直径 $d>20$ mm，孔深与直径比 $l/d<100$ 的直径较大的深孔。其工作原理见图2－35。切削时，切削液以高压（2～6 MPa）从工件孔壁与钻杆的表面之间的间隙进入切削区，以冷却、润滑钻头切削部分，并利用高压切削液把切屑从钻头和钻管的内孔中冲出。

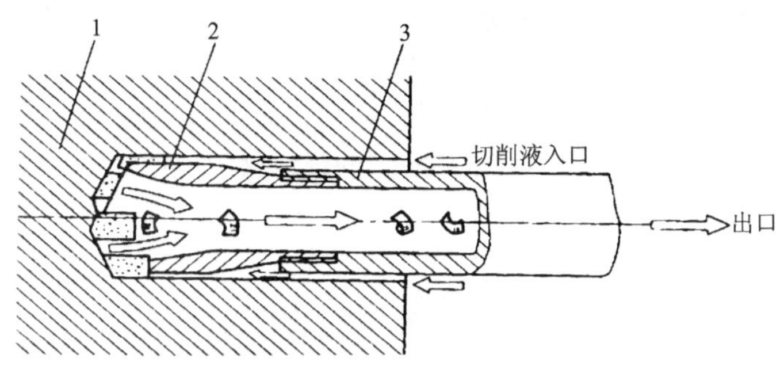

1—工件；2—钻头；3—钻杆

图2－35　错齿内排屑深孔钻工作原理

错齿内排屑深孔钻的切削部分由数块硬质合金刀片交错排列焊接在钻体上，实现了分屑，便于切屑排出；切屑是从钻杆内部排出而不与工件已加工表面接触，所以可获得好的加工表面质量；分布在钻头前端的硬质合金导向条，使钻头支承在孔壁上，实现了切削过程中的导向，增大了切削过程的稳定性。

3）喷吸钻

喷吸钻适用于加工直径 $d=16\sim65$ mm，孔深与直径比 $l/d<100$ 的中等直径一般深孔。喷吸钻主要由钻头、内钻管、外钻管三部分组成，钻头部分的结构与错齿内排屑深孔钻基本相同。其工作原理见图2－36。工作时，切削液以一定的压力（一般为0.98～1.96 MPa）从内外钻管之间输入，其中2/3的切削液通过钻头上的小孔压向切削区，对钻头切削部分及导向部分进行冷却与润滑；另外1/3切削液则通过内钻管上月牙形槽喷嘴喷入内钻管。由于月牙形槽缝隙很窄，喷入的切削液流速很大而形成一个低压区，切削区的高压与内钻管内的低压形成压力差，使切削液和切屑一起被迅速“吸”出，提高了冷却和排屑效果，所以喷吸钻是一种效率高、加工质量好的内排屑深孔钻。

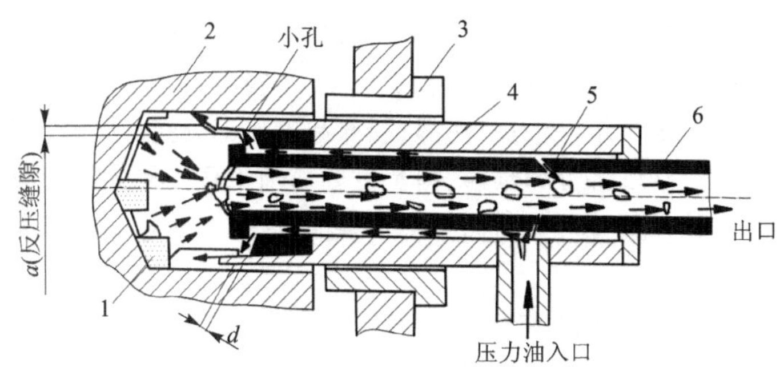

1—钻头；2—工件；3—钻套；4—外钻管；5—月牙形槽喷嘴；6—内钻管

图2－36　喷吸钻工作原理图

(3) 扩　孔

扩孔是用扩孔钻对工件上已钻出、铸出或锻出的孔进行扩大加工。扩孔可在一定程度上校正原孔轴线的偏斜,扩孔的精度可达IT10～IT9,表面粗糙度 Ra 可达6.3～3.2 μm,属于半精加工。扩孔常用作铰孔前的预加工,对于质量要求不高的孔,扩孔也可作孔加工的最终工序。

扩孔用的扩孔钻结构形式分为带柄和套式两类。如图2-37所示,带柄的扩孔钻由工作部分及柄部组成;套式扩孔钻由工作部分及1∶30锥孔组成。

扩孔钻与麻花钻相比,容屑槽浅窄,可在刀体上做出3～4个切削刃,所以可提高生产率。同时,切削刃增多,棱带也增多,使扩孔钻的导向作用提高了,切削较稳定。此外,扩孔钻没有横刃,钻芯粗大,轴向力小,刚性较好,可采用较大的进给量。

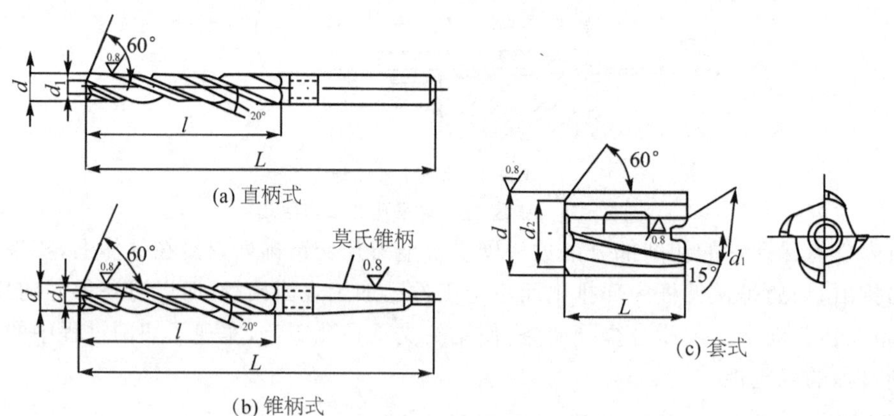

图2-37　扩孔钻类型

选用扩孔钻时应根据被加工孔及机床夹持部分的形式,选用相应直径及形式的扩孔钻。通常直柄式扩孔钻适用范围为 d=3～20 mm;锥柄式扩孔钻适用范围为 d=7.5～50 mm;套式扩孔钻主要用于大直径及较深孔的扩孔加工,其适用范围为 d=20～100 mm。扩孔余量一般为0.5～4 mm(直径值)。

(4) 铰　孔

用铰刀从被加工孔的孔壁上切除微量金属,使孔的精度和表面质量得到提高的加工方法,称为铰孔。铰孔是应用较普遍的对中小直径孔进行精加工的方法之一,它是在扩孔或半精镗孔的基础上进行的。根据铰刀的结构不同,铰孔可以加工圆柱孔、圆锥孔;可以用于手工操作,也可以在机床上进行。铰孔后孔的精度可达IT9～IT7,表面粗糙度 Ra 达1.6～0.4 μm。

铰刀的结构如图2-38所示,铰刀由柄部、颈部和工作部分组成。工作部分包括切削部分和修光部分(标准部分)。切削部分为锥形,担负主要切削工作。修光部分起校正孔径、修光孔壁和导向作用。为减少修光部分刀齿与已加工孔壁的摩擦,并防止孔径扩大,修光部分的后端为倒锥形状。

铰刀可分为手用铰刀和机用铰刀两种。手用铰刀(见图2-38(a))为直柄,其工作部分较长,导向性好,可防止铰孔使铰刀歪斜。机用铰刀又分为直柄式、锥柄式和套式三种,见图2-38(b)(c)。

选用铰刀时,应该根据被加工孔的特点及铰刀的特点正确选取。一般手用铰刀用于小批量生产或修配工作中对未淬硬孔进行手工操作的精加工。手用铰刀适用范围为 d=1～71 mm。

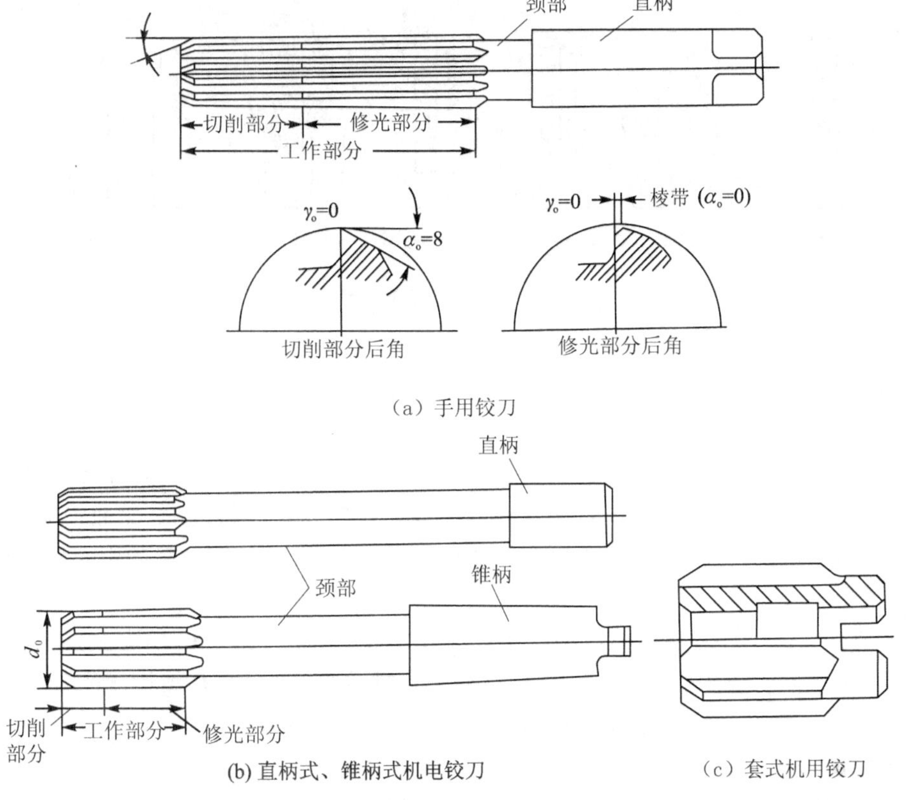

（a）手用铰刀

(b) 直柄式、锥柄式机电铰刀

（c）套式机用铰刀

图 2-38　铰刀结构

机用铰刀在车床、钻床、数控机床等机床上使用。主要对钢、合金钢、铸铁、铜、铝等工件的孔进行半精加工和精加工。一般机用铰刀的适用范围为 $d=1\sim50$ mm，套式机用铰刀适合于较大孔径的加工，其范围为 $d=23.6\sim100$ mm。

另外，铰刀分为三个精度等级，分别用于不同精度孔的加工（H7、H8、H9）。在选用时，应根据被加工孔的直径、精度和机床夹持部分的形式选用相应的铰刀。

铰孔生产率高，容易保证孔的精度和表面粗糙度，但铰刀是定值刀具，一种规格的铰刀只能加工一种尺寸和精度的孔，且不宜铰削非标准孔、台阶孔和盲孔。对于中等尺寸以下较精密的孔，钻—扩—铰是生产中经常采用的典型工艺方案。

（5）钻　床

钻床主要是用钻头钻削直径不大、精度要求较低的孔，此外还可以进行扩孔、铰孔、攻螺纹等加工。加工时，工件固定不动，刀具旋转形成主运动，同时沿轴向移动完成进给运动。钻床的应用很广，其主要加工方法见图 2-39。

钻床的主要类型有立式钻床、摇臂钻床以及深孔钻床等。

① 立式钻床：是应用较广的一种机床，其主参数是最大钻孔直径，常用的有 25 mm、35 mm、40 mm 和 50 mm 等几种。

立式钻床的特点是主轴轴线是垂直布置，而且位置是固定的。加工时，为使刀具旋转中心线与被加工孔的中心线重合，必须移动工件，因此立式钻床只适用于加工中小工件上直径 $d\leqslant50$ mm 的孔。图 2-40 是立式钻床的外形图。变速箱中装有主运动变速传动机构，进给箱中装有进给运动变

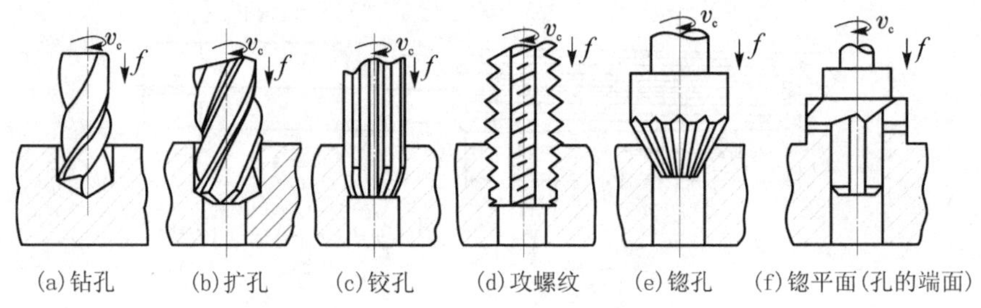

图 2-39　钻床的加工方法

速机构及操纵机构。加工时,进给箱固定不动,转动操纵手柄,由主轴随主轴套筒在进给箱中做直线移动来完成进给运动。工作台和进给箱都装在立柱的垂直导轨上,并可上下调整位置,以适应加工不同高度的工件。

② 摇臂钻床:广泛用于大、中型零件上直径 $d \leqslant 80$ mm 孔的加工。其外形如图 2-41 所示。主轴箱可以在摇臂上水平移动,摇臂既可以绕立柱转动,又可沿立柱垂直升降。加工时,工件在工作台或机座上安装固定,通过调整摇臂和主轴箱的位置,使主轴的中心线与被加工孔的中心线重合。

③ 其他钻床:台钻是一种加工小型工件上孔径 $d=0.1 \sim 13$ mm 的立式钻床;多轴钻床可同时加工工件上的很多孔,生产率高,广泛用于大批量生产;中心孔钻床用来加工轴类零件两端面上中心孔;深孔钻床用于加工孔深与直径比 $l/d>5$ 的深孔。

3. 镗削加工

镗孔是用镗刀在已加工孔的工件上使孔径扩大并达到精度和表面粗糙度要求的加工方法。

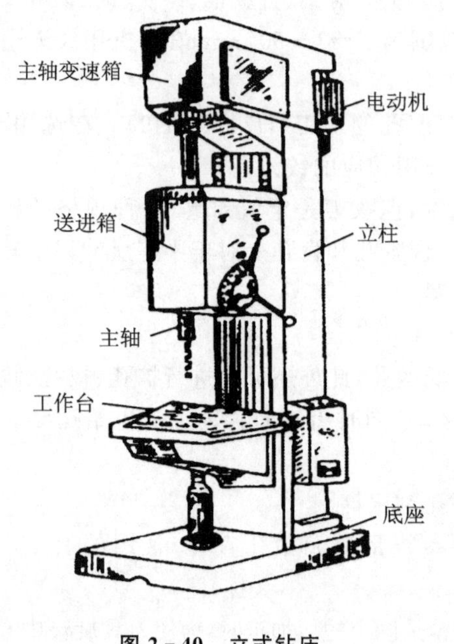

图 2-40　立式钻床

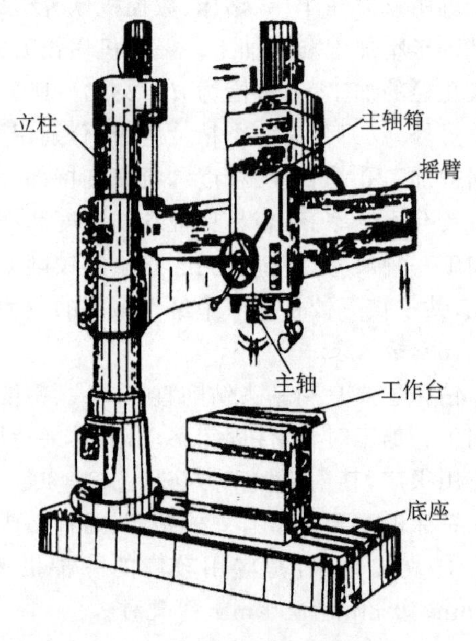

图 2-41　摇臂钻床

镗孔是常用的孔加工方法之一,其加工范围广泛。一般镗孔的精度可达 IT8～IT7,表面

粗糙度 Ra 可达 1.6～0.8 μm；精细镗时，精度可达 IT7～IT6，表面粗糙度 Ra 为 0.8～0.1 μm。根据工件的尺寸形状、技术要求及生产批量的不同，镗孔可以在镗床、车床、铣床、数控机床和组合机床上进行。一般回旋体零件上的孔，多用车床加工；而箱体类零件上的孔或孔系（即要求相互平行或垂直的若干孔），则可以在镗床上加工。

镗孔不但能校正原有孔轴线偏斜，而且能保证孔的位置精度，所以镗削加工适用于加工机座、箱体、支架等外形复杂的大型零件上的孔径较大、尺寸精度要求较高、有位置要求的孔和孔系。

（1）镗　刀

镗刀有多种类型，按其切削刃数量可分为单刃镗刀、双刃镗刀和多刃镗刀；按其加工表面可分为通孔镗刀、盲孔镗刀、阶梯孔镗刀和端面镗刀；按其结构可分为整体式、装配式和可调式。图 2-42 所示为单刃镗刀和多刃镗刀的结构。

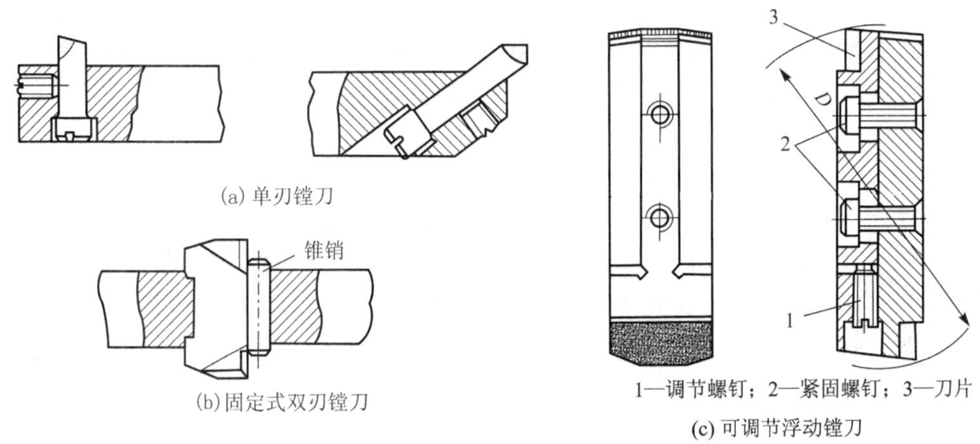

(a) 单刃镗刀

(b) 固定式双刃镗刀

1—调节螺钉；2—紧固螺钉；3—刀片

(c) 可调节浮动镗刀

图 2-42　单刃镗刀和多刃镗刀的结构

1）单刃镗刀

单刃镗刀刀头结构与车刀类似，刀头装在刀杆中，根据被加工孔孔径大小，通过手工操纵，用螺钉固定刀头的位置。刀头与镗杆轴线垂直可镗通孔，倾斜安装可镗盲孔，如图 2-42(a) 所示。

单刃镗刀结构简单，可以校正原有孔轴线偏斜和小的位置偏差，适应性较广，可用来进行粗加工、半精加工或精加工。但是，所镗孔径尺寸的大小要靠人工调整刀头的悬伸长度来保证，较为麻烦，加之仅有一个主切削刃参加工作，故生产效率较低，多用于单件小批量生产。

2）双刃镗刀

双刃镗刀有两个对称的切削刃，切削时径向力可以相互抵消，工件孔径尺寸和精度由镗刀径向尺寸保证。

图 2-42(b) 为固定式双刃镗刀。工作时，镗刀块可通过斜楔、锥销或螺钉装夹在镗杆上，镗刀块相对于轴线的位置偏差会造成孔径误差。固定式双刃镗刀是定尺寸刀具，适用于粗镗或半精镗直径较大的孔。

图 2-42(c) 为可调节浮动镗刀。调节时，先松开螺钉 2，转动螺钉 1，改变刀片的径向位置至两切削刃之间尺寸等于所要加工孔径尺寸，最后拧紧螺钉 2。工作时，镗刀块在镗杆的径向

槽中不紧固,能在径向自由滑动,刀块在切削力的作用下保持平衡对中,可以减少镗刀块安装误差及镗杆径向跳动所引起的加工误差,而获得较高的加工精度。但它不能校正原有孔轴线偏斜或位置误差,其使用应在单刃镗之后进行。浮动镗削适于精加工批量较大、孔径较大的孔。

(2) 镗 床

镗床主要用于加工尺寸较大且精度要求较高的孔,特别是分布在不同表面上、孔距和位置精度要求很严格的孔系,如箱体、汽车发动机缸体等零件上的孔系加工。镗床工作时,由刀具做旋转主运动,进给运动则根据机床类型和加工条件的不同或者由刀具完成,或者由工件完成。镗床主要类型有卧式镗床、坐标镗床以及金刚镗床等。

1) 卧式镗床

卧式镗床的外形如图2-43所示。它主要由床身10、主轴箱8、工作台3、平旋盘5和前立柱7、后立柱2等组成。主轴箱中装有镗轴6、平旋盘5及主运动和进给运动的变速、操纵机构。加工时,镗轴6带动镗刀旋转形成主运动,并可沿其轴线移动实现轴向进给运动;平旋盘5只做旋转运动,装在平旋盘端面燕尾导轨中的径向刀架4除了随平旋盘一起旋转外,还可带动刀具沿燕尾导轨做径向进给运动;主轴箱8可沿前立柱7的垂直导轨做上下移动,以实现垂直进给运动。工件装夹在工作台3上,工作台下面装有下滑座11和上滑座12,下滑座11可沿床身10水平导轨做纵向移动,实现纵向进给运动;工作台还可在上滑座的环形导轨上绕垂直轴回转,进行转位;上滑座沿下滑座的导轨做横向移动,实现横向进给。再利用主轴箱上、下位置调节,可使工件在一次装夹中,对工件上相互平行或成一定角度的平面或孔进行加工。后立柱2可沿床身导轨做纵向移动,支架1可在后立柱垂直导轨上,进行上下移动,用于支承悬伸较长的镗杆,以增加其刚性。

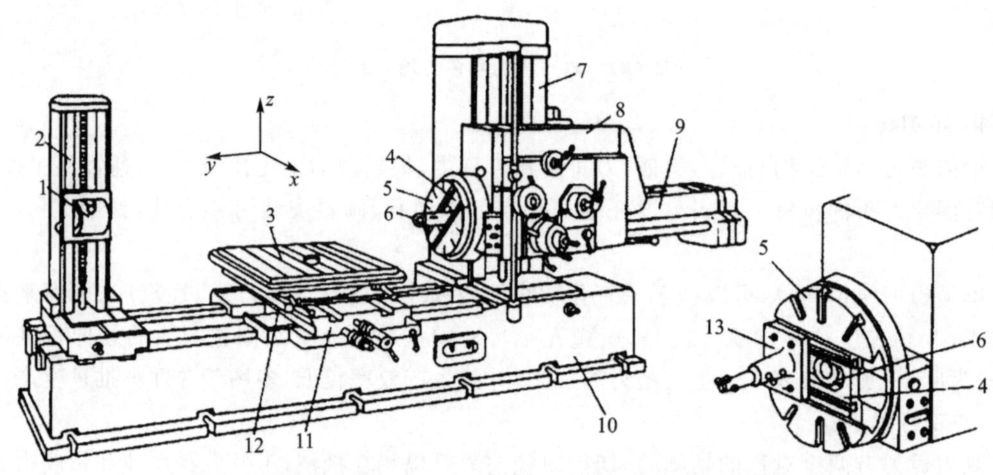

1—支架;2—后立柱;3—工作台;4—径向刀架;5—平旋盘;6—镗轴;
7—前立柱;8—主轴箱;9—后尾筒;10—床身;11—下滑座;12—上滑座;13—刀座

图2-43 卧式镗床

综上所述,卧式镗床的主运动有:镗轴和平旋盘的旋转运动(二者是独立的,分别由不同的传动机构驱动);进给运动有:镗轴的轴向进给运动,平旋盘上径向刀架的径向进给运动,主轴箱的垂直进给运动,工作台的纵向、横向进给运动;此外,辅助运动有:工作台转位,后立柱纵向调位，后立柱支架的垂直方向调位，以及主轴箱沿垂直方向和工作台沿纵、横方向的快速调位运动。

卧式镗床结构复杂，通用性较大，除可进行镗孔外，还可进行钻孔、加工各种形状沟槽、铣平面、车削端面和螺纹等。卧式镗床的主参数是镗轴直径。它广泛用于机修和工具车间，适用于单件小批量生产。图 2－44 为其典型加工方法。

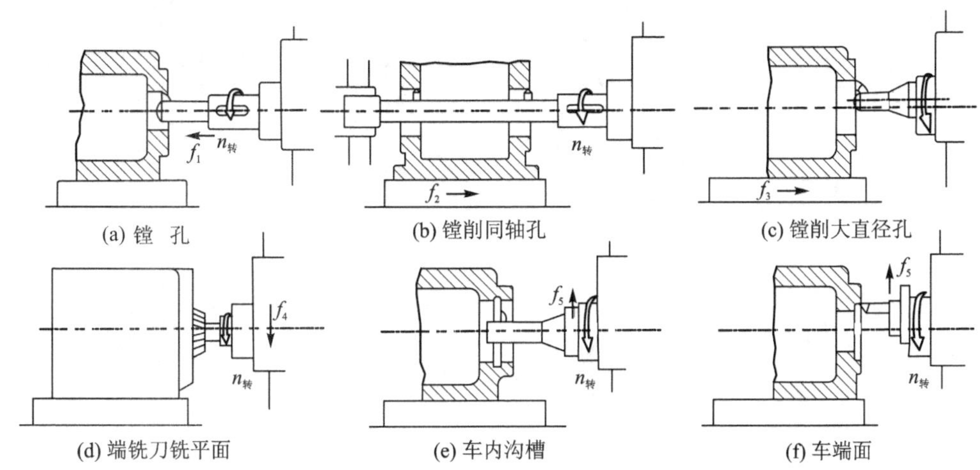

图 2－44　卧式镗床典型加工方法

图 2－44(a)为利用装在镗轴上的镗刀镗孔，纵向进给运动 f_1 由镗轴移动完成；图 2－44(b)为利用后立柱支架支承长镗杆镗削同轴孔，纵向进给运动 f_2 由工作台移动完成；图 2－44(c)为利用平旋盘上刀具镗削大直径孔，纵向进给运动 f_3 由工作台完成；图 2－44(d)为利用装在镗轴上的端铣刀铣平面，垂直进给运动 f_4 由主轴箱完成；图 2－44(e)、(f)为利用装在平旋盘径向刀架上的刀具车内沟槽和端面，径向进给运动 f_5 由径向刀架完成。

2）坐标镗床

该类机床上具有坐标位置的精密测量装置，加工孔时，按直角坐标来精密定位，所以称为坐标镗床。坐标镗床是一种高精度机床，主要用于镗削高精度的孔，特别适用于相互位置精度很高的孔系，如钻模、镗模等的孔系。坐标镗床还可以进行钻、扩、铰孔及精铣加工。此外，还可以做精密刻线、样板划线、孔距及直线尺寸的精密测量等工作。

4. 拉削加工

在拉床上用拉刀加工工件的工艺过程，称为拉削加工。拉削工艺范围广，不但可以加工各种形状的通孔，还可以拉削平面及各种组合成型表面。图 2－45 为适用于拉削加工的典型工件截面形状。由于受拉刀制造工艺以及拉床动力的限制，过小或过大尺寸的孔均不适宜拉削加工（拉削孔径一般为 10～100 mm，孔的深径比一般不超过 5），盲孔、台阶孔和薄壁孔也不适宜拉削加工。

（1）拉　刀

根据工件加工面及截面形状不同，拉刀有多种形式。常用的圆孔拉刀结构见图 2－46，其组成部分包括：

① 前　柄　用于拉床夹头夹持拉刀，带动拉刀进行拉削。

② 颈　部　是前柄与过渡锥的连接部分，可在此处打标记。

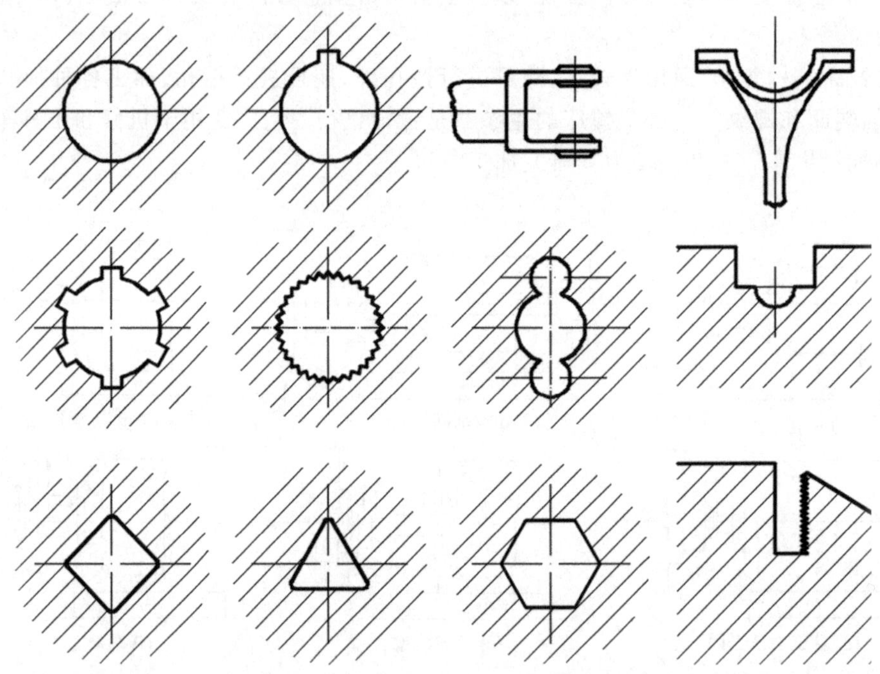

图 2-45　拉削加工的典型工件截面形状

③ 过渡锥　起对准中心的作用,使拉刀顺利进入工件预制孔中。

④ 前导部　起导向和定心作用,防止拉孔歪斜,并可检查拉削前的孔径尺寸是否过小,以免拉刀第一个切削齿载荷太重而损坏。

⑤ 切削部　承担全部余量的切除工作,由粗切齿、过渡齿和精切齿组成。

⑥ 校准部　用以校正孔径,修光孔壁,并作为精切齿的后备齿。

⑦ 后导部　用以保持拉刀最后正确位置,防止拉刀在即将离开工件时,工件下垂而损坏已加工表面或刀齿。

⑧ 后　柄　用作直径大于 60 mm 既长又重拉刀的后支承,防止拉刀下垂。直径较小的拉刀可不设后柄。

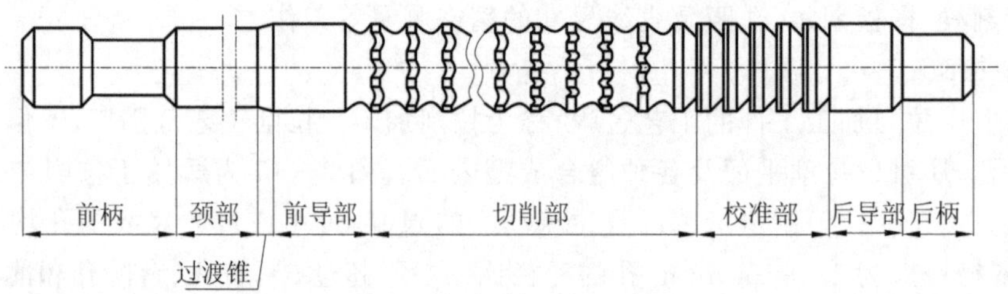

图 2-46　圆孔拉刀结构

(2) 拉孔的工艺特点

分析前述圆孔拉刀的结构可知,拉刀是一种高精度的多齿刀具,由于拉刀从头部向尾部方向其刀齿高度逐齿递增,拉削过程中,通过拉刀与工件之间的相对运动,分别逐层从工件孔壁上切除金属(见图 2-47),从而形成与拉刀的最后刀齿同形状的孔。

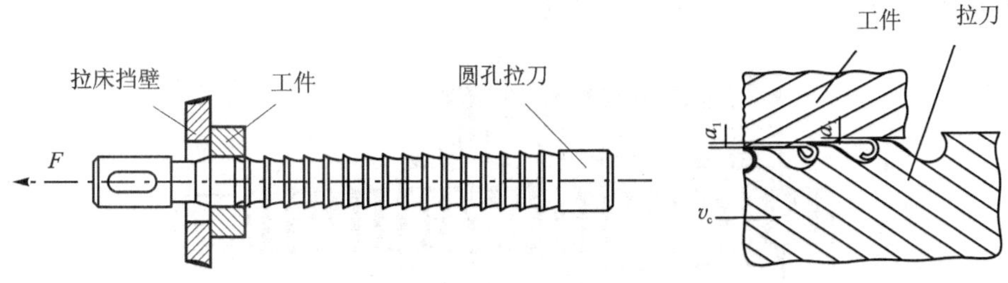

图 2－47　拉刀拉孔过程

拉孔与其他孔的加工方法比较，具有以下特点：

① 生产率高　拉削时，拉刀同时工作的刀齿数多，切削刃总长度长，在一次工作行程中就能完成粗加工、半精加工及精加工，机动时间短，因此生产率很高。

② 可以获得较高的加工质量　拉刀为定尺寸刀具，有校准齿对孔壁进行校准、修光；拉孔切削速度低（v_c＝2～8 m/min），拉削过程平稳，因此可获得较高的加工质量。一般拉孔精度可达 IT8～IT7 级，表面粗糙度 Ra 为 1.6～0.1 μm。

③ 拉刀使用寿命长　由于拉削速度低，切削厚度小，每次拉削过程中，每个刀齿工作时间短，拉刀磨损慢，因此拉刀耐用度高，使用寿命长。

④ 拉削运动简单　拉削的主运动是拉刀的轴向移动，而进给运动是由拉刀各刀齿的齿升量 a_f（见图 2－47）来完成的。因此，拉床只有主运动，没有进给运动，拉床结构简单，操作方便。但拉刀结构较复杂，制造成本高。拉削多用于大批量或成批生产中。

(3) 拉　床

拉床按用途可分为内拉床和外拉床，按机床布局可分为卧式和立式。其中，以卧式内拉床应用普遍。

图 2－48 为卧式内拉床。液压缸 1 固定于床身内，工作时，液压泵供给压力油驱动活塞，活塞带动拉刀 4，连同拉刀尾部活动支承 5 一起沿水平方向左移，装在固定支承上的工件 3 即被拉制出符合精度要求的内孔。其拉力通过压力表 2 显示。

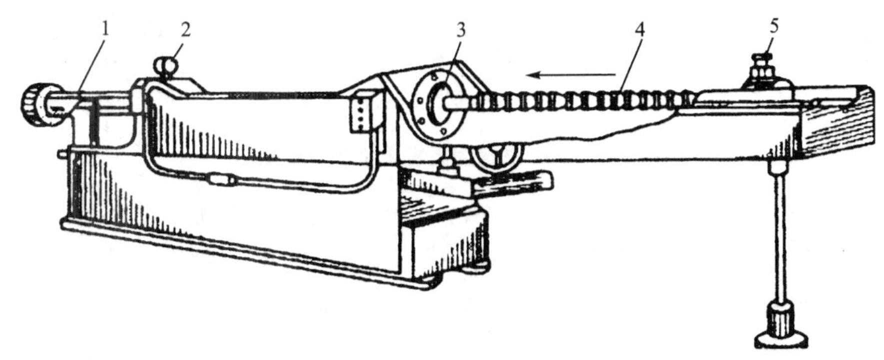

1—液压缸；2—压力表；3—工件；4—拉力；5—活动支承

图 2－48　卧式内拉床

拉削圆孔时，工件一般不需夹紧，只以工件端面支承，因此，工件孔的轴线与端面之间应有一定的垂直度要求。当孔的轴线与端面不垂直时，则需将工件的端面紧贴在一个球面垫板上，如图 2－49 所示，在拉削力作用下，工件 3 连同球面垫板 2 在固定支承架 1 上做微量转动，以使工件轴线自动调到与拉刀轴线一致的方向。

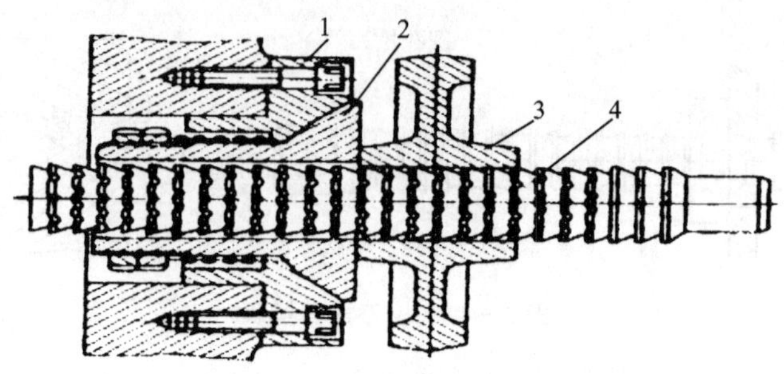

1—固定支承架;2—球面垫板;3—工件;4—拉刀

图 2-49 拉圆孔的方法

5. 内圆磨削

内圆表面的磨削可以在内圆磨床上进行,也可以在万能外圆磨床上进行。内圆磨床的主要类型有普通内圆磨床、无心内圆磨床和行星内圆磨床。不同类型的内圆磨床其磨削方法是不相同的。

(1) 内圆磨削方法

1) 普通内圆磨床的磨削方法

普通内圆磨床是生产中应用最广的一种,图 2-50 所示为普通内圆磨床的磨削方法。磨削时,根据工件的形状和尺寸不同,可采用纵磨法、横磨法,有些普通内圆磨床上备有专门的端磨装置,可在一次装夹中磨削内孔和端面,这样不仅容易保证内孔和端面的垂直度,而且生产效率较高。

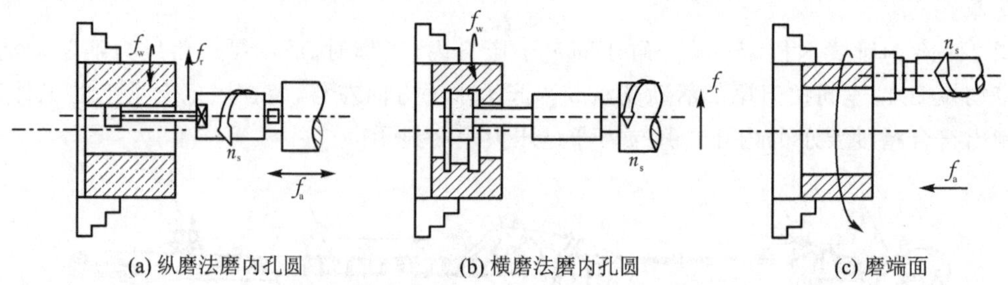

(a) 纵磨法磨内孔圆 (b) 横磨法磨内孔圆 (c) 磨端面

图 2-50 普通内圆磨床的磨削方法

如图 2-50(a)所示,纵磨法机床的运动有:砂轮的高速旋转运动做主运动 n_s;头架带动工件旋转做圆周进给运动 f_w,砂轮或工件沿其轴线往复做纵向进给运动 f_a,在每次(或几次)往复行程后,工件沿其径向做一次横向进给运动 f_r。这种磨削方法适用于形状规则、便于旋转的工件。

横磨法无需纵向进给运动 f_a,如图 2-50(b)所示,横磨法适用于磨削带有沟槽表面的孔。

2) 无心内圆磨床磨削

图 2-51 所示为无心内圆磨床的磨削。磨削时,工件 4 支承在滚轮 1 和导轮 3 上,压紧轮 2 使工件紧靠在导轮 3,工件即由导轮 3 带动旋转,实现圆周进给运动 f_w。砂轮除了完成主运动 n_s 外,还做纵向进给运动 f_a 和周期性横向进给运动 f_r。加工结束时,压紧轮沿箭头 A 方

向摆开，以便装卸工件。这种磨削方法适用于大批量生产中，外圆表面已精加工的薄壁工件，如轴承套等。

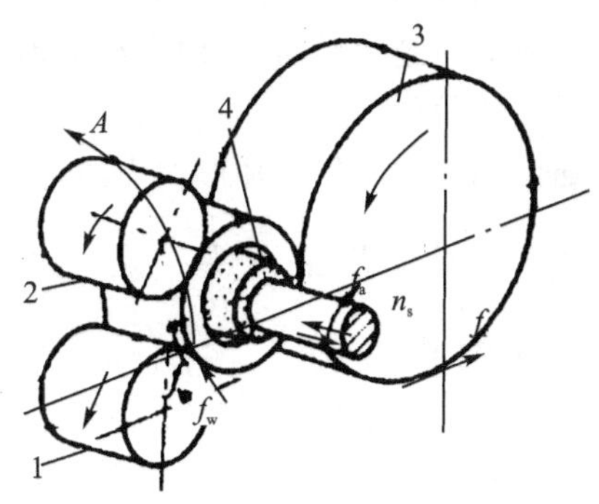

1—滚轮；2—压紧轮；3—导轮；4—工件

图 2-51 无心内圆磨床磨削

(2) 内圆磨削的工艺特点及应用范围

内圆磨削与外圆磨削相比，加工条件比较差，内圆磨削有以下一些特点：

① 砂轮直径受到被加工孔径的限制，直径较小。砂轮很容易磨钝，需要经常修整和更换，增加了辅助时间，降低了生产率。

② 砂轮直径小，即使砂轮转速高达每分钟几万转，要达到砂轮圆周速度 25～30 m/s 也是十分困难的，由于磨削速度低，因此内圆磨削比外圆磨削效率低。

③ 砂轮轴的直径尺寸较小，而且悬伸较长、刚性差，磨削时容易发生弯曲和振动，从而影响加工精度和表面粗糙度。内圆磨削精度可达 IT8～IT6，表面粗糙度 Ra 可达 0.8～0.2 μm。

④ 切削液不易进入磨削区，磨屑排除较外圆磨削困难。

虽然内圆磨削比外圆磨削加工条件差，但仍然是一种常用的精加工孔的方法。特别适用于淬硬的孔、断续表面的孔（带键槽或花键槽的孔）和长度较短的精密孔加工。磨孔不仅能保证孔本身的尺寸精度和表面质量，还能提高孔的位置精度和轴线的直线度；用同一砂轮，可以磨削不同直径的孔，灵活性大。内圆磨削可以磨削圆柱孔（通孔、盲孔、阶梯孔）、圆锥孔及孔端面等。

(3) 普通内圆磨床

图 2-52 为普通内圆磨床外形图。它主要由床身 1、工作台 2、头架 3、砂轮架 4 和滑鞍 5

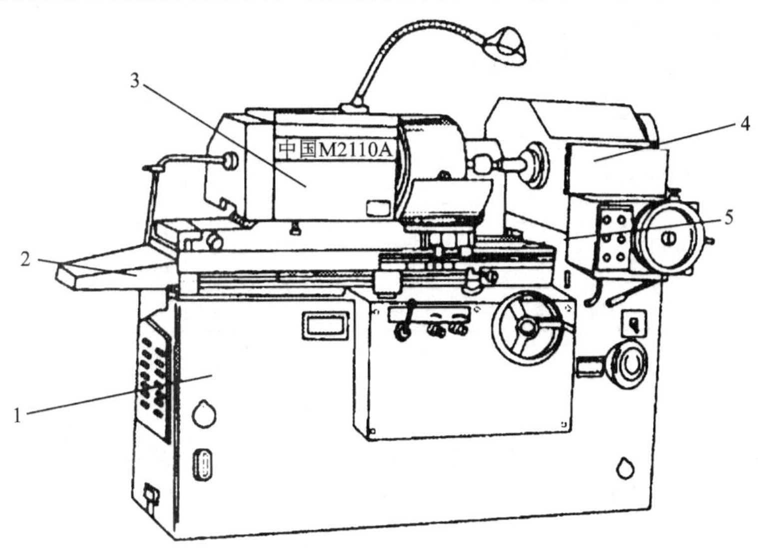

1—床身；2—工作台；3—头架；4—砂轮架；5—滑鞍

图 2-52 普通内圆磨床外形图

等组成。磨削时,砂轮轴的旋转为主运动,头架带动工件旋转运动为圆周进给运动,工作台带动头架完成纵向进给运动,横向进给运动由砂轮架沿滑鞍的横向移动来实现。磨锥孔时,需将头架转过相应角度。

普通内圆磨床的另一种形式为砂轮架安装在工作台上做纵向进给运动。

2.4.5 平面加工方法

1. 平面加工

平面是基础类零件(如箱体、工作台、床身及支架等)的主要表面,也是回旋体零件的重要表面之一(如端面、台肩面等)。根据平面所起的作用不同,可以将其分为非结合面、结合面、导向面、测量工具的工作平面等。平面的加工方法有车削、铣削、刨削、磨削、拉削、研磨、刮研等。其中,刨削、铣削、磨削是平面的主要加工方法。

由于平面作用不同,其技术要求不同,因此采用不同的加工方案时,应根据工件的技术要求、毛坯种类、原材料状况及生产规模等因素进行合理选用,以保证平面加工质量。常用的平面加工方案见表2-14。

表2-14 常用平面加工方案

序号	加工方案	经济加工精度	表面粗糙度 $Ra/\mu m$	适用范围
1	粗车—半精车	IT9	6.3～3.2	回转体零件的端面
2	粗车—半精车—精车	IT8～IT7	1.6～0.8	
3	粗车—半精车—磨削	IT8～IT6	0.8～0.2	
4	粗刨(或粗铣)—精刨(或精铣)	IT10～IT8	6.3～1.6	精度不太高的不淬硬平面
5	粗刨(或粗铣)—精刨(或精铣)—刮研	IT7～IT6	0.8～0.1	精度要求较高的不淬硬平面
6	粗刨(或粗铣)—精刨(或精铣)—磨削	IT7	0.8～0.2	精度要求较高的淬硬平或不淬硬平面
7	粗刨(或粗铣)—精刨(或精铣)—粗磨—精磨	IT7～IT6	0.4～0.02	
8	粗铣—拉削	IT9～IT7	0.8～0.2	大量生产,较小平面(精度与拉刀精度有关)
9	粗铣—精铣—精磨—研磨	IT5以上	0.1～0.06	高精度平面

2. 刨削与插削加工

(1) 刨削加工

在刨床上使用刨刀对工件进行切削加工,称为刨削加工。刨削加工主要用于加工各种平面(如水平面、垂直面和斜面等)和沟槽(如T形槽、燕尾槽、V形槽等)。刨削加工的典型表面见图2-53(图中的切削运动是按牛头刨床加工时标注的)。

刨削加工常见的机床有牛头刨床和龙门刨床。

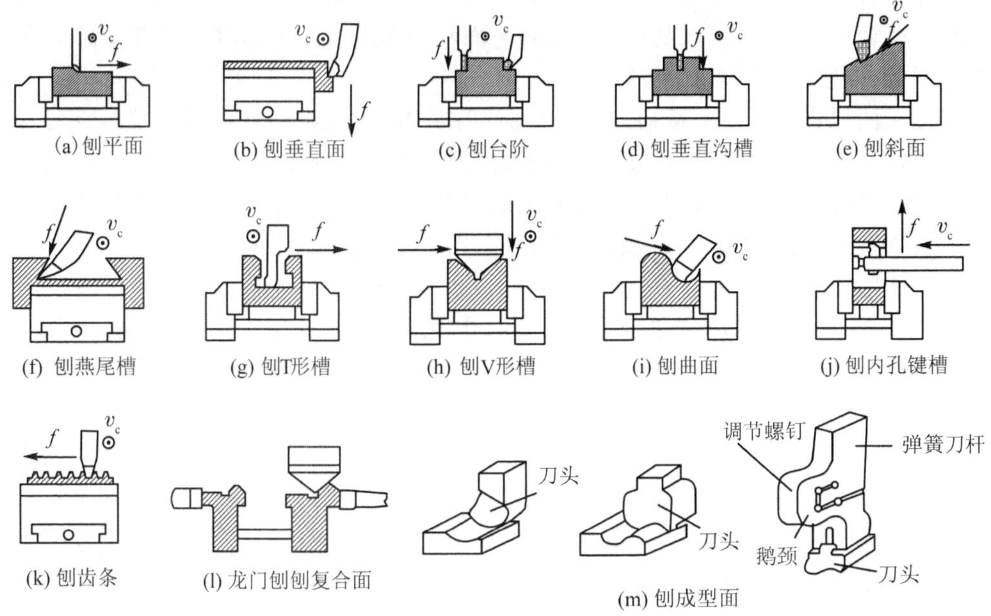

图 2-53　刨削加工典型表面

1）牛头刨床

如图 2-54 所示，牛头刨床主要由床身、横梁、工作台、滑枕、刀架等组成，因其滑枕和刀架形似“牛头”而得名。牛头刨床工作时，装有刀架 1 的滑枕 3 由床身 4 内部的摆杆带动，沿床身顶部的导轨做直线往复运动，由刀具实现切削过程的主运动。夹具或工件则安装在工作台 6 上，加工时，工作台 6 带动工件沿横梁 5 上导轨做间歇横向进给运动。横梁 5 可沿床身的垂直

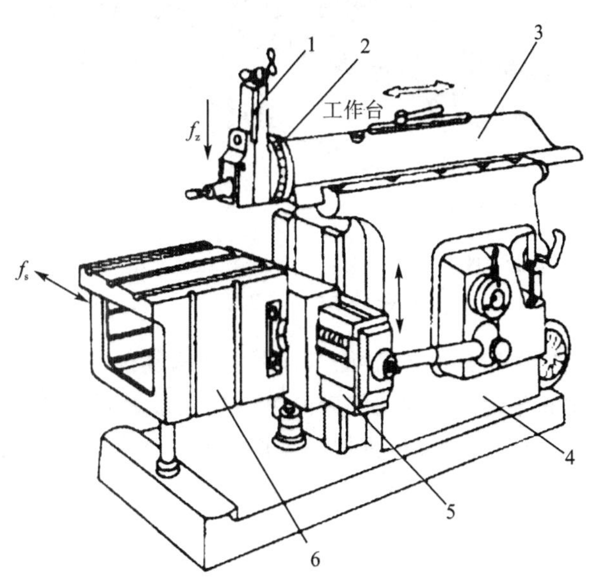

1—刀架；2—转盘；3—滑枕；4—床身；5—横梁；6—工作台

图 2-54　牛头刨床

导轨上下移动，以调整工件与刨刀的相对位置。刀架1还可以沿刀架座上的导轨上下移动(一般为手动)，以调整刨削深度，以及在加工垂直平面和斜面做进给运动时。调整转盘2，可以使刀架左右回旋，以便加工斜面和斜槽。

牛头刨床的刀具只在一个运动方向上进行切削，刀具在返回时不进行切削，空行程损失大，此外，滑枕在换向的瞬间，有较大的冲击惯性，因此主运动速度不能太高；加工时通常只能单刀加工，所以它的生产率比较低。牛头刨床的主参数是最大刨削长度。它适用于单件小批量生产或机修车间，用来加工中、小型工件的平面或沟槽。

2）龙门刨床

图2-55是龙门刨床的外形图，因它具有一个“龙门”式框架而得名。龙门刨床工作时，工件装夹在工作台9上，随工作台沿床身10的水平导轨做直线往复运动以实现切削过程的主运动。装在横梁2上的垂直刀架5、6可沿横梁导轨做间歇的横向进给运动，用以刨削工件的水平面，垂直刀架的溜板还可使刀架上下移动，做切入运动或刨竖直平面。此外，刀架溜板还能绕水平轴调整至一定角度位置，以加工斜面或斜槽。横梁2可沿左右立柱3、7的导轨做垂直升降以调整垂直刀架位置，适应不同高度工件的加工需要。装在左右立柱上的侧刀架1、8可沿立柱导轨做垂直方向的间歇进给运动，以刨削工件的竖直平面。

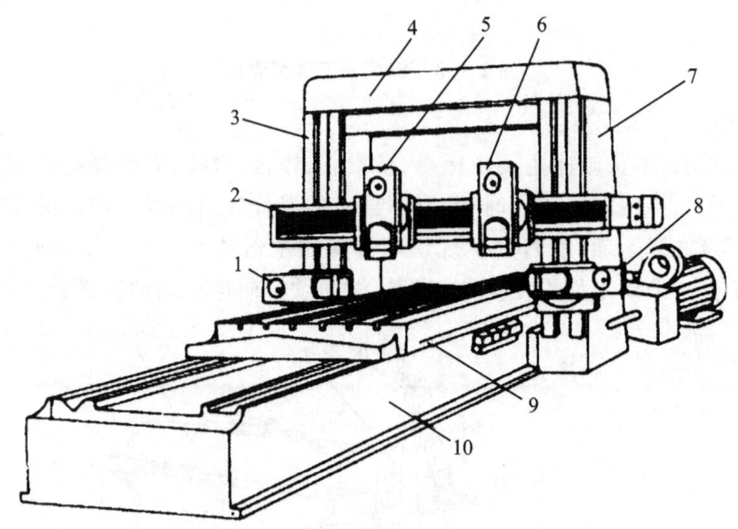

1、8—左、右侧刀架；2—横梁；3、7—立柱；4—顶梁；5、6—垂直刀架；9—工作台；10—床身

图2-55 龙门刨床

与牛头刨床相比，龙门刨床具有形体大、动力大、结构复杂、刚性好、工作稳定、工作行程长、适应性强和加工精度高等特点。龙门刨床的主参数是最大刨削宽度。它主要用来加工大型零件的平面，尤其是窄而长的平面，也可加工沟槽或在一次装夹中同时加工数个中、小型工件的平面。

3）刨　刀

刨刀的结构与车刀相似，其几何角度的选取原则也与车刀基本相同。但因刨削过程中有冲击，所以刨刀的前角比车刀小5°～6°；而且刨刀的刃倾角也应取较大的负值，以使刨刀切入工件时产生的冲击力作用在离刀尖稍远的切削刃上。刨刀的刀杆截面比较粗大，以增加刀杆刚性和防止折断。如图 2－56 所示，刨刀刀杆有直杆和弯杆之分，直杆刨刀刨削时，如遇到加工余量不均或工件上的硬点时，切削力的突然增大将增加刨刀的弯曲变形，造成切削刃扎入已加工表面，从而降低已加工表面的精度和表面质量，而且也容易损坏切削刃，见图 2－56(a)。若采用弯杆刨刀，当切削力突然增大时，刀杆产生的弯曲变形会使刀尖离开工件，避免扎入工件，见图 2－56(b)。

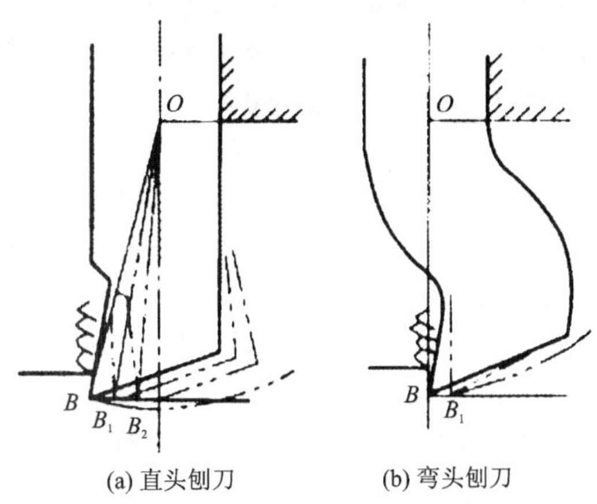

(a) 直头刨刀　(b) 弯头刨刀

图 2－56　刨刀刀杆形状

4）刨削加工的工艺特点

① 刨床结构简单，调整、操作方便；刨刀制造、刃磨、安装容易，加工费用低。

② 刨削加工切削速度低，加之空行程所造成的损失，生产率一般较低。但在加工窄长面和进行多件或多刀加工时，刨削的生产率并不比铣削低。

③ 刨削特别适宜加工尺寸较大的 T 形槽、燕尾槽及窄长的平面。

(2) 插削加工

插削和刨削的切削方式基本相同，只是插削是在竖直方向进行切削。因此，可以认为插床是一种立式的刨床。图 2－57 是插床的外形图。插削加工时，滑枕 2 带动插刀沿垂直方向作直线往复运动，实现切削过程的主运动。工件安装在圆工作台 1 上，圆工作台可实现纵向、横向和圆周方向的间歇进给运动。此外，利用分度装置 5，圆工作台还可进行圆周分度。滑枕导轨座 3 和滑枕 2 一起可以绕销轴 4 在垂直平面内相对立柱倾斜 0°～8°，以便插削斜槽和斜面。

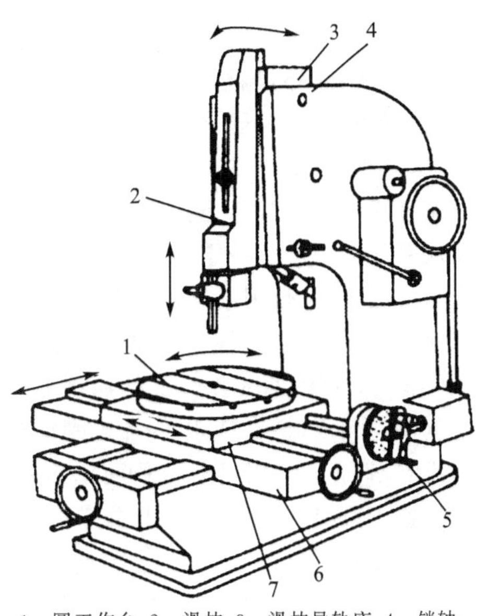

1—圆工作台；2—滑枕；3—滑枕导轨座；4—销轴；5—分度装置；6—床鞍；7—溜板

图 2－57　插床外形图

插床的主参数是最大插削长度。插削主要用于单件、小批量生产中加工工件的内表面，如方孔、多边形孔和键槽等。在插床上加工内表面，比刨床方便，但插刀刀杆刚性差，为防止“扎刀”，前角不宜过大，因此加工精度比刨削低。

3. 铣削加工

(1) 铣削加工的工艺范围及特点

① 铣刀是典型的多刃刀具,加工过程有几个刀齿同时参加切削,总的切削宽度较大;铣削时的主运动是铣刀的旋转,有利于进行高速切削,故铣削的生产率高于刨削加工。

② 铣削加工范围广,可以加工刨削无法加工或难以加工的表面。例如可铣削周围封闭的凹平面、圆弧形沟槽、具有分度要求的小平面和沟槽等。

③ 铣削过程中,就每个刀齿而言是依次参加切削,刀齿在离开工件的一段时间内,可以得到一定的冷却。因此,刀齿散热条件好,有利于减少铣刀的磨损,延长了使用寿命。

④ 由于是断续切削,刀齿在切入和切出工件时会产生冲击,而且每个刀齿的切削厚度也时刻在变化,这就引起切削面积和切削力的变化。因此,铣削过程不平稳容易产生振动。

⑤ 铣床、铣刀比刨床、刨刀结构复杂,铣刀的制造与刃磨比刨刀困难,所以铣削成本比刨削高。

⑥ 铣削与刨削的加工质量大致相当,经粗、精加工后都可达到中等精度。但在加工大平面时,刨削后无明显接刀痕,而用直径小于工件宽度的端铣刀铣削时,各次走刀间有明显的接刀痕,影响表面质量。

铣削加工适用于单件小批量生产,也适用于大批量生产。

(2) 铣床及附件

铣床是用铣刀进行切削加工的机床,它的用途极为广泛。在铣床上采用不同类型的铣刀,配备万能分度头、回转工作台等附件,可以完成如图2-58所示的各种典型表面加工。

铣床工作时的主运动是主轴部件带动铣刀的旋转运动,进给运动是由工作台在三个互相垂直方向的直线运动来实现的。由于铣床上使用的是多齿刀具,切削过程中存在冲击和振动,这就要求铣床在结构上应具有较高的静刚度和动刚度。

铣床的类型很多,主要类型有卧式升降台铣床、立式升降台铣床、工作台不升降铣床、龙门铣床、工具铣床;此外,还有仿形铣床、仪表铣床和各种专门化铣床(如键槽铣床、曲轴铣床)等。随着机床数控技术的发展,数控铣床、镗铣加工中心的应用也越来越普遍。

1) 万能卧式升降台铣床

万能卧式升降台铣床是指主轴轴线呈水平安置的,工作台可以做纵向、横向和垂直运动,并可在水平平面内调整一定角度的铣床。图2-59是一种应用最为广泛的万能卧式升降台铣床外形图。加工时,铣刀装夹在刀杆上,刀杆一端安装在主轴3的锥孔中,另一端由悬梁4右端的刀杆支架5支承,以提高其刚度。驱动铣刀做旋转主运动的主轴变速机构1安装在床身2内。工作台6可沿回转盘7上的燕尾导轨做纵向运动,回转盘7可相对于床鞍8绕垂直轴线调整至一定角度(±45°),以便加工螺旋槽等表面。床鞍8可沿升降台9上的导轨做平行于主轴轴线的横向运动,升降台9则可沿床身2侧面导轨做垂直运动。进给变速机构10及其操纵机构都置于升降台内。这样,螺栓、压板或机床用平口虎钳或专用夹具装夹在工作台6上的工件,便可以随工作台一起在三个方向实现任一方向的位置调整或进给运动。

卧式升降台铣床结构与万能卧式升降台铣床基本相同,但卧式升降台铣床在工作台和床鞍之间没有回转盘,因此工作台不能在水平面内调整角度。这种铣床除了不能铣削螺旋槽外,可以完成和万能卧式升降台铣床一样的各种铣削加工。万能卧式升降台铣床及卧式升降台铣

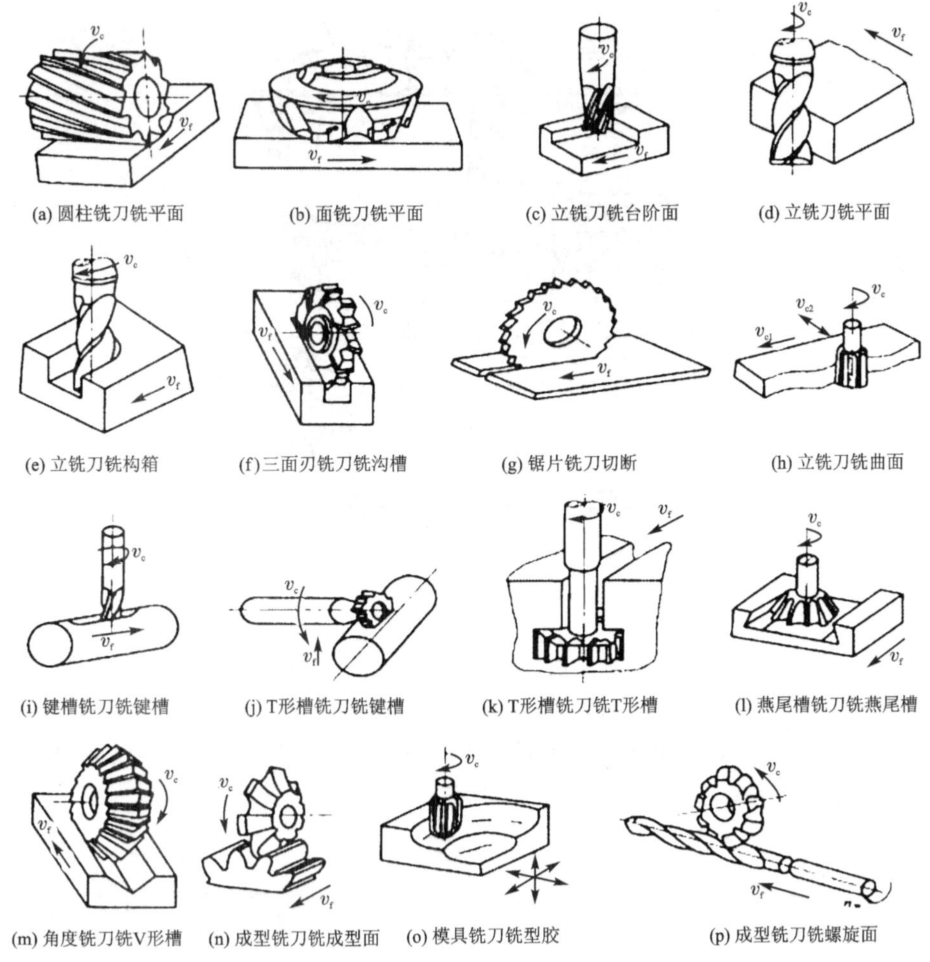

(a) 圆柱铣刀铣平面　(b) 面铣刀铣平面　(c) 立铣刀铣台阶面　(d) 立铣刀铣平面

(e) 立铣刀铣构箱　(f) 三面刃铣刀铣沟槽　(g) 锯片铣刀切断　(h) 立铣刀铣曲面

(i) 键槽铣刀铣键槽　(j) T形槽铣刀铣键槽　(k) T形槽铣刀铣T形槽　(l) 燕尾槽铣刀铣燕尾槽

(m) 角度铣刀铣V形槽　(n) 成型铣刀铣成型面　(o) 模具铣刀铣型胶　(p) 成型铣刀铣螺旋面

图 2-58　铣削的各种典型加工方法

床的主参数是工作台面宽度。它们主要用于中、小零件的加工。

2）立式升降台铣床

立式升降台铣床与卧式升降台铣床的主要区别仅在于它的主轴是垂直安置的，可用各种端铣刀（亦称面铣刀）或立铣刀加工平面、斜面、沟槽、台阶、齿轮、凸轮以及封闭的轮廓表面等。图 2-60 为常见的一种立式升降台铣床外形图，其工作台 3、床鞍 4 及升降台 5 与卧式升降台铣床相同。立铣头 1 可在垂直平面内旋转一定的角度，以扩大加工范围，主轴 2 可沿轴线方向进行调整或做进给运动。

3）龙门铣床

龙门铣床是一种大型高效能通用机床，主要用于加工各类大型工件上的平面、沟槽，它不仅对工件可以进行粗铣、半精铣，也可以进行精铣加工。图 2-61 为具有四个铣头的中型龙门铣床。四个铣头分别安装在横梁和立柱上，并可单独沿横梁或立柱的导轨作调整位置的移动。每个铣头既是一个独立的主运动部件，又能由铣头主轴套筒带动铣刀主轴沿轴向实现进给运动和调整位置的移动，根据加工需要每个铣头还能旋转一定的角度。加工时，工作台带动工件做纵向进给运动，其余运动均由铣头实现。由于龙门铣床的刚性和抗振性比龙门刨床好，所以

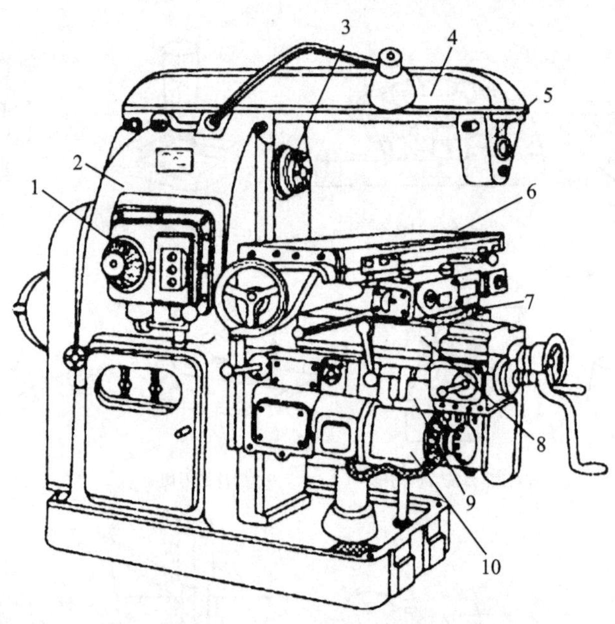

1—主轴变速机构;2—床身;3—主轴;4—悬梁;5—刀杆支架;
6—工作台;7—回转盘;8—床鞍;9—升降台;10—进给变速机构

图2-59 万能卧式升降台铣床外形图

允许采用较大切削用量,并可用几个铣头同时从不同方向加工几个表面,其机床生产效率高,在成批和大量生产中得到广泛应用。龙门铣床的主要参数是工作台面宽度。

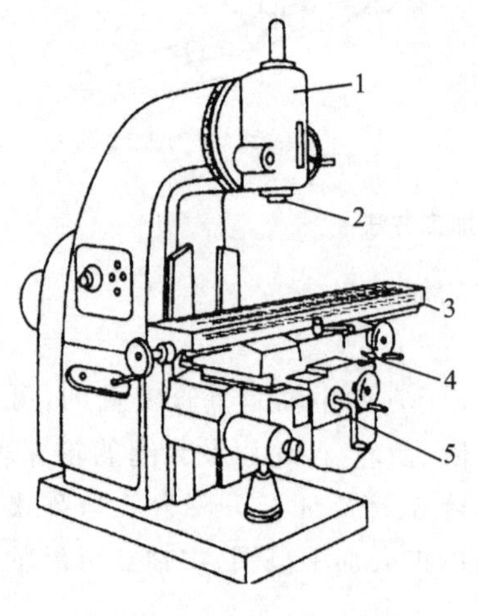

1—立铣头;2—主轴;3—工作台;
4—床鞍;5—升降台

图2-60 立式升降台铣床外形图

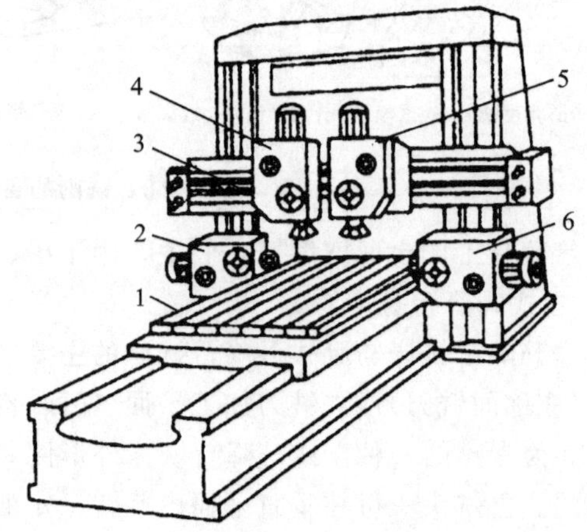

1—工作台;2、6—水平铣头;
3—横梁;4、5—垂直铣头

图2-61 龙门铣床外形图

4)铣床附件

升降台式铣床配备有多种附件,用来扩大工艺范围。其中回转工作台(圆工作台)和万能分度头是常用的两种附件。

① 回转工作台 回转工作台安装在铣床工作台上,用来装夹工件,以铣削工件上的圆弧表面或沿圆周分度。如图2-62所示,用手轮转动方头5,通过回转工作台内部的蜗杆蜗轮机

构,使转盘1转动,转盘的中心为圆锥孔,供工件定位用。利用T形槽、螺钉和压板将工件夹紧在转盘上。传动轴3和铣床的传动装置连接,可进行机动进给。扳动手柄4可接通或断开机动进给。调整挡铁2的位置,可使转盘自动停止在所需的位置上。

② 万能分度头 图2-63为FW250型(夹持工件最大直径为250 mm)万能分度头的外形。万能分度头最基本的功能是使装夹在分度头主轴顶尖与尾座顶尖之间或夹持在卡盘上的工件,依次转过所需的角度,以达到规定的分度要求。它可以完成以下工作:由分度头主轴带动工件绕其自身轴线回转一定角度,完成等分或不等分的分度工作,用以铣削方头、六角头、直齿圆柱齿轮、键槽、花键等的分度工作;通过配备挂轮,将分度头主轴与工作台丝杠联系起来,组成一条以分度头主轴和铣床工作台纵向丝杠为两末端件的内联系传动链,用以铣削各种螺旋表面、阿基米德螺旋线凸轮等;用卡盘夹持工件,使工件轴线相对于铣床工作台倾斜一定角度,以铣削与工件轴线相交成一定角度的沟槽、平面、直齿锥齿轮、齿轮离合器等。

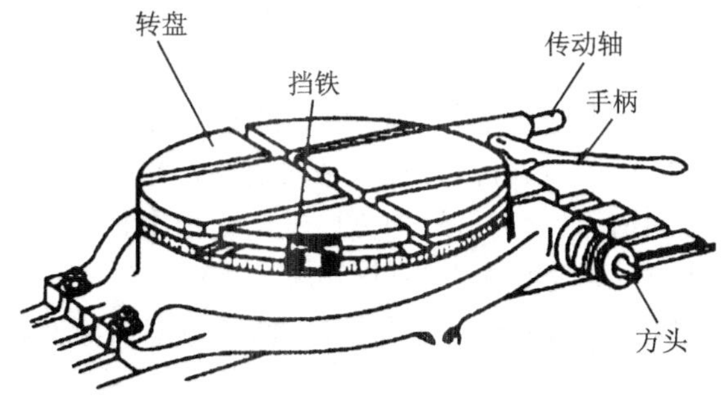

图2-62 回转工作台

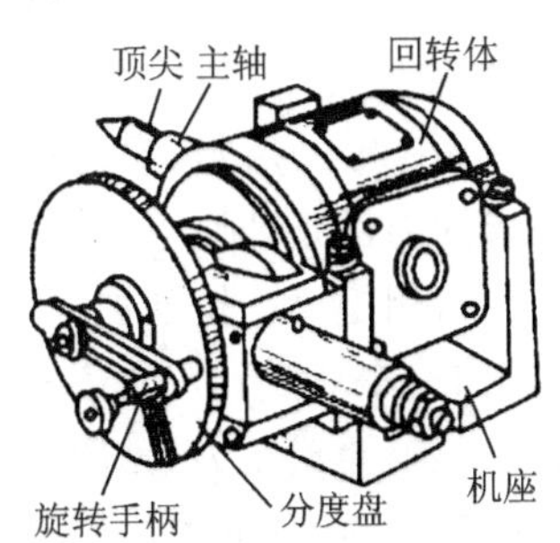

图2-63 FW250型万能分度头

(3) 铣刀的类型及应用

铣刀为多齿回转刀具,其每一个刀齿都相当于一把车刀固定在铣刀的回转面上。铣刀刀齿的几何角度和切削过程,都与车刀或刨刀基本相同。铣刀的类型很多,结构不一,应用范围很广,是金属切削刀具中种类最多的刀具之一。铣刀按其用途可分为加工平面用铣刀、加工沟槽用铣刀、加工成型面用铣刀等类型。通用规格的铣刀已标准化,一般均由专业工具厂制造。以下介绍几种常用铣刀的特点及适用范围。

1) 圆柱铣刀

如图2-58(a)所示,圆柱铣刀一般都是用高速钢整体制造,直线或螺旋线切削刃分布在圆周表面上,没有副切削刃。螺旋形的刀齿切削时是逐渐切入和脱离工件的,所以切削过程较平稳,主要用于卧式铣床铣削宽度小于铣刀长度的狭长平面。

2) 面铣刀(端铣刀)

如图2-58(b)所示,面铣刀主切削刃分布在圆柱或圆锥面上,端面切削刃为副切削刃。按刀齿材料可分为高速钢和硬质合金两大类,多制成套式镶齿结构。镶齿面铣刀刀盘直径一般为75~300 mm,最大可达600 mm,主要用在立式或卧式铣床上铣削台阶面和平面,特别适合较大平面的铣削加工。用面铣刀加工平面,同时参加切削刀齿较多,又有副切削刃的修光作用,使加工表面粗糙度值小。硬质合金镶齿面铣刀可实现高速(100~150 m/min)切削,生产效率高,应用广泛。

3) 立铣刀

如图2-58(c)、(d)、(e)、(h)所示,立铣刀一般由3或4个刀齿组成,圆柱面上的切削刃是主切削刃,端面上分布着副切削刃,工作时只能沿着刀具的径向进给,不能沿着铣刀轴线方向做进给运动。它主要用于铣削凹槽、台阶面和小平面,还可以利用靠模铣削成型表面。

4) 三面刃铣刀

三面刃铣刀可分为直齿三面刃和错齿三面刃,它主要用在卧式铣床上铣削台阶面和凹槽。如图2-58(f)所示,三面刃铣刀除圆周具有主切削刃外,两侧面也有副切削刃,从而改善了两端面切削条件,提高了切削效率,减小了表面粗糙度值。错齿三面刃铣刀,圆周上刀齿呈左右交错分布,和直齿三面刃铣刀相比,它切削较平稳、切削力小、排屑容易,故应用较广。

5) 锯片铣刀

如图2-58(g)所示,锯片铣刀很薄,只有圆周上有刀齿,侧面无切削刃,用于铣削窄槽和切断工件。为了减小摩擦和避免夹刀,其厚度由边缘向中心减薄,使两侧面形成副偏角。

6) 键槽铣刀

如图2-58(i)所示,它的外形与立铣刀相似,不同的是它在圆周上只有两个螺旋刀齿,其端面刀齿的刀刃延伸至中心,因此在铣两端不通的键槽时,可做适量的轴向进给。它主要用于加工圆头封闭键槽。铣削加工时,先轴向进给达到槽深,然后沿键槽方向铣出键槽全长。

如图2-58所示,其他还有角度铣刀(见图(m))、成型铣刀(见图(n)、(p))、T形槽铣刀(见图(k))、燕尾槽铣刀(见图(l))及头部形状根据加工需要可以是圆锥形、圆柱形球头和圆锥形球头的模具铣刀(见图(o))等。

(4) 铣削方式

1) 周　铣

用圆柱铣刀的圆周齿进行铣削的方式,称为周铣。周铣有逆铣和顺铣之分。

① 逆铣　如图2-64(a)所示,铣削时,铣刀每一刀齿在工件切入处的速度方向与工件进给方向相反,这种铣削方式称为逆铣。逆铣时,刀齿的切削厚度从零逐渐增大至最大值。刀齿在开始切入时,由于刀齿刃口有圆弧,刀齿在工件表面打滑,产生挤压与摩擦,使这段表面产生冷硬层,至滑行一定程度后,刀齿方能切下一层金属层。下一个刀齿切入时,又在冷硬层上挤压、滑行,这样不仅加速了刀具磨损,同时也使工件表面粗糙度值增大。

由于铣床工作台纵向进给运动是用丝杠螺母副来实现的,螺母固定,丝杠带动工作台移动。由图2-64(a)可见,逆铣时,铣削力 F 的纵向铣削分力与驱动工作台移动的纵向力方向相反,这样使得工作台丝杠螺纹的左侧与螺母齿槽左侧始终保持良好接触,工作台不会发生窜动现象,铣削过程平稳。但在刀齿切离工件的瞬时,铣削力 F 的垂直铣削分力 F_z 是向上的,对工件夹紧不利,易引起振动。

② 顺铣　如图2-64(b)所示,铣削时,铣刀每一刀齿在工件切出处的速度方向与工件进给方向相同,这种切削方式称为顺铣。顺铣时,刀齿的切削厚度从最大逐步递减至零,没有逆铣时的滑行现象,已加工表面的加工硬化程度显著减轻,表面质量较高,铣刀的耐用度比逆铣高。同时,铣削力 F 的垂直分力始终压向工作台,避免了工件的振动。

顺铣时,切削力 F 的纵向分力始终与驱动工作台移动的纵向力方向相同。如果丝杠螺母副存在轴向间隙,当纵向切削力大于工作台与导轨之间的摩擦力时,会使工作台带动丝杠出现左右窜动,造成工作台进给不均匀,严重时会出现打刀现象。粗铣时,如果采用顺铣方式加工,

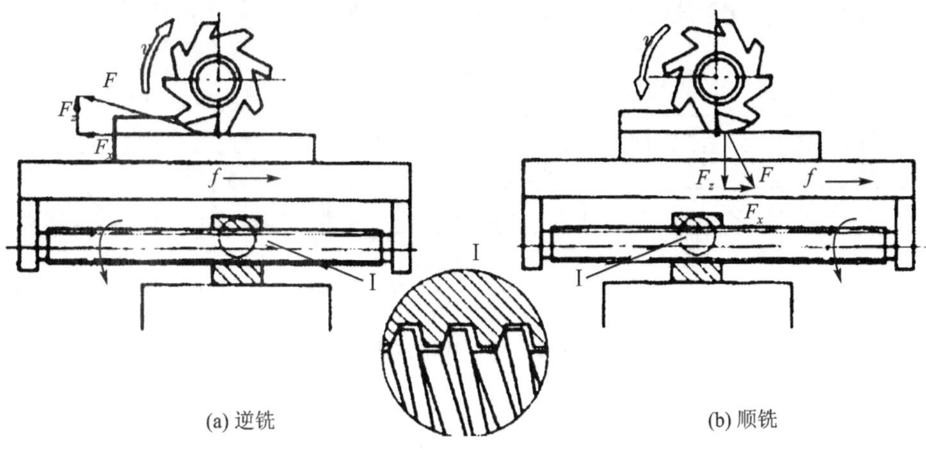

(a) 逆铣

(b) 顺铣

图2-64 周铣方式

则铣床工作台进给丝杠螺母副必须有消除轴向间隙的机构;否则宜采用逆铣方式加工。

表2-15所列为铣削速度的推荐值。

表2-15 铣削速度的推荐值

工件材料	铣削速度/(m·min^{-1})		说 明
	高速钢铣刀	硬质合金铣刀	
20	20～40	150～190	① 粗铣时取小值,精铣时取大值。 ② 工件材料强度和硬度高取小值,反之取大值。 ③ 刀具材料耐热性好取大值,反之取小值
45	20～35	120～150	
40Cr	15～25	60～90	
HT150	14～22	70～100	
黄铜	30～60	120～200	
铝合金	112～300	400～600	
不锈钢	16～25	50～100	

2)端 铣

用端铣刀的端面齿进行铣削的方式,称为端铣。如图2-65所示,铣削加工时,根据铣刀与工件相对位置的不同,端铣分为对称铣和不对称铣两种。不对称铣又分为不对称逆铣和不对称顺铣。

① 对称铣,如图2-65(a)所示。铣刀轴线位于铣削弧长的对称中心位置,铣刀每个刀齿切入和切离工件时切削厚度相等,称为对称铣。对称铣削具有最大的平均切削厚度,可避免铣刀切入时对工件表面的挤压、滑行,铣刀耐用度高。对称铣适用于工件宽度接近面铣刀的直径,且铣刀刀齿较多的情况。

② 不对称逆铣,如图2-65(b)所示。当铣刀轴线偏置于铣削弧长的对称位置,且逆铣部分大于顺铣部分的铣削方式,称为不对称逆铣。不对称逆铣切削平稳,切入时切削厚度小,减小了冲击,从而使刀具耐用度和加工表面质量得到提高。适合于加工碳钢、低合金钢及较窄的工件。

③ 不对称顺铣,如图2-65(c)所示。其特征与不对称逆铣正好相反。这种切削方式一般

很少采用,但用于铣削不锈钢和耐热合金钢时,可减少硬质合金刀具剥落磨损。

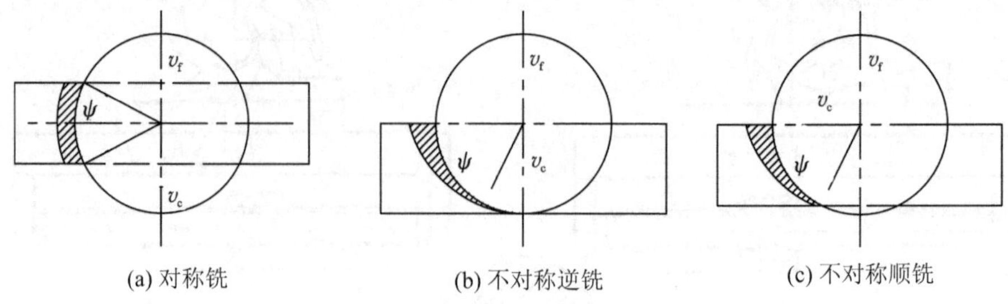

图 2-65　端铣方式

上述的周铣和端铣,是由于在铣削过程中采用不同类型的铣刀而产生的不同铣削方式。两种铣削方式相比,端铣具有铣削较平稳,加工质量及刀具耐用度均较高的特点,且端铣用的面铣刀易镶硬质合金刀齿,可采用大的切削用量,实现高速切削,生产率高。但端铣适应性差,主要用于平面铣削。周铣的铣削性能虽然不如端铣,但周铣能用多种铣刀铣平面、沟槽、齿形和成型表面等,适应范围广,因此生产中应用较多。

4. 平面磨削加工

对于精度要求高的平面以及淬火零件的平面加工,需要采用平面磨削方法。平面磨削主要在平面磨床上进行。平面磨削时,对于形状简单的铁磁性材料工件,采用电磁吸盘装夹工件,操作简单方便,能同时装夹多个工件,而且能保证定位面与加工面的平行度要求。对于形状复杂或非铁磁性材料的工件,可采用精密平口虎钳或专用夹具装夹,然后用电磁吸盘或真空吸盘吸牢。

(1) 平面磨削方式

根据砂轮工作面的不同,平面磨削分为周磨和端磨两类。

1) 周　磨

如图 2-66(a)、(b)所示,它是采用砂轮的圆周面对工件平面进行磨削。这种磨削方式,砂轮与工件的接触面积小,磨削力小,磨削热小,冷却和排屑条件较好,而且砂轮磨损均匀。

2) 端　磨

如图 2-66(c)、(d)所示,它是采用砂轮端面对工件平面进行磨削。这种磨削方式,砂轮与工件的接触面积大,磨削力大,磨削热多,冷却和排屑条件差,工件受热变形大。此外,由于砂轮端面径向各点的圆周速度不相等,导致砂轮磨损不均匀。

根据平面磨床工作台的形状和砂轮工作面的不同,普通平面磨床可分为四种类型:卧轴矩台式平面磨床、卧轴圆台式平面磨床、立轴圆台式平面磨床和立轴矩台式平面磨床。

上述四种平面磨床中,用砂轮端面磨削的平面磨床与用砂轮圆周面磨削的平面磨床相比,由于端面磨削的砂轮直径往往比较大,能同时磨削出工件的宽度,且接触面积大,同时砂轮悬伸出较短,刚性好,可采用较大的磨削用量,生产率较高。但砂轮散热、冷却、排屑条件差,所以加工精度和表面质量不高,一般用于粗磨。而用圆周面磨削的平面磨床,加工质量较高,但这种平面磨床生产效率低,适合于精磨。圆台式平面磨床和矩台式平面磨床相比,由于圆台式是连续进给,所以生产效率高,适用于磨削小零件和大直径的环形零件端面,不能磨削长零件。矩台式平面磨床,可方便磨削各种常用零件,包括直径小于工作台面宽度的环形零件。生产中

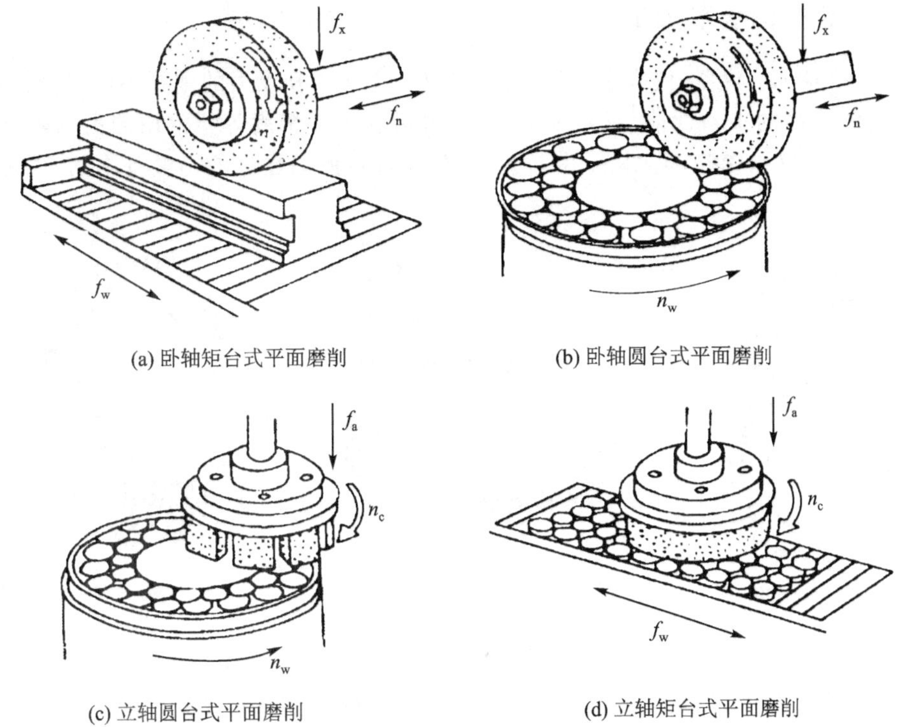

(a) 卧轴矩台式平面磨削　(b) 卧轴圆台式平面磨削

(c) 立轴圆台式平面磨削　(d) 立轴矩台式平面磨削

图 2-66 平面磨床加工示意图

常用的是卧轴矩台式平面磨床和立轴圆台式平面磨床。图 2-67 是卧轴矩台式平面磨床外形图。工作台 2 沿床身 1 的纵向导轨的往复直线进给运动由液压传动,也可手动进行调整。工件用电磁吸盘式夹具装夹在工作台上。砂轮架 3 可沿滑座 4 的燕尾导轨做横向间歇进给(或手动或液动)。滑座和砂轮架一起可沿立柱 5 的导轨做间歇的垂直切入运动(手动)。砂轮主轴由内装式异步电动机直接驱动。

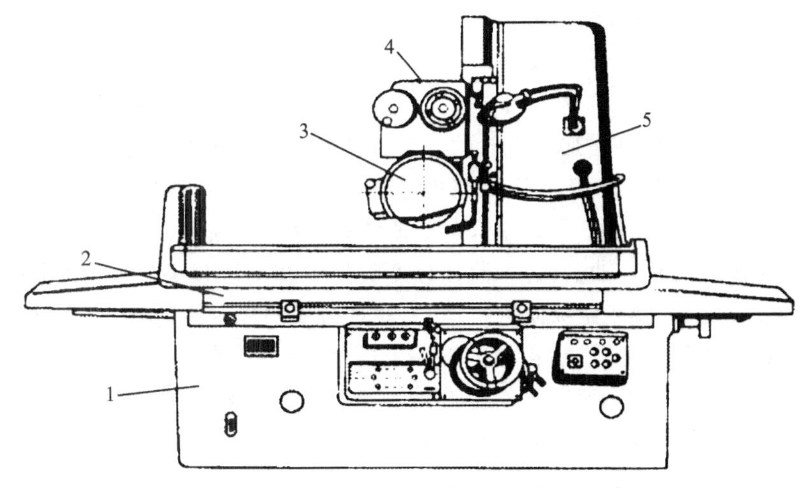

1—床身;2—工作台;3—砂轮架;4—滑座;5—立柱

图 2-67 卧轴矩台式平面磨床外形图

2.4.6 齿轮的齿形加工

齿轮在各种机械、仪器、仪表中应用广泛,它是传递运动和动力的重要零件,齿轮的质量直接影响到机电产品的工作性能、承载能力、使用寿命和工作精度等。常用的齿轮副有圆柱齿轮、圆锥齿轮及蜗杆蜗轮等,见图2-68。其中,外啮合直齿圆柱齿轮是最基本的,也是应用最多的。

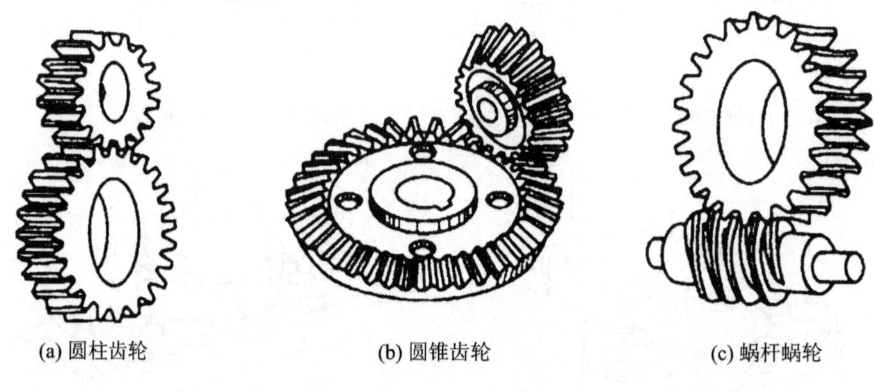

(a) 圆柱齿轮　(b) 圆锥齿轮　(c) 蜗杆蜗轮

图2-68　常用齿轮的种类

在现代机电产品中,虽然数控技术和液压电气传动技术有很大的发展,但由于齿轮传动的传动效率高、传动比准确,在高速重载条件下工作,齿轮传动体积小,所以应用仍很广泛。随着科学技术的发展和机电产品精度的不断提高,对齿轮的传动精度和圆周速度等方面的要求越来越高。因此,齿轮齿形加工在机械制造业中仍占重要地位。

齿轮的齿形曲线有渐开线、摆线、圆弧等,其中最常用的是渐开线。本章仅介绍渐开线齿轮齿形的加工方法。

1. 圆柱齿轮齿形加工方法

在齿轮的齿坯上加工出渐开线齿形的方法很多,按齿廓的成型原理不同,圆柱齿轮齿形的切削加工可分为成型法和展成法两种。

(1) *成型法*

成型法加工齿轮齿形的原理是利用与被加工齿轮齿槽法向截面形状相符的成型刀具,在齿坯上加工出齿形的方法。成型法加工齿轮的方法有铣齿、拉齿、插齿及磨齿等,其中最常用的方法是在普通铣床上用成型铣刀铣削齿形。当齿轮模数 $m<8$ 时,一般在卧式铣床上用盘状铣刀铣削,见图2-69(a);当齿轮模数 $m\geqslant 8$ 时,在立式铣床上用指状铣刀铣削,见图2-69(b)。

铣削时,将齿坯装夹在心轴上,心轴装在分度头顶尖和尾座顶尖之间,模数铣刀做旋转主运动,工作台带着分度头、齿坯做纵向进给运动,实现齿槽的成型铣削加工。每铣完一个齿槽,工件退回,按齿数 z 进行分度,然后再加工下一个齿槽,直至铣完所有的齿槽。铣削斜齿圆柱齿轮应在万能铣床上进行,铣削时,工作台偏转一个齿轮的螺旋角 β,齿坯在随工作台进给的同时,由分度头带动做附加转动,形成螺旋线运动。

用成型法加工齿轮的齿廓形状是由模数铣刀刀刃形状来保证;齿廓分布的均匀性则由分度头分度精度保证。标准渐开线齿轮的齿廓形状是由该齿轮的模数 m 和齿数 z 决定的。因此,要加工出准确的齿形,就必须要求同一模数不同齿数的齿轮都有一把相应的模数铣刀,这

(a) 盘状齿轮铣刀铣削

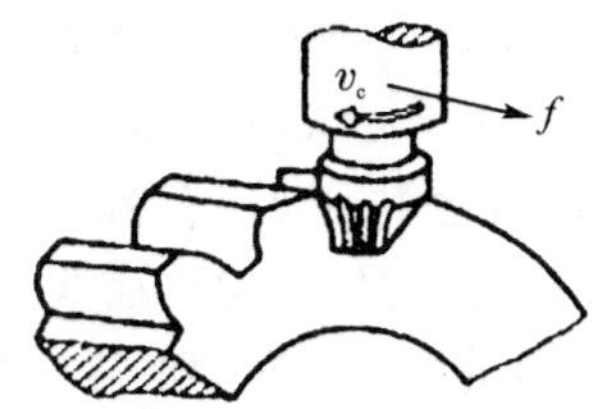

(b) 指状齿轮铣刀铣削

图 2-69　直齿圆柱齿轮的成型

将导致刀具数量非常多，在生产中是极不经济的。实际生产中，同一模数的铣刀一般只做出 8 把，分别铣削齿形相近的一定齿数范围的齿轮。模数铣刀刀号及其加工齿数范围见表 2-16。

表 2-16　模数铣刀刀号及其加工齿数范围

刀　号	1	2	3	4	5	6	7	8
加工齿数范围	12～13	14～16	17～20	21～25	26～34	35～54	55～134	135 以上

每种刀号齿轮铣刀的刀齿形状均按加工齿数范围中最少齿数的齿形设计，所以在加工该范围内加工其他齿数齿轮时，会有一定的齿形误差产生。

当加工精度要求不高的斜齿圆柱齿轮时，可以借用加工直齿圆柱齿轮的铣刀。但此时铣刀的刀号应按照斜齿轮法向截面内的当量齿数 z_d 来选择：

$$z_d = \frac{z}{\cos^3\beta}$$

式中：z_d 为斜齿圆柱齿轮齿数；β 为斜齿圆柱齿轮的螺旋角。

成型法铣齿的优点：可在一般铣床上进行，对于缺乏专用齿轮加工设备的工厂较为方便；模数铣刀比其他齿轮刀具结构简单，制造容易，因此生产成本低。但由于每铣一个齿槽均需进行切入、切出、退刀以及分度等工作，加工时间和辅助时间长，所以生产效率低。由于受刀具的齿形误差和分度误差的影响，加工的齿轮存在较大的齿形误差和分齿误差，故铣齿精度较低。加工精度为 IT9～IT12，齿面的表面粗糙度 Ra 值为 6.3～3.2 μm。

成型法铣齿一般用于单件小批量生产或机修工作中，可加工直齿、斜齿和人字齿圆柱齿轮，也可加工重型机械中精度要求不高的大型齿轮。

(2) 展成法

展成法加工齿轮齿形是利用一对齿轮啮合的原理来实现的，即把其中一个转化为具有切削能力的齿轮刀具，另一个转化为被切工件，通过专用齿轮加工机床、强制刀具和工件做严格的啮合运动(展成运动)。在运动过程中，刀具切削刃的运动轨迹逐渐包络出工件的齿形。

展成法加工齿轮，一种模数和压力角的刀具，可以加工出相同模数和压力角而齿数不同的齿轮，其加工过程是连续的，具有较高的加工精度和生产效率，是齿轮齿形主要的加工方法。滚齿和插齿是展成法中最常见的两种加工方法。

2. 滚齿加工

(1) 滚齿加工原理

滚齿加工是按照展成法的原理来加工齿轮的。用滚刀来加工齿轮相当于一对交错轴的螺旋齿轮啮合。在这对啮合的齿轮副中,一个齿数很少,只有一个或几个,螺旋角很大,就演变成了一个蜗杆状齿轮,为了形成切削刃,在该齿轮垂直于螺旋线的方向上开出容屑槽,磨前后刀面,形成切削刃和前后角,于是就变成了滚刀。滚刀与齿坯按啮合传动关系做相对运动,在齿坯上切出齿槽,形成了渐开线齿面,如图 2-70(a)所示。在滚切过程中,分布在螺旋线上的滚刀各刀齿相继切出齿槽中一薄层金属,每个齿槽在滚刀旋转中由几个刀齿依次切出,渐开线齿廓则由切削刃一系列瞬时位置包络而成,如图 2-70(b)所示。因此,滚齿加工时齿面的成型方法是展成法,成型运动是由滚刀的旋转运动和工件的旋转运动组成的复合运动($B_{11}+B_{12}$),这个复合运动称为展成运动。当滚刀与工件连续啮合转动时,便在工件整个圆周上依次切出所有齿槽。在这一过程中,齿面的形成与齿轮分度是同时进行的,因而展成运动也就是分度运动。

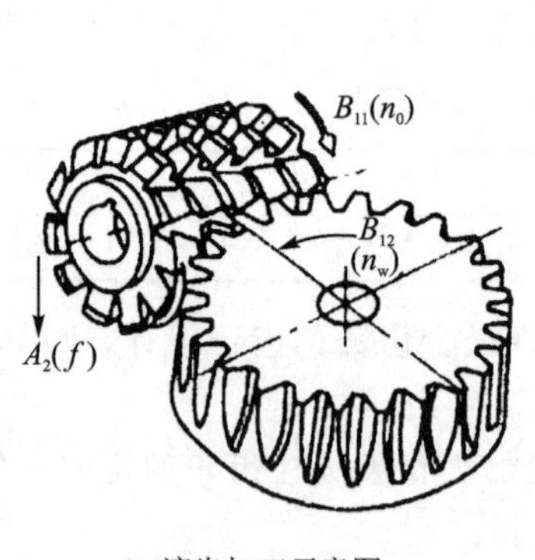

(a) 滚齿加工示意图

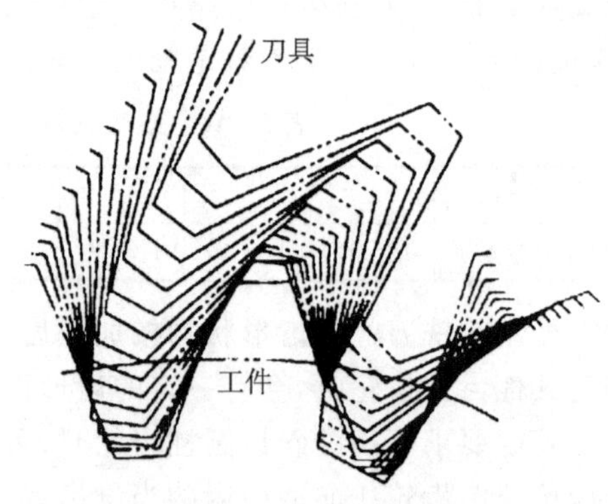

(b) 渐开线齿廓的形成过程

图 2-70　滚齿加工原理

综上所述,为了得到渐开线齿廓和齿轮齿数,滚齿时,滚刀和工件间必须保持严格的相对运动关系,即当滚刀转过 1 转时,工件相应地转过 K/z 转(K 为滚刀头数,z 为工件齿数)。

(2) 加工斜齿圆柱齿轮的传动原理

斜齿圆柱齿轮与直齿圆柱齿轮相比,其端面齿廓都是渐开线,但齿长方向不是直线,而是螺旋线。因此,加工斜齿圆柱齿轮也需要两个成型运动:一个是形成渐开线齿廓的展成运动;另一个是形成齿长螺旋线的运动。前者与加工直齿圆柱齿轮相同,后者要求当滚刀沿工件轴向移动时,工件在展成法运动 B_{12} 的基础上再产生一个附加转动,以形成螺旋齿形线轨迹。

(3) 滚齿加工的工艺特点

① 加工精度高　属于展成法的滚齿加工,不存在成型法铣齿的那种齿形曲线理论误差,所以分齿精度高,一般可加工 IT8~IT7 级精度的齿轮。

② 生产率高　滚齿加工属于连续切削,无辅助时间损失,生产率一般比铣齿、插齿高。

③ 一把滚刀可加工模数和压力角与滚刀相同而齿数不同的圆柱齿轮。

在齿轮齿形加工中,滚齿应用最广泛,它除了可以加工直齿、斜齿圆柱齿轮外,还可以加工蜗轮、花键轴等。但一般不能加工内齿轮、扇形齿轮和相距很近的双联齿轮。滚齿适用于单件小批量生产和大批量生产。

(4) Y3150E 型滚齿机的组成

Y3150E 型滚齿机是一种中型通用滚齿机,主要用于加工直齿和斜齿圆柱齿轮,也可以采用径向切入法加工蜗轮。可以加工的工件最大直径为 500 mm，最大模数为 8 mm，图 2－71 为该机床的外形图。立柱 2 固定在床身 1 上，刀架溜板 3 可沿立柱导轨上下移动。刀架体 5 安装在刀架溜板 3 上，可绕自己的水平轴线转位。滚刀安装在刀杆 4 上，做旋转运动。工件安装在工作台 9 的心轴 7 上，随工作台一起转动。后立柱 8 和工作台 9 一起装在床鞍 10 上，可沿机床水平导轨移动。用于调整工件的径向位置或做径向进给运动。

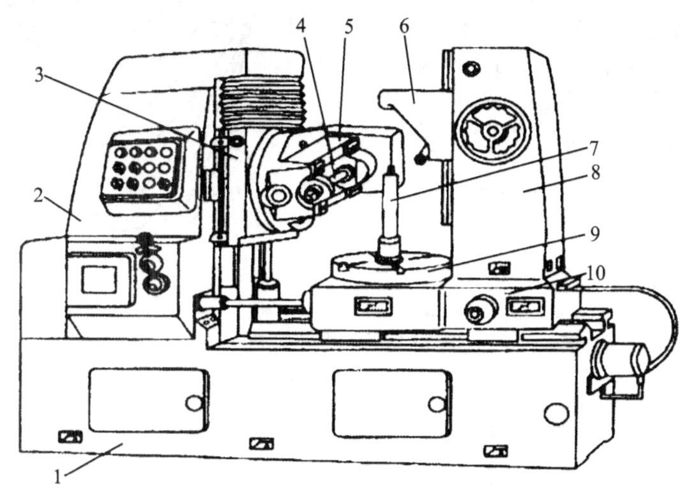

1—床身；2—立柱；3—刀架溜板；4—刀杆；5—刀架体；6—支架；7—心轴；8—后立柱；9—工作台；10—床鞍

图 2－71　Y3150E 型滚齿机外形图

3. 插齿加工

(1) 插齿原理

插齿是利用插齿刀在插齿机上加工内、外齿轮或齿条等的齿面加工方法。

插齿的加工过程，从原理上讲，相当于一对直齿圆柱齿轮的啮合。工件和插齿刀的运动形式，见图 2－72(a)。插齿刀相当于一个在齿轮上磨出前角和后角，形成切削刃的齿轮，而齿轮齿坯则作为另一个齿轮。插齿时刀具沿工件轴线方向做高速的往复直线运动，形成切削加工的主运动，同时还与工件做无间隙的啮合运动，在工件上加工出全部轮齿齿廓。在加工过程中，刀具每往复一次仅切出工件齿槽的很小一部分，工件齿槽的齿面曲线是由插齿刀切削刃多次切削的包络线所组成的，如图 2－72(b)所示。

插齿加工时，插齿机必须具备以下运动：

① 主运动。插齿刀的往复上下运动称为主运动。以每分钟的往复次数来表示，向下为切削行程，向上为返回行程。

② 展成运动。插齿时，插齿刀和工件之间必须保持一对齿轮副的啮合运动关系，即插齿刀每转过一个齿($1/z_{刀}$转)时，工件也必须转过一个齿($1/z_{工}$转)。

③ 径向进给运动。为了逐渐切至工件的全齿深，插齿刀必须有径向进给运动。径向进给量是用插齿刀每次往复行程中工件或刀具径向移动的毫米数来表示。当达到全齿深时，机床便自动停止径向进给运动，工件和刀具必须对滚一周，才能加工出全部轮齿。

④ 圆周进给运动。展成运动只确定插齿刀和工件的相对运动关系，而运动快慢由圆周进给运动来确定。插齿刀每一往复行程在分度圆上所转过的弧长称为圆周进给量，其单位为毫

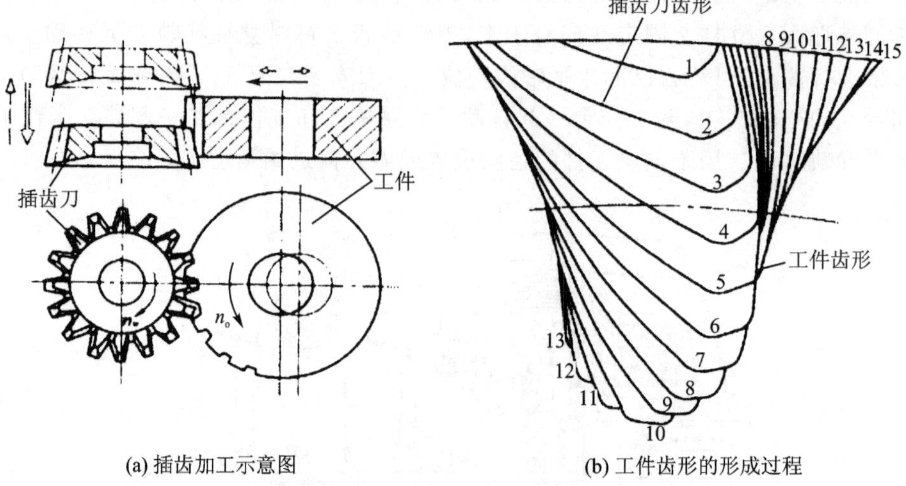

图 2-72 插齿原理

米/往复行程。

⑤ 让刀运动。为了避免插齿刀在回程时擦伤已加工表面和减少刀具磨损,刀具和工件之间应让开一段距离,而在插齿刀重新开始向下工作行程时,应立即恢复到原位,以便刀具向下切削工件。这种让开和恢复原位的运动称为让刀运动。一般新型号的插齿机通过刀具主轴座的摆动来实现让刀运动,以减小让刀产生的振动。

(2) 插齿加工的工艺特点

① 插齿加工精度较高。由于插齿刀的制造、刃磨和检验均较滚刀简便,易保证制造精度,故可保证插齿的齿形精度高;但插齿加工时,刀具上各刀齿顺次切制工件的各个齿槽,因而,插齿刀的齿距累积误差将直接传递给被加工齿轮,影响被切齿轮的运动精度。

② 插齿齿向偏差比滚齿大。由于插齿机的主轴回转轴线与工作台回转轴线之间存在平行度误差,加之插齿刀往复运动频繁,主轴与套筒容易磨损,所以插齿的齿向偏差通常比滚齿大。

③ 齿面粗糙度值较小。由于插齿刀是沿轮齿全长连续地切下切屑,而且形成齿形包络线的切线数目比滚齿时多,因此插齿加工的齿面粗糙度优于滚齿。

④ 插齿生产率比滚齿低。插齿刀的切削速度受往复运动惯性限制难以提高,此外空行程损失大,因此生产率低于滚齿加工。

插齿适用于加工模数小、齿宽较窄的内齿轮、双联或多联齿轮、齿条、扇形齿等。

4. 齿形的其他加工方法

对于IT6以上的齿轮,或者淬火后的硬齿面加工,往往需要在滚齿、插齿之后经热处理再进行精加工,常用的齿面精加工方法有剃齿、珩齿和磨齿。以下简述这三种加工方法原理及应用。

(1) 剃　齿

剃齿是利用剃齿刀在专用剃齿机上对齿轮齿形进行精加工的一种方法,专门用来加工未经淬火(35HRC以下)的圆柱齿轮。剃齿加工精度可达IT7~IT6,齿面的 Ra 值可达0.8~0.4 μm。

剃齿在原理上属于展成法加工。剃齿刀的形状类似螺旋齿轮,齿形做得非常准确,在齿面上沿渐开线方向开有许多小沟槽以形成切削刃(见图 2-73(a))。当剃齿刀与被加工齿轮啮合运转时,剃齿刀齿面上的众多切削刃将从工件齿面上剃下细丝状的切屑,使齿形精度提高和齿面粗糙度值降低。

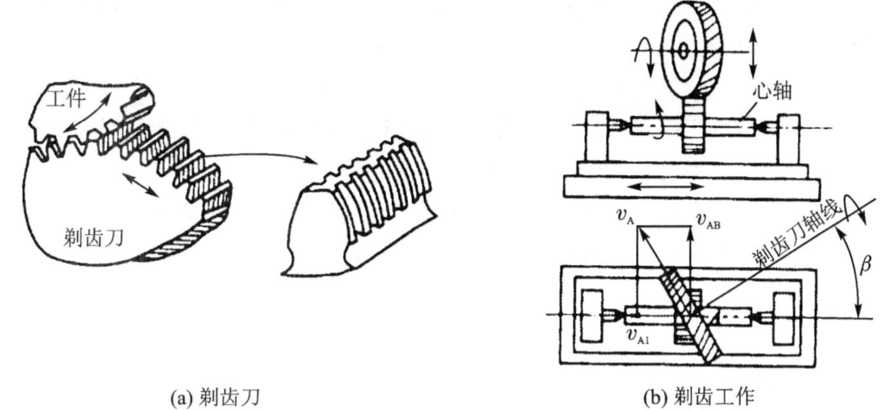

(a) 剃齿刀　　(b) 剃齿工作

图 2-73　剃齿刀和剃齿原理

剃齿加工时工件与刀具的运动形式见图 2-73(b)。工件安装在心轴上,由剃齿刀带动旋转,由于剃齿刀刀齿是倾斜的(螺旋角为 β),为使它能与工件正确啮合,必须使其轴线相对于工件轴线倾斜 β 角。剃齿时,剃齿刀在啮合点 A 的圆周速度 v_A 可以分解为沿工件切向速度 v_{An} 和沿工件轴向速度 v_{At},v_{An} 使工件旋转,v_{At} 为齿面相对滑动速度,即剃齿速度。为了剃削工件的整个齿宽,工件应由工作台带动做往复直线运动。工作台每次往复行程终了时,剃齿刀沿工件径向做进给运动,使工件齿面每次被剃去一层 0.007～0.03 mm 的金属。在剃削过程中,剃齿刀时而正转,剃削轮齿的一个侧面;时而反转,剃削轮齿的另一个侧面。

剃齿加工主要用于提高齿形精度和齿向精度,降低齿面粗糙度值。剃齿不能修正分齿误差。剃后齿轮精度可达 IT7～IT6,表面粗糙度 Ra 值为 0.8～0.2 μm。剃齿主要用于成批和大量生产中精加工齿面未淬硬的直齿和斜齿圆柱齿轮。

(2) 磨　齿

磨齿是用砂轮在专用磨齿机上对已淬火齿轮进行精加工的一种方法。磨齿按加工原理可分为成型法和展成法两种。

① 成型法磨齿。成型法磨齿与成型法铣齿的原理相同,砂轮截面形状修整成与被磨齿轮齿槽一致,磨齿时的工作状况与盘状铣刀铣齿工作状况相似,如图 2-74 所示。

磨齿时的分度运动是不连续的,在磨完一个齿之后必须进行分度,再磨下一个齿,轮齿是逐个加工出来的。成型法磨齿由于砂轮一次就能磨削出整个渐开线齿面,故生产率高,但受砂轮修整精度和机床分度精度的影响,其加工精度较低(IT6～IT5),在生产中应用较少。

② 展成法磨齿。展成法磨齿是将砂轮的磨削部分修整成锥面(见图 2-75(b)),以构成假想齿条的齿面。磨削时,砂轮作高速旋转运动(主运动),同时沿工件轴向做往复直线运动,以磨出全齿宽。工件则严格按照一齿轮沿固定齿条做纯滚动的方式,边转动、边移动,从齿根向齿顶方向先后磨出一个齿槽两侧面。之后砂轮退离工件,机床分度机构进行分度,使工件转过一个齿,磨削下一个齿槽的齿面,如此重复上述循环,直至磨完全部齿槽齿面。

锥面砂轮磨齿精度可达 IT6～IT4,齿面粗糙度 Ra 值为 0.4～0.2 μm。主要用于单件、小批量生产中、加工精度要求很高的淬硬或非淬硬齿轮。

如果将两个碟形砂轮倾斜成一定角度,以构成假想齿条两个齿的两个外侧面,同时对齿轮轮齿的两个齿面进行磨削(见图 2-75(a)),其原理同前述锥面砂轮磨齿相同。这种磨齿方法,加工精度高(最高可达 IT3),齿面粗糙度 Ra 值为 0.4~0.2 μm,但所用设备结构复杂,成本高,生产率低,故应用不广。

(3) 珩 齿

当工件硬度超过 35HRC 时,使用珩齿代替剃齿。珩齿是在珩磨机上用珩磨轮对齿轮进行精整加工的一种方法,其原理和运动与剃齿相同。

珩磨轮是用金刚砂及环氧树脂等浇注或热压而成的具有较高齿形精度的斜齿轮,它的硬度极高,其外形结构与剃齿刀相似,只是齿面上无容屑槽,是靠磨粒进行切削的。

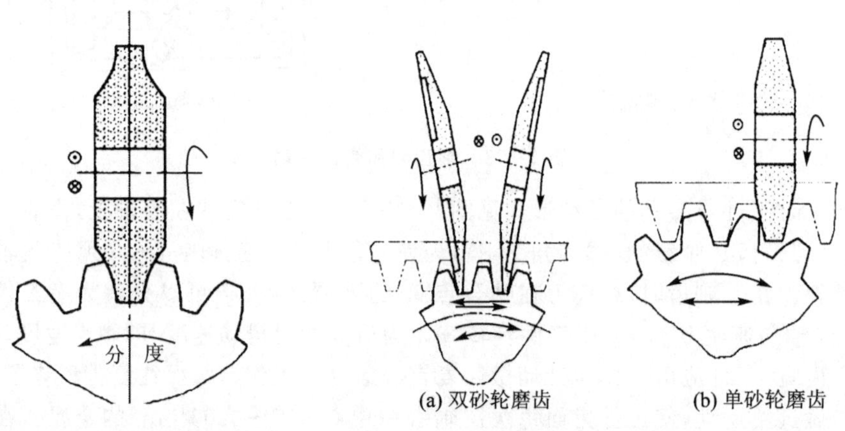

图 2-74 成型法磨齿　　**图 2-75 展成法磨齿**

珩磨时,珩磨轮转速高(1 000~2 000 r/min),可同时沿齿向和渐开线方向产生滑动进行连续切削,生产率高。珩磨过程具有磨、剃 、抛光等综合作用。

珩齿对齿形精度改善不大,主要用于剃齿后需淬火齿轮的精加工,能去除氧化皮、毛刺,改善热处理后的轮齿表面粗糙度(Ra 值为 0.4~0.2 μm)。珩齿也可用于非淬硬齿轮加工。

5. 齿形加工方案的选择

齿形加工是齿轮加工的关键,其加工方案的选择取决于诸多因素,主要决定于齿轮的精度等级,此外还应考虑齿轮的结构特点、硬度、表面粗糙度、生产批量、设备条件等。常用齿形加工方案如下:

(1) IT9 以下齿轮

一般采用铣齿—齿端加工—热处理—修正内孔的加工方案。若无热处理可去掉修正内孔的工序。此方案适用于单件小批量生产或维修。

(2) IT8~IT7 齿轮

采用滚(插)齿—齿端加工—淬火—修正基准—珩齿(研齿)的加工方案。若无淬火工序,可去掉修正基准和珩齿工序。此方案适于各种批量生产。

(3) IT7~IT6 齿轮

采用滚(插)齿—齿端加工—剃齿—淬火—修正基准—珩齿(或磨齿)的加工方案。单件小批量生产时采用磨齿方案;大批量生产时采用珩齿方案。如不需淬火,则可去掉珩齿或磨齿工序。

(4) IT6～IT3 齿轮

采用滚(插)齿—齿端加工—淬火—修正基准—磨齿的加工方案。此方案适用各种批量生产。如果齿轮精度虽低于 IT6 但淬火后变形较大,也需采用磨齿方案。

2.4.7　数控加工

数控加工是利用计算机技术,通过数字信息来控制机床进行加工。数控技术是在机床自动化的基础上,综合了机械加工技术、自动控制技术、检测技术、计算机技术和微电子技术而形成的一门边缘学科,也是当今世界上机械制造业的高新技术。

数控加工有如下特点:

① 数控机床能完成普通机床难以完成或者根本不能加工的复杂型面的零件加工,如飞机的梁、框、肋、接头和壁板等。

② 采用数控加工可以提高零件的加工精度、稳定产品质量;加工精度可以利用软件来进行校正及补偿。

③ 采用数控加工比用普通机床加工可大大提高生产率,尤其是某些复杂零件的加工,效率可提高十几倍甚至几十倍。

④ 可以减少专用工装夹具:采用通用工装夹具,只须更换程序,就可适应不同零件自动加工的需要。这样可以减少大量的专用工装夹具、样板、标准工艺装备,缩短生产准备周期,能迅速适应机种的改型,对航空产品的生产具有特别重要的意义。

⑤ 可以实现一机多用:如加工中心能自动换刀,零件一次装夹后,几乎能完成零件全部加工部位的加工,可以替代 5～7 台普通机床,节省了厂房面积。

⑥ 数控机床加工自动化程度高,减轻了工人的劳动强度。

⑦ 利用通信网络,便于建立 CAD/CAM 集成化系统,是 CIMS 环境中的主体。

数控加工零件的选择原则如下:

① 几何形状复杂、用数学模型确定型面尺寸形状的曲面轮廓零件。

② 批量小的零件。

③ 用预拉伸板材或型材为原材料或切削余量大的零件。

④ 通用机床难以加工,致使工装成本大幅度提高的零件。

⑤ 批量较大,适合多主轴数控加工的零件。

⑥ 需要钻、镗、铰、锪、攻丝和铣削多种加工,适合数控加工中心生产的零件。

⑦ 有严格互换性要求的零件。

⑧ 用一个程序通过“镜像对称”使用预拉伸板材成批加工的中、小型零件。

⑨ 国内外转包生产合同规定的必须用数控机床加工的零件。

⑩ 新机研制规定的 CAD/CAM 产品。

根据上述原则,飞机整体结构件是适合数控加工的主要产品,按结构类型通常可分为壁板、梁、肋、框、缘条、接头 6 大类。飞机整体结构件数控加工工艺流程的安排以及特点如下:

① 为控制加工变形,对整体结构件进行的粗加工→半精加工→精加工均采取正反两面反复分层切削加工的方法,以使内应力均匀释放。

② 对下陷或筋条采取对称切削加工,还可以采取不规则的走刀方式进行切削加工,目的也是能使内应力均匀释放,以控制加工中产生的变形。

③ 在以数控加工为主的整体结构件制造中,数控工艺规程应编制出全部制造工序,包括:

- 对数控难加工部位所采用的普通机加方法的补加工工序。
- 对毛坯采取普通机加方式的粗加工工序。
- 热处理、表面处理工序和特种检验工序。
- 测量机检测工序。

数控加工整体结构件的典型结构特点及工艺流程安排见表2-17。

表2-17 数控加工整体结构件典型结构特点及工艺流程安排

序号	名称	结构特点	工艺流程安排
1	壁板	① 壁板构成飞机气动外形,是飞机主要的承力构件; ② 壁板展开呈平板格子型结构; ③ 筋条排列有序,并被安排在内表面一侧; ④ 最大厚度尺寸不超过拉伸板材厚度(铝合金),选用拉伸板材作毛坯; ⑤ 宜采用三坐标数控铣削加工	① 铣平面:两面均匀去除厚度余量,不仅要使材料内应力均匀释放以控制变形,而且要去除材料探伤盲区; ② 铣基准边、钻孔:使工艺基准与设计基准统一; ③ 理论外形面和壁板内形面的铣切:均采用粗加工→半精加工→精加工的程序和各自层层铣削的方式; ④ 普通铣床补加工:对数控加工后残留部分进行处理; ⑤ 用拉伸板材加工的壁板,如工序安排合理,控制了加工变形,可以不安排校正工序; ⑥ 为及时发现壁板表面产生的裂纹,在机加和喷丸成形后,均要安排渗透检查工序
2	梁	① 是飞机机翼展向、机身纵向的承力构件; ② 外形呈变斜角型面,截面形状为"Π"字形或"工"字形,长度尺寸大; ③ 毛坯为铝合金拉伸型板和合金钢结构件; ④ 宜采用三、四、五坐标数控铣削加工	① 铣平面:对腹板进行两面对称铣削,使用专用真空夹具夹紧; ② 钻、扩工艺孔; ③ 粗铣外形:两侧对称,正、反面反复铣削,以控制加工变形; ④ 粗铣内形:正、反面反复进行; ⑤ 校正:对等截面拉伸型材,各处切削余量不等,工艺变形不可避免,必须安排校正; ⑥ 修整基准平面:对校正后的基准面重新修整; ⑦ 半精铣和精铣外形:两侧对称多层次加工,正、反两面反复加工; ⑧ 半精铣和精铣内形:两侧对称多层次加工,正、反两面反复加工; ⑨ 铣下陷:对称进行; ⑩ 去两端工艺基准孔或凸台,铣两端配合面; ⑪ 钳工修整去毛刺; ⑫ 总检

续表 2-17

序　号	名　称	结构特点	工艺流程安排
3	框	① 是飞机机身的横向承力构件，气动外缘，带变斜角，上下面均有凹槽； ② 一个整体框由几个框零件组成，故叉耳等连接部位是加工的难点； ③ 毛坯选用模压件（铝合金、合金钢）； ④ 宜采用三、四、五坐标数控铣削加工	① 铣基准凸台平面，钻、扩工艺孔； ② 粗铣内形（正、反两面）； ③ 粗铣外形：用圆柱铣刀，留外形变斜角余量； ④ 检查工艺变形并校正； ⑤ 半精铣、精铣内形（正、反两面）； ⑥ 半精铣、精铣外形（五坐标数控铣床完成）； ⑦ 补加工和钳工修整； ⑧ 测量机检测外形
4	肋	① 是飞机机翼的横向承力构件； ② 气动外缘，带变斜角，截面形状随不同部件变化，毛坯选用预拉伸板材或模压件； ③ 采用铝金预拉伸板材的平板格子型结构； ④ 宜采用三、四、五坐标数控铣削加工	① 铣基准平面（以拉伸板材作毛坯可使用真空平台，如尺寸允许，可以两个零件为一组进行加工）； ② 粗加工厚度尺寸； ③ 粗、精铣腹板下陷（三坐标）； ④ 粗铣内、外形（五坐标）； ⑤ 精铣内、外形（五坐标）； ⑥ 钳工去毛刺； ⑦ 测量机或检验夹具检测
5	缘条	① 是组合式梁、框、肋等结构件的边缘零件，是飞机纵、横向的主要承力构件； ② 气动外缘，变截面细长构件； ③ 毛坯使用等截面拉伸型材（铝合金）； ④ 多采用五坐标数控铣削加工，金属切除量大，各截面不等，难以控制加工中的变形	① 铣基准面：钻、扩工艺孔（使用专用夹具）； ② 粗铣型面：分层对称铣削（圆柱立铣刀或成型铣刀、五坐标机床）； ③ 检查零件变形并校正； ④ 精铣两侧型面，分层对称铣削（圆柱立铣刀或成型铣刀、五坐标机床）； ⑤ 检查零件变形并校正； ⑥ 钳工：去毛刺，打磨； ⑦ 检验：用样板和测量机进行
6	接头	① 飞机各类承力构件之间的连接件，形状各异； ② 叉耳、槽、孔是其主要的加工表面，一般需要铣、镗、钻、锪、攻丝等联合加工，宜选用加工中心进行加工； ③ 毛坯选择铝合金板材、模压件（铝合金、合金钢）等； ④ 呈曲面的外形采用五坐标数控加工	（模压件，专用夹具，圆柱立铣刀，锥度立铣刀或成型立铣刀） ① 铣工艺基准凸台、钻基准工艺孔、装夹定位； ② 粗铣内外形（多层次、正反面反复进行）； ③ 半精铣、精铣内、外形（多层次、正反面反复进行）； ④ 铣叉耳（专用夹具）； ⑤ 钻、扩、镗连接孔； ⑥ 冷挤压连接孔； ⑦ 补加工和钳工； ⑧ 检测： • 测量机检测外形； • 检验夹具、检验芯棒全方位检查连接孔的协调性

2.5 加工精度和表面质量

为了保证机电产品的质量,设计时应对零件提出加工质量的要求。机械零件的加工质量包括加工精度和表面质量两方面,它们的好坏将直接影响产品的使用性能、使用寿命、外观质量、生产率和经济性。

2.5.1 加工精度的概念

加工精度是指零件在加工以后的实际几何参数(尺寸、几何形状、表面相互位置)与理想几何参数相符合的程度,符合程度越高,加工精度就越高。从机器的使用性能来看,没有必要也不可能把零件做得绝对准确,只要与理想零件有一定程度的符合,便能保证零件在机器中的功用。这一定程度的符合就是设计时所规定的零件公差精度等级。

加工误差是指零件加工后的实际几何参数与理想几何参数之间的偏离程度。加工精度的低和高就是通过加工误差的大和小来表示的。加工误差越小,则加工精度越高。研究加工精度的目的,就是为了弄清楚各种误差对加工精度的影响规律,从而提出减小加工误差,提高加工精度的途径和针对性的措施。加工误差分为尺寸误差、形状误差和相互位置误差,因此加工精度包括尺寸精度、形状精度和相互位置精度。

零件图上,对被加工件的加工精度要求常用尺寸公差、形状公差和位置公差来表示。

1. 尺寸精度

尺寸精度是指加工表面本身的尺寸(如圆柱面的直径)和表面间的尺寸(如孔间距离等)的精确程度。尺寸精度的高低用尺寸公差的大小来表示。

尺寸公差是尺寸允许的变动量,GB/T 1800.3—1998《极限与配合》中规定,尺寸公差分为20个等级,即IT01、IT0、IT1、IT2、…、IT18。IT后面的数字代表公差等级,数字越大,公差等级越低,公差值越大,尺寸精度越低。不同公差等级的加工方法和应用见表2-18。

表2-18 不同公差等级的加工方法和应用

表面微观特征		$Ra/\mu m$	加工精度	加工方法	应用
不加工	清除毛刺		IT16～IT14		铸件、锻件、焊接件、冲压件
粗加工	明显可见刀痕	≤80	IT13～IT10	粗车、粗刨、粗铣、钻、毛锉、锯断	用于非配合尺寸或不重要的配合
	可见刀痕	≤40	IT10		用于一般要求,主要用于长度尺寸的配合
	微见刀痕	≤20	IT10～IT8		
半精加工	可见加工痕迹	≤10	IT10～IT8	半精车、精车、精刨、精铣、粗磨	用于重要配合
	微见加工痕迹	≤5	IT8～IT7		
	不见加工痕迹	≤2.5	IT8～IT7		
精加工	可辨加工痕迹方向	≤1.25	IT8～IT6	精车、精刨、精磨、铰	
	微辨加工痕迹方向	≤0.63	IT7～IT6		用于精密配合
	不辨加工痕迹方向	≤0.32	IT7～IT6		

续表 2－18

表面微观特征		$Ra/\mu m$	加工精度	加工方法	应　用
超精加工	暗光泽面	≤0.16	IT6～IT5	精磨、研磨、镜面磨、超精加工	量块、量仪和精密仪表、精密零件的光整加工
	亮光泽面	≤0.08	IT6～IT5		
	镜状光泽面	≤0.04			
	雾状光泽	≤0.02			
	镜面	≤0.01			

加工过程中影响尺寸精度的因素很多，表 2－17 中表示的某种加工方法所对应达到的加工精度，是指在正常产生条件下保证一定生产率所能达到的加工精度，称为经济精度。

2. 形状精度

形状精度是指零件加工后的表面与理想表面在形状上相接近的程度，如直线度、圆度、圆柱度、平面度等。

3. 位置精度

位置精度是指零件加工后的表面、轴线或对称平面之间的实际位置与理想位置接近的程度，如平行度、垂直度、同轴度、对称度等。

在零件图上，通常只规定尺寸公差，对要求较高的零件，除了规定尺寸公差外，还要规定形状和位置公差。

一般机械加工精度越高，加工的成本也越高，所以在设计零件时，应在满足零件使用要求的前提下，选用经济精度。

2.5.2　机械加工精度的单因素分析

在机械加工过程中，零件的尺寸，几何形状和表面间相互位置的形成，取决于工件和刀具在切削运动过程中的相互位置关系，而工件和刀具又安装在夹具和机床上，因此，在加工过程中，机床、刀具、夹具、工件就构成了一个完整的工艺系统。

① 工艺系统的几何误差　包括机床、夹具、刀具的制造误差和磨损，尺寸链误差，机床传动链的静态和动态误差，工件、刀具、夹具的安装误差等。

② 工艺系统受力变形产生的误差　包括工艺系统弹性及塑性变形产生的误差，工件夹紧误差惯性力和传动力所引起的误差以及工件残余应力引起的误差等。

③ 工艺系统热变形产生的误差　包括机床、刀具、夹具以及工件热变形产生的误差。

④ 工艺系统原始误差　工艺系统中各方面的误差都有可能造成工件的加工误差，能直接引起工件加工误差的各种误差因素称为原始误差。根据原始误差的性质、状态，主要可将其归纳成为四种，即：原理误差、工艺系统几何误差、工艺系统受力变形引起的误差及工艺系统受热变形引起的误差。误差是有方向的，在原始误差中，不一定每个方向上的误差都会全部反映到工件上，如图 2－76 所示的牛头刨床上刨平面，若在加工过程中刀具在垂直方向上的运动轨迹有误差，则该误差会全部传给工件，造成工件的平面度误差；而刀具在水平方向上的运动轨迹有误差，则对工件的加工精度没有影响。此时，垂直方向称为加工误差的敏感方向，水平误差方向称为加工误差的非敏感方向。

一般来说，加工误差的敏感方向在工件加工表面的法线方向，非敏感方向在工件加工表面的切线方向。

2.5.3 影响加工精度的因素

1. 加工原理误差

采用近似的加工运动或者近似的刀具轮廓形状而产生的。例如：滚齿为了避免刀具制造和刃磨困难，常采用阿基米德基本蜗杆或法向直廓基本蜗杆的滚刀来代替渐开线基本蜗杆的滚刀而产生的所谓的造型误差；另外就是滚刀切削刃数有限，所切成的齿轮的齿形实际上是折线。例如图2-77数控加工复杂曲面，刀具为圆头铣刀，其曲率与加工表面的曲率半径可能不同，因此刀具与曲面之间存在误差。虽然存在着原理误差，但却降低了加工成本，简化了机床结构，提高了生产率。因此，只要原理误差在允许范围内，这些近似的加工工具就可以采用。

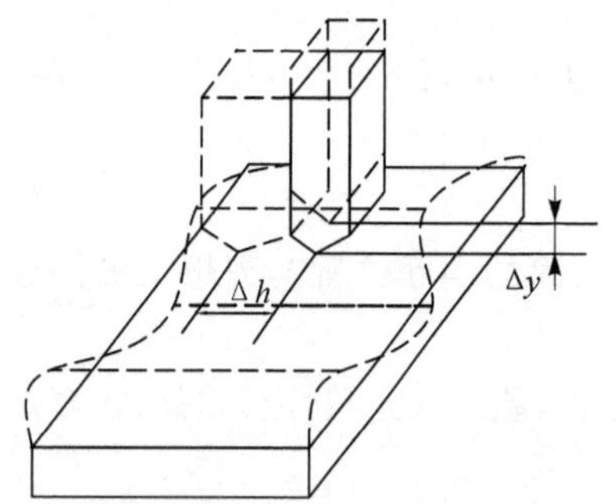

图2-76 牛头刨床刨平面的原理误差分析

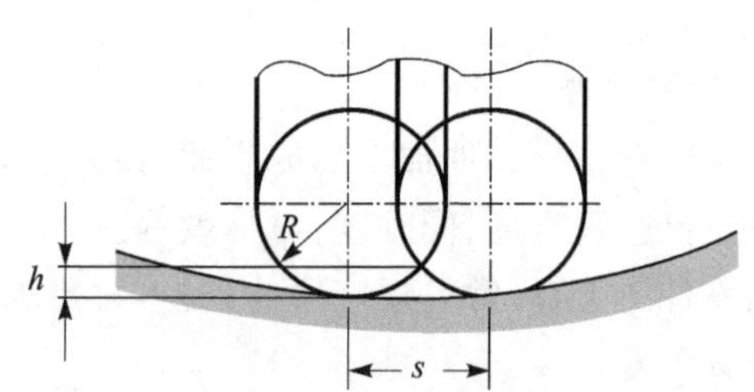

图2-77 数控加工复杂曲面原理误差

2. 工艺系统几何误差

(1) 机床的几何误差

在加工过程中，刀具相对工件的各种成型运动是由机床来完成的，而刀具、工件和机床之间的位置关系也靠机床来保证。因此，机床的几何误差对加工精度的影响是很大的。

机床的几何误差包括机床的制造、安装、调整误差和磨损引起的误差。在机床的各个部件中，主轴、导轨、传动链是影响加工精度的主要部件。

1) 主轴的回转误差

理论上，主轴旋转时的旋转轴线应与主轴的几何轴线重合，且在旋转的过程中该轴线在空中的位置保持不变。但由于各种误差因素的影响，实际主轴的回转轴线在每一瞬间的空间位置是变化的，因而就有了主轴回转误差。主轴回转误差是指主轴各瞬间的实际旋转轴线相对于平均旋转轴线的变动量，为便于分析，将主轴旋转误差分成如下三种，如图2-78所示。

① 径向圆跳动　主轴瞬间旋转轴线始终做平行于平均旋转轴线的径向漂移运动，如图2-78(a)所示。

② 轴向窜动　主轴瞬时旋转轴线相对于平均旋转轴线在轴向的漂移运动，如图2-78(b)所示。对工件圆柱表面的加工精度没有影响，但在加工端面时，则会产生端面与轴线的垂直度误差，车螺纹也会产生螺距的周期性误差。

不同形式的主轴回转误差对加工精度的影响不同，机床主轴上一般都安装有刀具或工件，其形状误差一方面使表面成型运动不准确，另一方面使刀具与工件之间的正确位置遭到破坏。若该误差刚好处在加工误差的敏感方向，就会造成加工误差。例如，车床、镗床主轴的旋转运动形成圆形所需的成型运动，若主轴有径向圆跳动，就会造成工件的圆度误差；车外圆时，主轴的角度摆动将会使车出来的外圆有锥度误差。

③ 纯角度摆动　主轴瞬时旋转轴线与平均旋转轴线成一倾斜角，其交点位置固定不变的漂移运动。纯角度摆动、车削外圆或内孔表面会产生锥度，如图 2－78(c)所示。

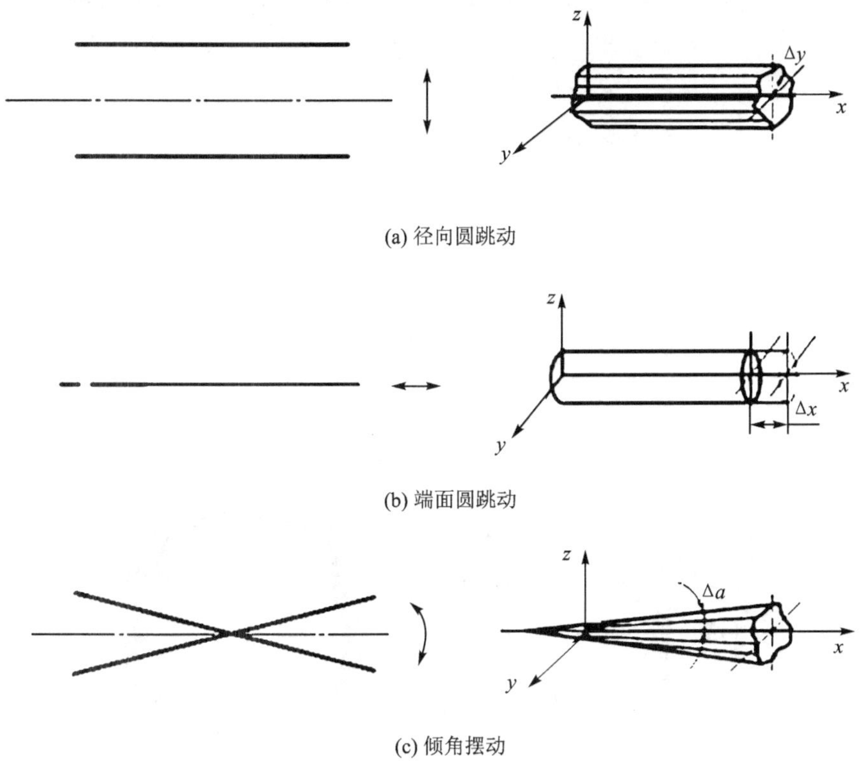

图 2－78　主轴回转误差基本形式

车端面时，主轴的径向圆跳动对其精度没有影响，但轴向窜动则使工件端面时而接近刀具，时而远离刀具，造成实际背吃刀量时而增大，时而减少，最终造成工件端面不平。

车螺纹时，由于螺纹牙形为三角形或梯形，径向和轴向都是其敏感方向，因此主轴的径向圆跳动和轴向窜动都将使得刀具相对于工件的位置发生变动，从而造成螺距误差。

铣削平面和磨削平面时，若铣床、磨床主轴有径向圆跳动或者轴向窜动，也会使铣刀(砂轮)中心的运动轨迹或刀具(砂轮)与工件的位置发生变动，从而造成工件的形状误差。

主轴回转误差产生的原因有主轴轴颈的误差、轴颈之间的同轴度、主轴的挠度、支承端对轴颈轴心线的垂直度误差。

主轴一般通过轴承安装在箱体的主轴孔中，所以轴承的制造、安装误差是造成主轴回转误差的原因。以滚动轴承为例，其内外环滚道的不圆，滚动体的不圆和尺寸不一致，轴承内环孔与滚道、外环外圆与滚道的不同轴等误差，都是造成主轴回转误差的原因。由于轴承内外环均是薄壁零件，容易变形，因此主轴支承轴颈的圆度误差及其与各段轴颈的不同轴，箱体主轴孔的圆度误差及各轴承的不同轴，也是造成主轴回转误差的原因。此外，轴承间隙的调整质量也是一个不可忽略的因素。

对于主轴回转误差的检测,生产中常用“打表法”。如图 2-79 所示,检测时,将检验棒插入主轴孔中,在心棒外圆和端面等处按照规定装上千分表,用手轻转主轴,观察表针的跳动情况,表针的最大、最小读数差即为主轴的回转误差。此法简单易行,但难以区分误差性质,而且不能真正反映加工时的状态,因此,在研究、设计机床时,常用“动态检测”进行检测,但此法需要精密、复杂的检测仪器,如图 2-80 中的传感器 2、4 将主轴的旋转信号通过放大器 5 传递给示波器 6。

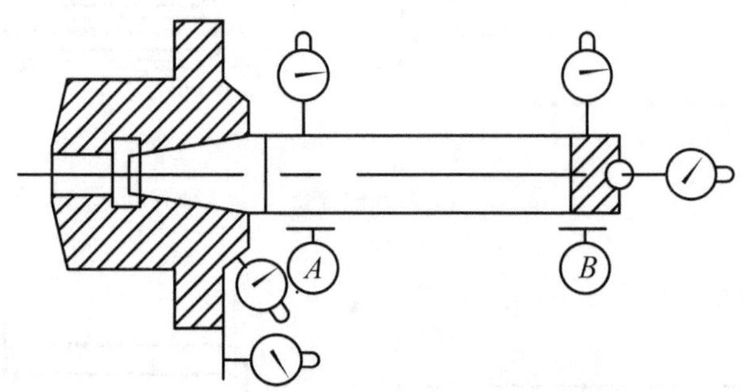

图 2-79 传统“打表法”测量主轴旋转误差

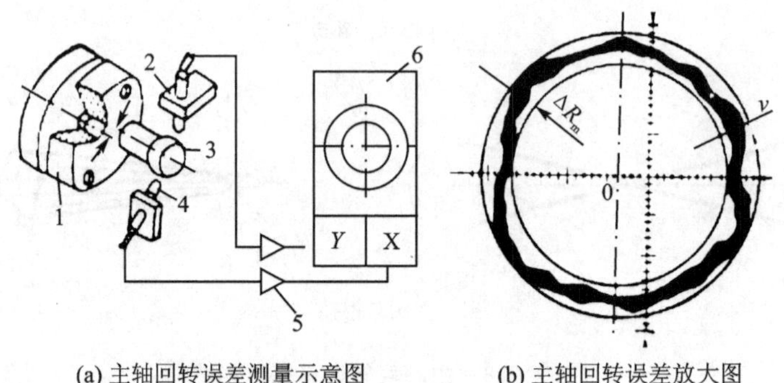

(a) 主轴回转误差测量示意图　　(b) 主轴回转误差放大图

1—摆动盘;2、4—传感器;3—精密测球;5—放大器;6—示波器

图 2-80 主轴回转误差测量法

提高主轴加工精度的途径如下:

① 提高主轴零件的加工精度;

② 提高轴承精度;

③ 提高轴承座孔精度。

2) 导轨误差

机床导轨的作用是支承并引导运动部件,使之沿直线或圆周轨迹准确地运动。导轨的误差将使该运动轨迹出现误差,进而造成工件的形状误差。一般导轨误差的主要表现形式有:

① 导轨的直线度误差。导轨的直线度误差可有水平和垂直两个方向,如图 2-81 所示,这两个方向上的误差并不一定全部传给工件,只是处于加工误差敏感方向上的误差才会对工件的精度造成较大的影响。

对车床和外圆磨床而言,因为刀具(砂轮)处于水平位置,水平方向为敏感方向,因此导轨在水平面的直线度误差将会使工件的素线不直(工件素线的形状与导轨形状相同),造成工件

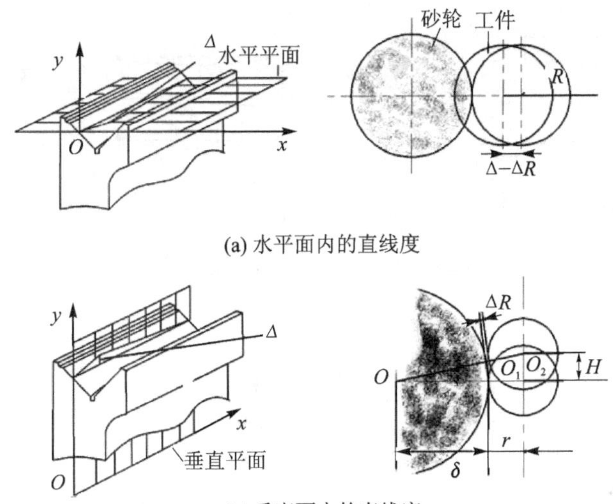

图 2-81　导轨的直线度误差

的圆柱度误差。在刨床、铣床和平面磨床上加工平面时，刀具(砂轮)处于垂直面内，加工误差的敏感方向为垂直方向。此时，导轨在垂直平面内的直线度误差将造成工件的平面度误差。

② 导轨在垂直平面内的平行度误差。如图 2-82(b)所示，机床前后两导轨在垂直平面内不平行会造成其上的运动部件前后摆动，使得刀具或工件的运动轨迹成一条空间曲线，从而造成工件形状误差，如车床。若导轨前低后高，两者相差 δ，则加工过程中由于机床床鞍向后仰而使刀具向后退了 Δy，造成工件的尺寸增大了 ΔR。由图中几何关系可知：

$$\Delta R = \Delta y = H\delta / B \tag{2-16}$$

由于在全长上各点的 δ 不等，导轨两端的高低方向也不同，工件全长上各处的尺寸也就不同，从而造成工件的圆柱度误差。

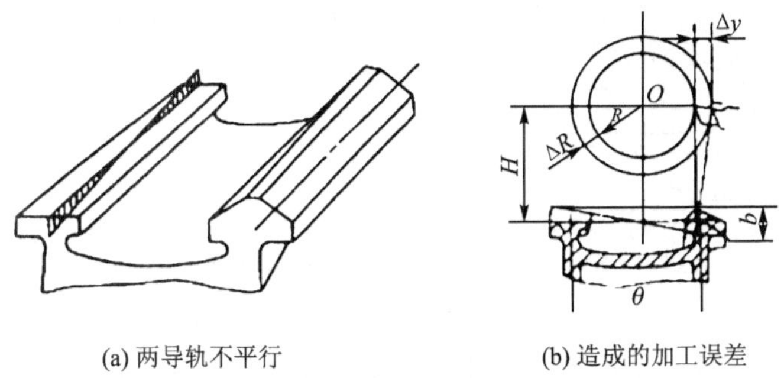

(a) 两导轨不平行　　(b) 造成的加工误差

图 2-82　两导轨不平行造成的加工误差

③ 导轨与主轴轴线之间的位置误差。导轨与主轴轴线之间的位置关系不正确，将会造成工件母线与其轴线之间的位置关系不正确，如图 2-83 所示。在车床中，若纵向导轨与主轴轴线在水平方向不平行，车外圆时，就会使工件产生锥度误差，如图 2-83(a)所示。若使横向导轨与主轴轴线不垂直，则车端面时，就会使工件端面变成中凹或中凸的圆锥面，如图 2-83(c)所示。

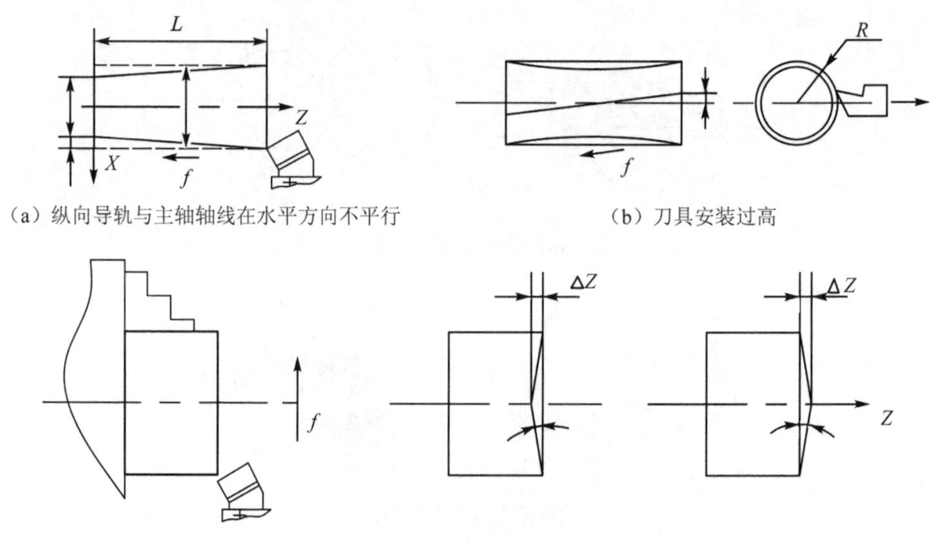

(a) 纵向导轨与主轴轴线在水平方向不平行　　(b) 刀具安装过高

(c) 横向导轨与主轴轴线不垂直

图 2-83　成型运动间位置误差对外圆和端面车削的影响

在镗床上镗孔时,导轨与主轴轴线不平行造成的误差与镗孔方式有关。因为圆柱孔的圆是靠刀尖旋转形成的,直线素线则是由进给运动形成的。当工作台带动工件进给时,镗杆的旋转轴线与进给方向不平行就相当于斜着切一圆柱体。因此镗出的孔是椭圆形,而孔轴线对其定位面则是平行的,如图 2-84(a)采用镗杆进给方式镗孔,因为镗杆的旋转轴线与进给方向平行,所以镗出来的孔是圆的。

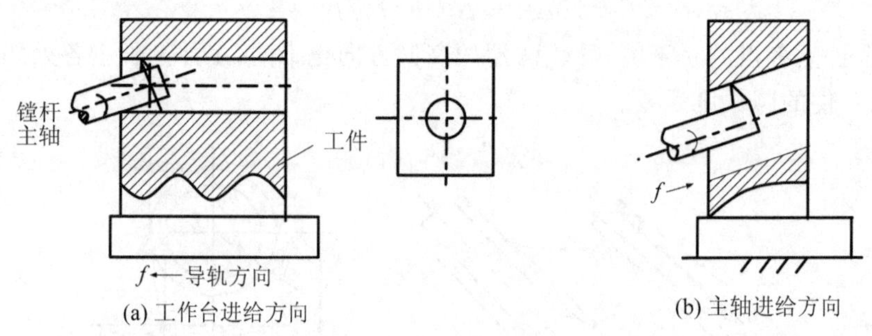

(a) 工作台进给方向　　(b) 主轴进给方向

图 2-84　镗床的导轨与主轴不平行造成的误差

3) 传动链误差

当需要用展成法来获得工件表面形状时,就必须用内联系传动链来保持两执行件之间的运动关系。若由于内联系传动链有误差而造成了该运动关系不准确,就会造成工件的加工误差。如车螺纹,两执行件分别是主轴和刀具,其运动关系为主轴转一圈,刀具进给一个螺纹导程。若因传动链误差造成刀具进给快了或者进给慢了,就会造成螺纹的螺距误差,影响刀具运动的正确性。如滚齿时,滚齿机上某一传动轴上的齿轮在某一时刻产生转角误差 $\Delta\phi_i$,则它所造成的传动链末端的转角误差为

$$\Delta\phi_{wi} = K_i \times \Delta\phi_i \tag{2-17}$$

式中:K_i 为该轴到末端元件的总传动比,也称误差传递系数

传动链误差是其末端元件转角的一个复杂的周期函数。

减小传动链误差对加工精度的影响，可采取下列措施：

① 减少传动链中的元件数，缩短传动链，以减少误差来源。

② 提高传动元件，特别是末端传动元件的制造精度和装配精度。

③ 消除间隙，使传递瞬时速度稳定，特别是反向运动的时候，会造成滞后。

④ 采用误差修正机构来提高传动精度，人为地加工一个与机床传动误差大小相等、方向相反的误差，以抵消传动链本身的误差。

(2) 刀具和夹具的误差

1) 刀具的误差

刀具在加工中的磨损会引起被加工工件的尺寸和形状的改变。

例如：车削长轴，车刀磨损将产生锥度，在调整法加工中，刀具或砂轮的磨损会扩大零件的尺寸分散范围。刀具误差对加工精度的影响与获得加工精度的方法有关。

① 试切法加工　工件的尺寸精度取决于刀具相对于工件位置的调整，刀具的制造误差对工件加工精度没有直接影响。当工件的被加工表面较大、较长时，刀具的磨损会引起工件的形状误差。如车较长轴的外圆，由于车刀磨损将使实际背吃刀量逐步减小，从而造成工件的锥度误差。

② 定尺寸刀具　刀具的制造、安装与调整都会影响加工尺寸和形状精度。刀具的制造误差直接引起工件的尺寸误差，此外，刀具的安装误差和磨损也会造成工件的尺寸和形状误差。例如，铰刀安装时若与工件预制孔不同轴，容易造成工件孔扩大和喇叭口。

③ 用成型法加工　成型刀具切削刃的形状误差、磨损或刀具安装不正确，将直接造成工件的形状误差。

2) 夹具的误差

加工过程中，工件与机床、刀具的位置关系往往通过夹具来确定。因此，夹具误差主要影响工件与机床、刀具的位置关系的正确性。夹具的误差包括：

① 夹具的定位元件、刀具导向与对刀元件、分度机构以及夹具体等主要元件制造的误差；

② 夹具装配后，各主要元件之间、夹具定位元件工作面与夹具在机床上的安装面之间的尺寸误差或位置误差；

③ 夹具在机床上安装时的安装找正误差；

④ 夹具在使用中有关工作表面的磨损。

(3) 测量、调整的误差

工件在加工过程中引起测量误差的因素有量具的制造误差，测量时的接触力、温度、目测的正确程度等。

在机械加工中经常要对机床、夹具、刀具进行调整，以确保其位置关系正确，调整误差的来源视不同的加工方式而异。

1) 试切法加工中的调整误差

试切法加工的过程：对工件试切—测量—调整—再试切，直至达到要求为止。

引起调整误差的原因有：

① 测量误差。

② 因进给机构在低速微量进刀时的“爬行”，而造成刀具实际进给量不等于刻度盘上的

数值。

③ 因刀具刃口钝圆的影响,使其在微量切削时刀具打滑而造成试切与正式切削时背吃刀量不相等,从而造成工件尺寸误差。

2) 调整法中的调整误差

生产中常用行程挡块、凸轮、靠模等定程机构或事先编好的数控程序来控制刀具或工件的进给行程和工作位置等,用专用的样板样件来调整刀具与刀具、刀具与工件之间的相对位置。这些定程机构、样板样件的制造精度和刚度,加工程序编制的正确性、合理性以及数控机床的数控、伺服系统的控制精度,刀具初始位置的调整精度等,最终都会影响工件的加工精度。

3. 工艺系统受力变形产生的误差

(1) 工艺系统刚度

工艺系统中静刚度是指已加工表面的法向分力 F_p 与在此方向上刀具与工件之间相对位移 y 的比值,用 K 表示:

$$K = \frac{F_p}{y} \tag{2-18}$$

工艺系统在法向分力 F_p 的作用下,总变形 y 等于机床变形 y_{jc}、夹具变形 y_{jj}、刀具变形 y_{dj} 和工件变形 y_{gj} 的总和,公式如下:

$$\left.\begin{aligned} y &= y_{jc} + y_{jj} + y_{dj} + y_{gj} = \frac{F_p}{k_{jc}} + \frac{F_p}{k_{jj}} + \frac{F_p}{k_{dj}} + \frac{F_p}{k_{gj}} \\ K &= \frac{F_p}{y} = \frac{1}{\dfrac{1}{k_{jc}} + \dfrac{1}{k_{jj}} + \dfrac{1}{k_{dj}} + \dfrac{1}{k_{gj}}} \end{aligned}\right\} \tag{2-19}$$

$$\frac{1}{k} = \frac{1}{k_{jc}} + \frac{1}{k_{jj}} + \frac{1}{k_{dj}} + \frac{1}{k_{gj}} \tag{2-20}$$

式中:k 为工艺系统刚度;k_{jc} 为机床刚度;k_{jj} 为夹具刚度;k_{dj} 为刀具刚度;k_{gj} 为工件刚度。

由于工艺系统中存在间隙和接触面间受力后的接触变形等,其静刚度 K 常常是静载荷 F 的非线性函数。

1) 刀具、工件的刚度

在切削过程中,在 y 方向向上的分力是背向力,即法向分力 F_p,其变形量 Y 与工件、刀具的安装方式有关。如图 2-85(a)中用两顶尖安装的工件,可看成简支梁,则该工件刚度为

$$k_{gj} = \frac{F_p}{Y_{gj}} = \frac{3EIL}{(L-x)^2 x^2} \tag{2-21}$$

式中:E 为材料的弹性模量;I 为截面惯性矩;L 为工件长度;x 为 F_p 作用点的位置。

再如图 2-85(b)中的刀杆,可看成是悬臂梁,该镗杆刚度为

$$k_{dj} = \frac{F_p}{Y_{dj}} = \frac{3EI}{x^3} \tag{2-22}$$

由此可知,工件或刀具的刚度并不是一个常数,而与背向力作用点的位置有关。

2) 机床、夹具等部件的刚度

机床、夹具等部件都是由数个零件装配而成的。由于组成部件的各零件刚度不同、零件之间有配合间隙,部件在变形过程中各零件之间有摩擦以及各零件接触之间有接触变形等原因,使得部件刚度与单一零件的刚度大小不同。与外形轮廓尺寸相同的零件相比,部件的刚度要

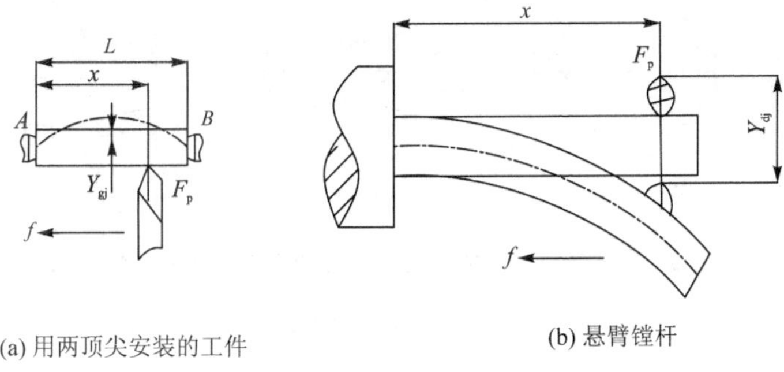

(a) 用两顶尖安装的工件　　(b) 悬臂镗杆

图 2-85　工件、刀具的变形

比零件的刚度小得多，部件的变形不纯粹是弹性变形。因此，部件的刚度不能用简单的公式计算，只能用实验测试的方法来测定。

测定部件刚度的基本原理：用相应的仪器测出作用在部件上的力和由此产生的变形量，作出相应的刚度曲线。

3）接触刚度

相互接触的两表面抵抗外力使之产生接触变形的能力，称为接触刚度。由于表面粗糙度的影响，使得工件的实际接触面积远远小于理论接触面积，受力后产生的接触变形较大。两接触面在经过了第一次接触变形后，其实际接触面就会增大，当再次受力时，产生的接触变形量就会减小，接触刚度就会提高。因此，生产中常利用此特点对部件进行预紧，即先施加一个使两接触面产生第一次接触变形的力，以提高接触刚度，进而提高机床部件的整体刚度。

(2) 工艺系统刚度及其对加工精度的影响

在切削力作用下，工件和刀具相互退让（让刀），造成实际背吃刀量小于理论值。若在整个加工长度上各处让刀量相等，则将造成工件的尺寸误差，若各处让刀量不等，则造成工件形状误差。

1）由于受力点位置变化而产生的工件几何形状的变化

① 工件、刀具的刚度随力作用点位置 x 变化，使各处让刀量不等，从而造成工件形状误差。在车床上车外圆，当工件刚度较差而机床刚度较好时，在工件的两端因刚度较好而产生的让刀量较小，在工件的中部因刚度较差而产生的让刀量较大，从而使加工后的工件呈两头小、中间大的鼓形，如图 2-86(a)所示。若工件刚度好，而机床刚度差，作用在机床主轴 A、尾座 B 上力的大小随作用点 x 变化。如图 2-85(a)可知，$F_A=\dfrac{F_p(L-x)}{L}$，$F_B=\dfrac{F_p x}{L}$，当 $x=L$ 时，$F_A=0$ 而 F_B 最大，此时尾座向后变形让刀量最大，车 B 端时实际背吃刀量最小，随着刀具进给，x 逐步减小，作用在尾座上的力逐步减小，而作用在主轴上的力逐步增大。当 $x=L/2$ 时，作用在 A、B 两端的力相等且最小，由机床变形引起的让刀量也最小。因此车到中部时，实际背吃刀量最大。当 $x=0$ 时，$F_B=0$ 而 F_A 最大，此时主轴向后变形让刀量最大，因此车到 A 端时，实际背吃刀量又减小，从而使车出的工件呈两头大、中间小的鞍形，如图 2-86(b)所示。若工件、机床刚度均不好，则造成的误差是上述两种误差的叠加，这些误差均属于圆柱度误差。同样，镗孔时若采用镗杆进给方式（镗杆由右向左进给），镗杆的长度随着进给而变化，刀具的受力变形量也随着镗杆的进给而变化，从而使镗出的孔素线不直，如图 2-86(c)所示。

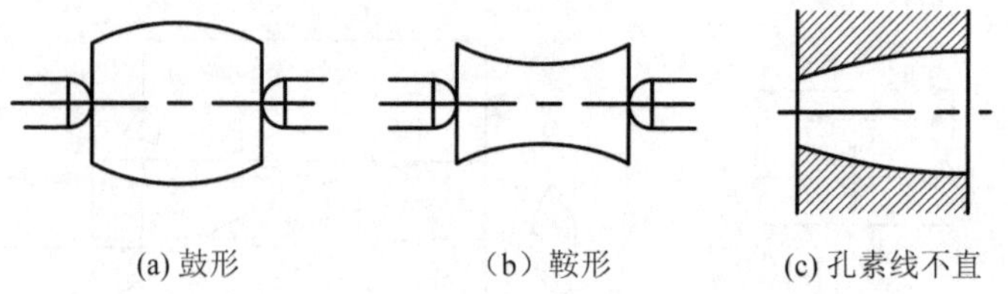

图 2-86　受力点位置变化而产生的工件几何形状的变化

② 误差复映规律。由于毛坯加工余量和材料硬度的变化，引起切削力和工艺系统受力变形的变化，因而产生了工件的尺寸误差和形状误差。以椭圆截面切削为例说明，如图 2-87 所示。

$$\Delta_g = \Delta_1 - \Delta_2 = \frac{1}{k}(F_{p1} - F_{p2}) = \frac{C}{k}(a_{p1} - a_{p2}) = \varepsilon \cdot \Delta_m \qquad (2-23)$$

式中：Δ_g 为工件圆度误差；Δ_m 为毛坯圆度误差；k 为工艺系统刚度；ε 为误差复映系数。

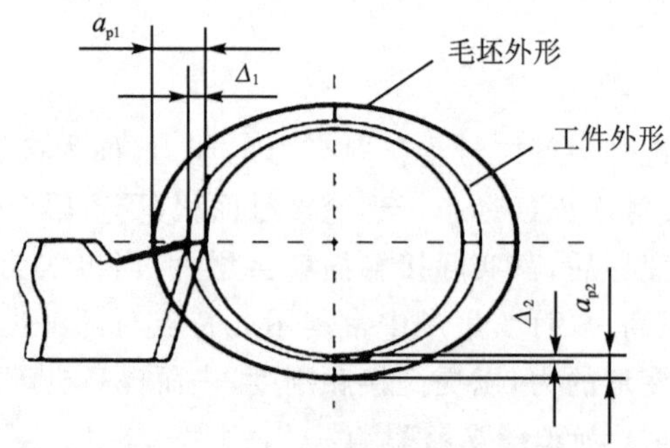

图 2-87　毛坯误差复映现象

误差复映：由于工艺系统受力变形，使毛坯误差部分反映到工件上，此种现象称为误差复映。误差复映程度可用误差复映系数来表示，误差复映系数与系统刚度成反比。机械加工中，误差复映系数通常小于 1。可通过多次走刀，消除误差复映的影响。

$$\varepsilon_\Sigma = \varepsilon_1 \cdot \varepsilon_2 \cdot \varepsilon_3 \cdots \varepsilon_n \qquad (2-24)$$

$$\varepsilon = \frac{\Delta_g}{\Delta_m} = \frac{C}{k} \qquad (2-25)$$

2) 工艺系统其他作用力变化引起的受力变化产生的加工误差

传动力、惯性力在加工中经常改变方向，与切削分力的合力大小不断变化，因而使工艺系统的受力变形发生变化，引起工件的加工误差。

夹紧力施力不当使工件在变形的状态下加工，当松夹后，弹性恢复也会出现加工误差。如图 2-88(a)中，三爪卡盘夹紧薄壁零件造成局部变形。工件卸载后恢复将导致所加工表面的圆度误差，消除这种误差的方法可以采用图 2-88(b)，将卡爪和工件之间用开口套筒隔开，使工件受力比较均匀。

减少工艺系统受力变形的途径：

① 提高工艺系统中零件的配合质量，提高接触刚度；

② 设计辅助支承，提高部件刚度；

③ 当工件成为加工误差的薄弱环节时，缩短切削力作用点和支撑点的距离也可以提高工

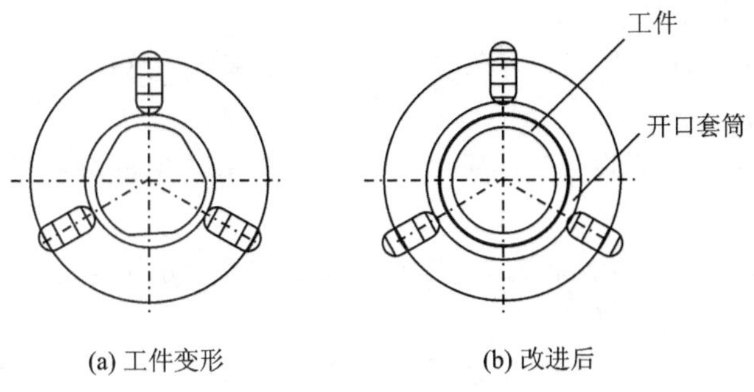

(a) 工件变形　　(b) 改进后

图 2-88　弹性恢复对加工精度的影响

件刚度。

3）工件残余应力引起的变形

残余应力是指当外部载荷去掉后，仍残存在内部的应力，存在残余应力的工件处于不稳定的状态中。

减少残余应力的方法：可在毛坯及零件粗加工后进行时效处理来消除残余应力(图 2-89)。

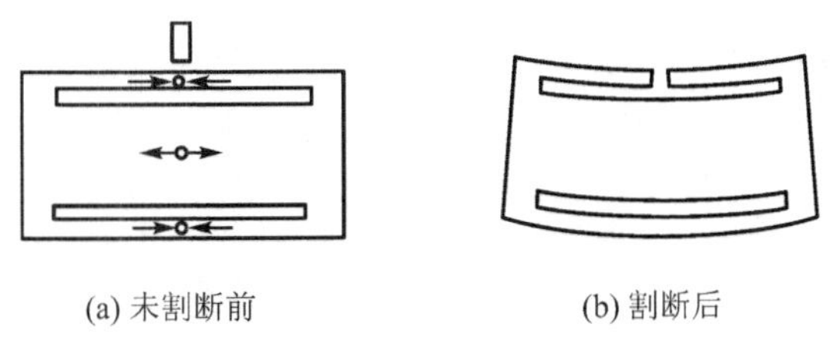

(a) 未割断前　　(b) 割断后

图 2-89　铸件残余应力引起变形

避免和消除残余应力的方法：

① 设计合理零件结构；

② 粗、精加工分开；

③ 避免冷校直；

④ 时效处理。

4. 工艺系统受热变形产生的误差

在精密加工过程中，它是影响加工精度的主要因素。工艺系统热变形的根本原因是系统内温度场分布的变化，温度场的变化取决于热量的产生、导入和传出过程。

机械加工过程中，工艺系统在各种热源的影响下，产生复杂的变形，破坏了工件与刀具相对位置和相对运动的准确性，引起加工误差。在现代的高速度、高精度、自动化加工中，工艺系统热变形问题越来越突出，已成为制造技术的重要研究课题。工艺系统主要热源为系统内部的摩擦热、切削热、外部的环境温度、阳光辐射等。在各种热源作用下，工艺系统各部分的温度逐渐升高，热源不断导入热量，同时又向周围散发热量。在温升初期工艺系统各点的温度是时间的函数，温度分布是一种不稳定的温度场。当温升到一定时间后，一般机床需要 4～6 h，单位时间内输入与散发的热量相等，工艺系统处于热平衡状态，此时的温度场稳定，其变形也相应稳定，此时引起的加工误差是有规律的。

工艺系统中的热源包括：

① 机械传动力源　如：电动机、电气箱、液压泵、活塞副。这些热量通过金属导热或液压油流动导入工艺系统。

② 传动部分　如：轴承副、齿轮副、离合器、导轨副产生的摩擦热通过金属和润滑油导入。

③ 切削热的一部分传入工件和刀具，使其产生热变形，切削热大部分被切屑和切削热带走并落在床身上使床身产生热变形。

④ 环境传来的热量　阳光照射、取暖设备及使工艺系统各部分受热不均匀而引起变形。

(1) 机床热变形对加工精度的影响

1) 主轴部件、床身导轨以及两者相对位置的热变形

机床工作时，由于内外部热源的影响，温度会逐渐升高。由于机床结构的复杂，热源不同，机床温度场一般都不均匀，使原有的机床精度遭到破坏，引起相应的加工误差。当热平衡后机床各部分热变形都停止在某种程度上，相互之间的位置和运动相对稳定。车、铣、钻、镗产生热变形的主要热源是主轴箱内传动件的摩擦热，它通过润滑油、金属等传到主轴箱体及与其相连的床身。

图2-90(a)是车床的热变形趋势，车床主轴箱的温升导致主轴线抬高，主轴前轴承的温升高于后轴承，又使主轴倾斜，主轴箱的热量经油池传到床身，导致床身中凸，更促使主轴线向上倾斜。最终导致主轴回转轴线与导轨的平行度误差，使加工后的零件产生圆柱度误差。

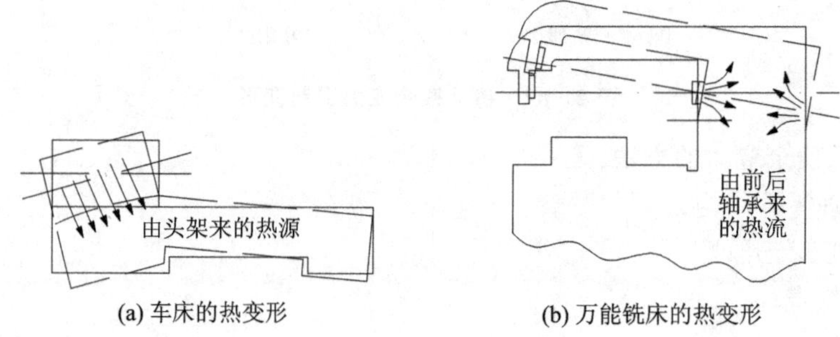

(a) 车床的热变形　(b) 万能铣床的热变形

图2-90　几种机床的热变形

减少热变形产生加工误差的措施有：

① 减少热源发热和隔离热源。

② 减少切削热和磨削热，粗、精加工分开。

③ 充分冷却和强制冷却。

④ 隔离热源。

⑤ 均衡温度场。磨床油箱置于床身内，其发热使导轨中凹，解决方法为可以在导轨下加回油槽，如图2-91所示。

⑥ 采用合理结构。图2-92所示为双端面磨床主轴热补偿。

⑦ 加速达到热平衡。可以通过高速空运转、人为加热、恒温、人体隔离等方式。

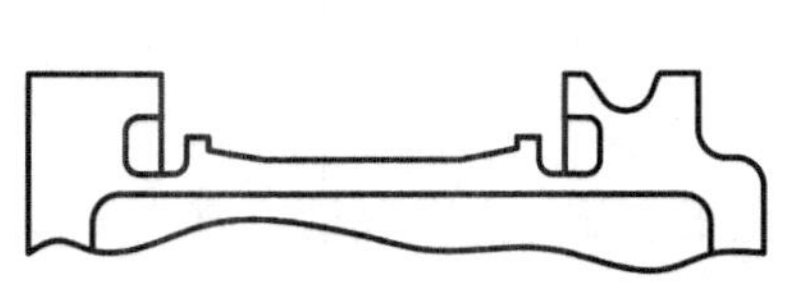

图 2-91　平面磨床补偿油沟

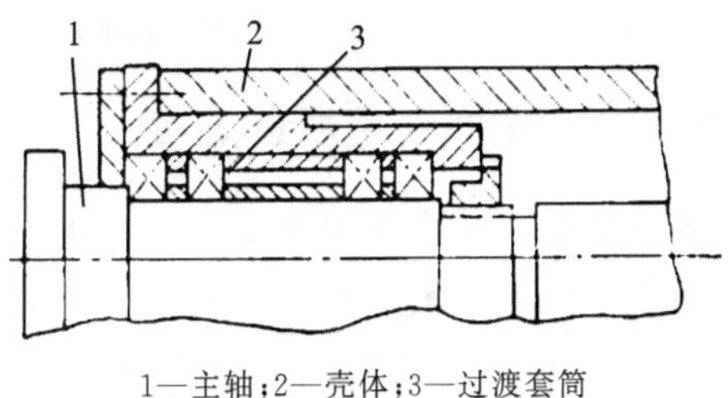

1—主轴；2—壳体；3—过渡套筒

图 2-92　双端面磨床主轴热补偿

2）刀具和工件热变形对加工精度的影响

刀具热变形的热源是切削热。传给刀具的切削热虽然少，但刀具质量小，热容量小，所以仍会有很高的温升。引起刀具的热伸长而产生加工误差，某些工件加工时刀具连续工作时间较长，随着切削时间的增加，刀具逐渐受热伸长。车刀的热伸长使加工后的工件产生圆柱度误差或端面平面度误差。在成批生产小型工件时，每个工件切削的时间较短，刀具断续工作，刀具受热和冷却是交替进行的。对每一个工件来说，产生的形状误差是较小的，对一批工件来说，在刀具未达到热平衡时，加工出的一批工件尺寸有一定的误差，造成一批工件的尺寸分散。

① 刀杆　在 10～20 min 达到热平衡，受热伸长变形量可达到 0.05 mm，但有时候和刀具的磨损相互补偿，故对加工精度影响不大。

② 工件受切削热的影响。产生变形，如果在受热膨胀的时候达到规定的尺寸，那么冷却后尺寸将会变小，甚至超差。工件受热有两种情况：一种是均匀受热，影响工件的尺寸精度；另外一种是不均匀受热，如刨、铣，上下表面产生温差的变形，影响几何形状的精度。

工件均匀受热：对于一些形状简单且对称的盘类、轴类和套类零件的内外圆加工，切削热传递比较均匀，温度在工件的全长或圆周上都比较一致，热变形也比较均匀，可根据其温升来估算工件的热变形量。

当加工较短零件时，由于走刀行程短，可忽略轴向热变形引起的误差；当车削较长零件时，在沿零件轴向位置上切削时间有先后，开始切削零件温升为零，随着切削的进行，零件受热膨胀，走刀终了时，零件直径增量最大。因此车刀的切深随走刀而逐渐增大，零件冷却之后会出现圆柱度误差，加工丝杠时，零件受热后轴向伸长成为影响螺距误差的主要因素。

在加工时，工件各部分会受热不均匀，如铣、刨、磨平面时，除在沿进给方向有温差之外，更严重的是工件单面受切削热作用，上下表面间的温度差导致工件中凸，以致中间被多切。加工完毕冷却后，加工表面就产生中凹的形状误差。一般上下表面间的温度差 1 ℃，就会产生 0.01 mm 的平面度误差。

(3) 热变形的控制

① 减少发热和隔热。将发热源尽可能放在主机外面，如将电机、液压装置和油箱放在主机外面。

② 强制冷却均衡温度场。如采取风冷、油冷等强制冷却方法，可吸收热源发出的热量，控制局部温升。

③ 从结构上采取措施减少热变形：

- 采用热对称结构，防止由于热变形发生弯曲变形，比如，双立柱结构。
- 使零件的热变形尽量不发生于影响加工精度的方向上，如：机床主轴采用前端轴向定位,后端浮动,使主轴热变形后,向后端移动。

2.5.4 提高加工精度的途径

1. 直接消除或减小原始误差

直接消除或减小原始误差就是在了解误差产生的基础上,采取措施来消除误差产生的根源。

直接减小误差法是在查明影响加工精度的主要原始误差因素后,设法对其直接进行消除或减小。它是生产中应用较广的一种基本方法,如车削细长轴,由于受力和热的影响,工件产生弯曲变形,采用"大走刀反向进给切削法"再辅之以弹簧后顶尖,可以消除轴向切削力和受热伸长引起的弯曲变形。又如薄片工件两端面的磨削,可先采用环氧树脂黏结剂或厚油脂将薄片工件在自由状态下黏结到一块平板,平板连同工件一起放到磁力吸盘上,磨平工件的上端面,再将工件从平板上取下来,以上端面为基准磨另一端平面。这样,就可以消除薄片的夹紧变形,增强薄片刚度,从而解决两平面磨削的平行问题,如图 2-93(b)所示。

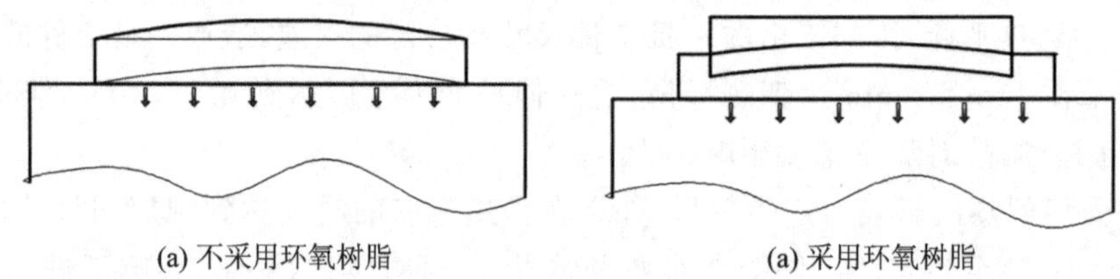

图 2-93 薄片工件两平面的磨削

2. 误差补偿

误差补偿就是人为地造成一种新的误差去抵消加工误差,尽量使两者大小相等,方向相反,从而达到减小误差的目的(见图 2-94)。精密丝杠车床就是采用校正尺从而使螺母 2 得到一个附加运动,以补偿母丝杠 3 的螺距误差的。显然,此例若仅靠提高传动链中各个元件的制造精度,是难以达到母丝杠的传动要求的。又如数控机床上的滚珠丝杠,制造时,故意将丝杠螺距磨得比标准值小些,装配时预加拉伸力使丝杠螺距拉长至标准螺距,补偿了制造误差,且同时产生了预紧压应力。工作时,丝杠受热伸长恰好抵消了丝杠的预紧伸长度而保持了标准螺距,从而消除了热变形引起的原始误差。

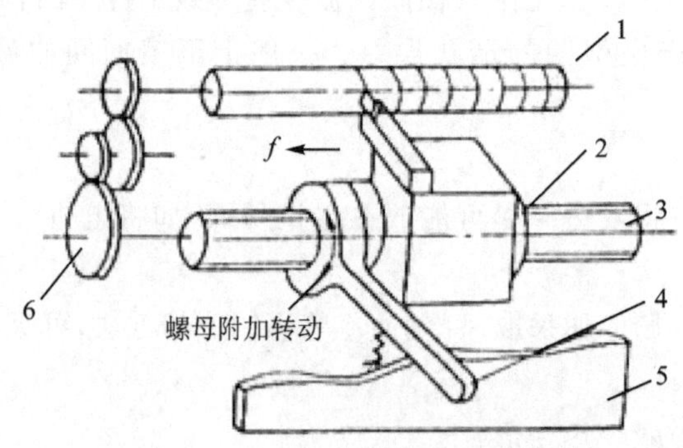

1—工件;2—螺母;3—母丝杠;4—摆杆;5—校正尺;6—挂轮

图 2-94 校正机构原理图

3. 误差转移

误差转移法就是转移工艺系统的几何误差，如受力变形和热变形等，其实质就是将原始误差从误差敏感方向转移到误差非敏感方向上去。如图 2-95 所示为转塔车床刀架转位误差的转移。

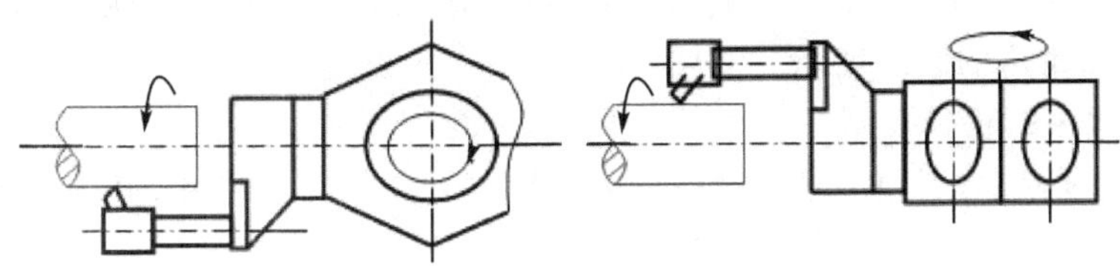

(a) 在水平面敏感方向加工外圆　　(b) 在竖直面非敏感方向加工外圆

图 2-95　转塔车床刀架转位误差的转移

误差转移法现场的实例很多，如当机床精度达不到零件加工要求时，常常不是一味提高机床精度，而是在工艺上或夹具上想办法。创造条件，使机床的误差不传递到工件上去。这种"以粗干精"的方法在箱体孔系加工时经常采用。当镗床主轴线与导轨有平行度误差时，镗杆与主轴之间采用浮动连接，镗杆的位置精度由镗夹具的前后支承确定，机床主轴的原始误差就转移掉了，不再影响加工精度。

图 2-96 中，大型龙门铣床的结构中采用转移变形的例子：在横梁上再安装一根附加的梁，使它承担铣头的质量，这样一来就将横梁承受的质量转移到附加梁上了。于是把原来下垂的受力变形也转移到了附加梁上。由此可见附加梁的受力变形对加工精度不起任何影响。

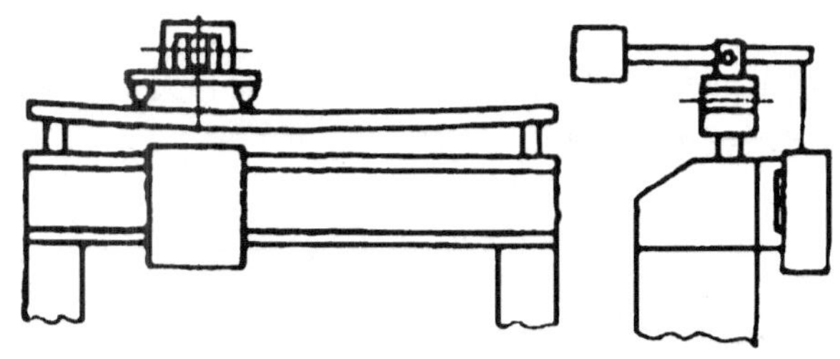

图 2-96　横梁变形的转移

4. 误差分组

误差分组就是将加工精度要求高，并且很难达到的公差范围加以扩大，然后精密测量全部零件，将零件分组，再对应装配起来。

在生产中，会遇到这种情况，本工序的加工精度是稳定的，工艺能力也足够，但毛坯或上道工序加工的半成品精度发生了变化，引起定位误差或复映误差过大，不能保证加工精度。如果要求提高精度或上道工序的加工精度，往往是不经济的。这时可采用误差分组法，把毛坯或半成品的尺寸按误差大小分成 n 组，每组毛坯的误差就缩小为原来的 $1/n$，然后按各组尺寸分别调整刀具与工件的相对位置或调整定位元件，就可以大大缩小整批工件的尺寸分布范围。这样的方法比起直接提高本工序的加工精度要简便易行。

5. 误差平均

误差平均就是利用有密切关系的表面相互比较、相互检查，从对比中找出差异，或互为基准进行加工,如:对研平板,精密丝杠与螺母互研。对研和互研的过程就是误差不断减小的过程。

6. 就地加工达到最终精度

就地加工达到最终精度就是将零件装配到机器的确切位置,然后利用机器本身的相互运动关系,对零件上关键的定位表面进行加工,消除装配时误差累积的影响,如:修正卡盘平面的垂直度,修正卡盘爪的同心度。

7. 加工过程中的积极控制

就是在加工过程中,利用测量装置连续地测量出工件的实际尺寸、形状及位置误差,并与基准值进行比较,随时修正刀具与工件的相对位置。

2.5.5 机械加工表面质量

1. 概　述

任何机械加工得到的零件表面,都不是完全理想的光滑表面,总是存在一定的微观几何形状偏差。同时,表面层材料的物理力学性能也会发生一定的变化,表面还会产生一定的氧化物和嵌入的其他异物。

(1) 加工表面质量的含义

表面质量是指机器零件加工后表面层的状态,主要指的是表面粗糙度、表面波度和表面层的物理力学性能。表面质量的主要内容有两部分。

1) 表面层的几何形状

表面粗糙度:是指表面微观几何形状误差,其波长与波高的比值(L_1/H_1)在小于40的范围内。

表面波度:是介于加工精度(宏观几何形状误差L_3/H_3)大于1 000和表面粗糙度之间的一种带有周期性的几何形状误差,如图2-97所示。

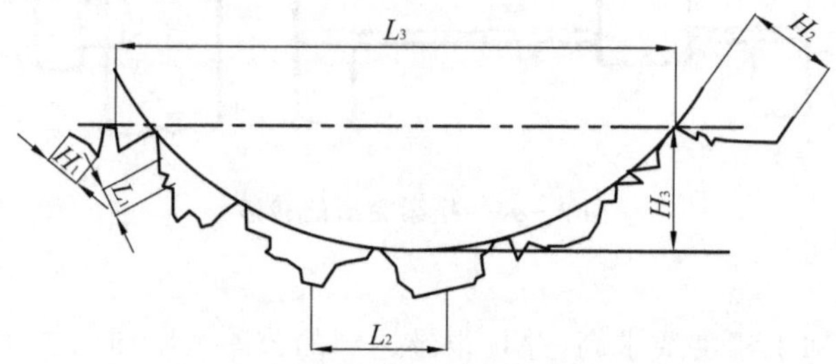

图2-97　表面几何形状

2) 表面层的物理机械性能

表面层冷作硬化,零件在机械加工中表面层金属产生强烈的冷态塑性变形后,引起的强度和硬度都有所提高的现象。

表面层金相组织的变化,由于切削热引起工件表面温升过高,表面层金属发生金相组织变化的现象。

表面层残余应力是由于加工过程中受切削变形和切削热的影响,工件表面层产生的残余应力。

3）加工表面质量对零件使用性能的影响

① 对零件耐磨性的影响　在摩擦副材料的热处理情况和润滑条件已经确定的情况下，零件的表面质量对耐磨性能起决定性的作用。两个表面粗糙度值很大的零件相互接触，最初接触的只是一些凸峰顶部，实际接触面积比名义接触面积小得多（例如车或铣加工后的表面，实际接触面积仅为名义接触面积的15%～20%，精磨后可达到30%～50%，只有研磨后才能达到90%～97%），这样单位接触面积上的压力就很大。当压力超过材料的屈服极限时，凸峰部分产生塑性变形；当两个零件做相对运动时，就会产生剪切、凸峰断裂或塑性滑移，初期磨损速度很快。

图2-98是实验所得的不同表面粗糙度对初期磨损量的影响曲线。曲线存在着某个最佳点，这个点所对应的是零件最耐磨的粗糙度，具有这样粗糙度的零件初期磨损量最小。如载荷加重或润滑条件恶化，磨损曲线将向上向右移动，最佳粗糙度值也随之右移，在表面粗糙度大于最佳值时，减小表面粗糙度值可减少初期磨损量。例如，在使用时精磨的轴颈比粗磨的轴颈初期磨损量少1/6，但当表面粗糙度小于最佳值时，零件实际接触面积就增大，接触面之间的润滑油被挤出，金属表面直接接触，因金属分子间的亲和力而发生黏结（冷焊），并且随着相对运动的进行，黏结处在剪切力的作用下发生撕裂破坏。有时还因为摩擦产生高温，摩擦面局部熔化等原因，使接触表面遭到破坏，初期磨损量反而急剧增加。因此一对摩擦副在一定的工作条件下通常有一最佳的表面粗糙度值，在确定机器零件的技术条件时应该根据零件工作的情况及有关经验，规定合理的粗糙度。

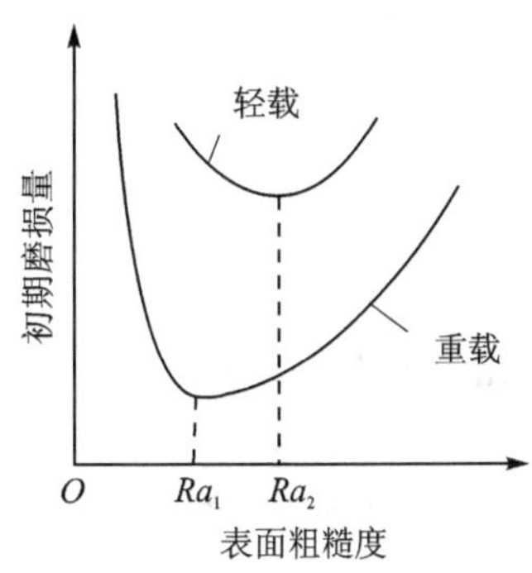

图2-98　表面粗糙度与初期磨损量的关系

表面粗糙度对耐磨性能的影响，还与粗糙度的轮廓形状及纹路方向有关。试验表明，耐磨性决定于轮廓峰顶形状和凹谷形状。

另外，表面层的冷硬度可显著减少零件的磨损。冷硬提高了表面接触点的屈服强度，减少了进一步塑性变形的可能性，并减少了摩擦表面金属的冷焊。但是如果表面硬化过度，零件心部和表面层硬度差过大，会发生表面层剥落现象，磨损加剧。表面层的金相组织变化时，由于改变了机体材料原来的硬度，因而也直接影响其耐磨性。

② 对零件疲劳强度的影响　在周期性的交变载荷作用下，零件表面微观不平与表面的缺陷一样都会产生应力集中现象，而且表面粗糙度值越大，即凹陷越深和越尖，应力集中越严重，越容易形成和扩展疲劳裂纹而造成零件的疲劳损坏。实践证明，粗糙度 Ra 的值由 0.4 μm 降到 0.04 μm 时，承受交变载荷的零件疲劳强度可提高30%～40%。

钢件对应力集中敏感，且强度越高，表面粗糙度对疲劳强度的影响越大，故高强度钢在承受交变载荷时，应要求零件具有更为光洁的表面，含有石墨的铸铁件对应力集中不敏感，表面粗糙度对疲劳强度的影响就不明显。

此外，加工纹路方向对疲劳强度的影响也很大，如果刀痕与受力方向垂直，则疲劳强度将显著降低。零件表面的适当冷硬能够阻碍裂纹的扩大和新裂纹的出现。表面层的内应力对疲劳强度的影响也很大，一般表面层残余的压应力能延缓疲劳裂纹扩展，而残余拉应力则容易使已加工表面产生裂纹而降低疲劳强度。

③ 对零件抗腐蚀性能的影响　零件表面粗糙度值越大,潮湿空气和腐蚀介质越容易堆积在零件表面凹处而发生化学腐蚀,或在凸峰产生电化学作用而引起电化学腐蚀,故抗腐蚀性能越差。表面冷硬和金相组织变化都会产生内应力。零件在应力状态下工作时,会产生应力腐蚀,若有裂纹,则更增加了应力腐蚀的敏感性。因此表面内应力会降低零件的抗腐蚀性能。

④ 对零件的其他影响　表面质量对零件的配合性能,密封性能及摩擦系数都有很大的影响。表面粗糙度值越大,初期磨损量越大,对间隙配合来说,使用不久就会使配合性质发生变化,对过盈配合来说,压装时会减少过盈量,降低配合强度。

零件表面层状态对其使用性能有如此大的影响是因为承受载荷应力最大的表面层是金属的边界,机械加工后破坏了其晶粒的完整性,从而降低了表面的某些机械性能。表面层有裂纹、加工痕迹等各种缺陷,在间隙载荷的作用下,可能引起应力集中而导致破坏。零件表面经过加工后,表面层的物理、机械、冶金和化学性能都变得和基体材料不同了。

(2) 影响表面质量的因素

1) 影响机械加工表面质量的因素

① 几何因素　形成粗糙度的几何因素是刀具相对于工件作进给运动时在加工表面上遗留下来的切削层残留面积。如图2-99所示,被加工表面上残留的面积越大,表面就越粗糙。其理论上的表面最大粗糙度 $Ra_{\max}$ 可由刀具形状、进给量 f,按几何关系求得,如图2-99(a)所示。

当不考虑刀尖圆弧半径时,

$$Ra_{\max}=\frac{f}{\cot\kappa_\gamma/\cot\kappa'_\gamma}$$

式中:f 为刀具的进给量;κ_γ、κ'_γ分别为刀具的主偏角和副偏角。

当背吃刀量和进给量很小时,表面粗糙度主要由刀尖圆弧构成,如图2-99(b)所示,此时

$$Ra_{\max}=\frac{f^2}{8r_\tau}$$

式中:r_τ 为刀尖圆弧半径,mm。

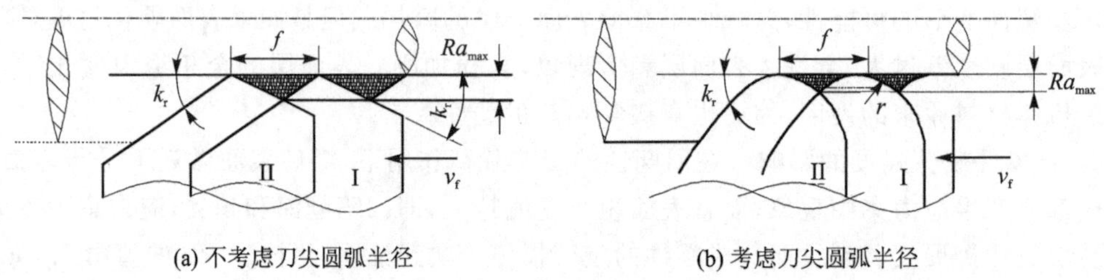

(a) 不考虑刀尖圆弧半径　　(b) 考虑刀尖圆弧半径

图2-99　刀具对表面粗糙度的影响

由公式可知,减小进给量,减小主、副偏角,增大刀尖圆角半径,都能降低零件的表面粗糙度。其中,进给量对表面粗糙度影响较大,进给量较小时有利于粗糙度的降低,但生产率也成比例地下降,还会因薄层切削容易激起振动,使表面粗糙度急剧增加而恶化零件的表面质量。

减小主、副偏角均有利于表面粗糙度的降低,但在精加工时,切削深度较小,且刀尖都带有一定的圆角,这时主、副偏角不参与残留面积的构成,使主、副偏角对表面粗糙度的影响较小。

刀尖圆角半径的增加,会引起吃刀抗力的增加,容易造成工艺系统的振动。

② 物理因素　由图 2－100 可知，切削加工后表面的实际表面粗糙度与理论表面粗糙度有比较大的差别，主要是被加工材料的性能及切削机理有关的物理因素的影响。切削过程中，刀具的刃口圆角及后刀面对工件挤压与摩擦而产生塑性变形。韧性越好的材料，塑性变形就越大，且容易出现积屑瘤与鳞刺，使表面粗糙度严重恶化。还有切削用量、冷却润滑液和刀具材料等因素的影响。

图 2－100　塑性材料加工后实际轮廓和理论轮廓

③ 降低表面粗糙度的措施：

a. 合理选择切削速度。图 2－101 是硬质合金钢刀具切削钢料时，切削速度对表面粗糙度的影响图线。在较低速度时，表面粗糙度很大，且随着切削速度的增大而增大。当切削速度约为 25 m/min 时，积屑瘤高度最大，使得表面粗糙度最大。之后，表面粗糙度随着切削速度的增加而下降，当切削速度大于 100 m/min 时，表面粗糙度基本稳定不变。切削速度很低时，表面粗糙度也小，所以，通常铰削、拉削常采用 1～5 m/min 的切削速度。

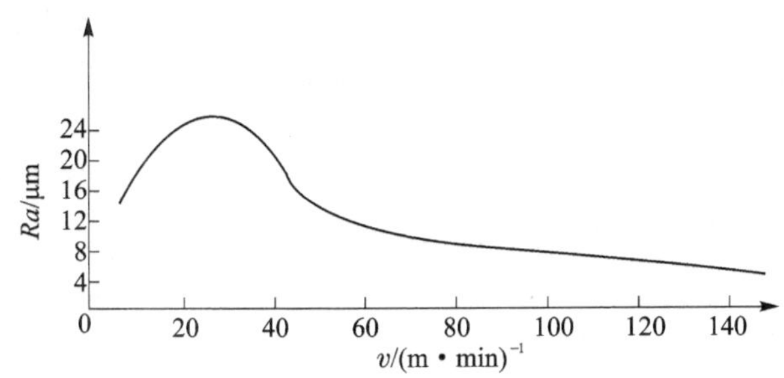

图 2－101　切削钢材的速度对表面粗糙度的影响

对于塑性大的材料，适当地提高切削速度，可防止积屑瘤的产生，从而降低表面粗糙度。而切削铸铁一类脆性材料时，基本上不形成积屑瘤，故切削速度对表面粗糙度的影响较小。

b. 改善材料的切削性能。塑性大的材料因积屑瘤的影响不易被车光洁，而通过适当的热处理可降低材料的塑性，可防止积屑瘤的产生。积屑瘤的形成与切削温度有密切的关系，而切削温度又与材料的强度和热导率有密切的关系，材料的强度和热导率取决于金相组织。例如，铁素体-珠光体组织的材料，加工后的表面最粗糙，而索氏体较好些，屈氏体则更好些。正火后的组织均匀，粒度细密，易于得到光洁的表面。

c. 正确选择切削液。选用合适的切削液不但能提高刀具的使用寿命，而且对加工表面粗糙度也有明显的影响。因为切削液的冷却作用可降低切削温度，切削液的润滑作用可使刀具和被加工表面间的摩擦状况得到改善。

2）影响磨削加工表面粗糙度的因素

砂轮在磨削工件时，磨粒在砂轮表面的高度不一致。磨削过程比金属切削刀具的切削过程要复杂得多，影响磨削表面粗糙度的因素有很多。

① 几何因素　砂轮上磨粒的微刃形状及分布对磨削后的表面粗糙度有显著影响。磨削表

面是由砂轮上大量的磨粒刻画出无数极细的沟槽形成的,单位面积上刻痕越多,即通过每单位面积的磨粒数就越多,砂轮的粒度越细,表面粗糙度值越低。另外,砂轮的修整质量越高,砂轮工作表面上的等高微刃(见图2-102)就越多,刻痕的等高性越好因而磨出的工件表面粗糙度值也越小。

图2-102 磨粒上的微刃

② 物理因素。大多数磨粒只有滑擦、耕犁作用。在滑擦作用下,被加工表面只有弹性变形,不产生切屑;在耕犁作用下,磨粒在工件表面上划出一条沟痕,工件材料被挤向两边产生隆起。此时产生塑性变形但仍不产生切屑。多次磨削后,工件表面经后继磨粒的多次挤压因疲劳而断裂、脱落,所以加工表面的塑性变形很大,表面粗糙度值也大。

a. 砂轮的线速度。提高砂轮线速度可以增加单位时间内工件单位面积上的刻痕数,残留面积减小,每颗磨粒切去的金属厚度也减少。同时高速下塑性变形的传播速度小于磨削速度,材料来不及变形,使塑性变形造成的隆起量随着砂轮速度的增大而下降,因而表面粗糙度可以显著减低。

b. 工件的线速度。在其他磨削条件不变的情况下,工件线速度降低,每个磨粒每次接触工件时切去的切削厚度减少,残留面积减小,因而粗糙度降低。但工件速度过低时,工件与砂轮接触的时间长,传到工件上的热量增多,可能造成工件表面金属微溶,反而使表面粗糙度增加,而且还增加表面烧伤的可能性。

c. 进给量增大,磨削径向进给量将增加塑性变形的程度,从而增大表面粗糙度。通常在磨削过程开始时采用较大的径向进给量,以提高生产率,而在最后采用小径向进给量或无径向进给量磨削,以减小表面粗糙度值。磨削时采用较小的轴向进给量,可使磨削后表面粗糙度较低。

d. 光磨次数越多,表面粗糙度越低。光磨系无进给磨削,是提高磨削表面质量的重要手段之一。生产中,磨削烧伤层如果很薄,在本工序中,通过几次无进给磨削能把烧伤层去掉。

e. 砂轮选择。砂轮磨料的磨粒刃尖钝圆半径的大小取决于磨粒的硬度、脆性和强度。提高磨粒的硬度、脆性和强度,可形成较小的钝圆半径,在使用中也容易保持锋利,还有助于抑制磨削烧伤。砂粒粒度越细,砂轮单位面积上的磨粒越多,每颗磨粒切去的金属厚度越少,刻痕也就越细,粗糙度就降低。为了避免发热量大而引起磨削烧伤,宜选用较粗的磨粒。砂轮硬度太软,则磨粒易脱落,有利于保持砂轮的锋利,但难以保证砂轮的等高性;砂轮硬度太硬,磨损了的磨粒也不易脱落,会加剧与工件表面的挤压和摩擦作用,造成工件表面温度升高,塑性变形加大,并且还容易使工件产生表面烧伤。因此,砂轮硬度以适中为好,主要根据工件的材料和硬度进行选择。

f. 工件材料的影响。工件材料对磨削区表面层温度的影响主要取决于它的硬度、强度、韧性和热导率。工件材料的强度越高,磨削加工中所消耗的功率越多,工件材料的韧性越大,磨削力越大,弹性模量小的材料,在加工过程中弹性恢复良好,因此引起磨料与已加工表面的强烈摩擦,促使温度上升。

工件材料的性质对磨削粗糙度影响也很大,太硬、太软、太韧的材料都不容易磨光。因为材料太硬时,磨粒很快钝化,从而失去切削能力;材料太软时,砂轮又容易被堵塞;韧性太大且导热性差的材料易使磨粒早期崩落。这些都不利于获得低的表面粗糙度。另外，引起磨削表面粗糙度增大的原因还往往是工艺系统的振动所致，增加工艺系统刚度和阻尼，调整砂轮的动平衡以及合理地修整砂轮可显著降低表面粗糙度。

2. 机械加工表面物理力学性能

影响机械加工表面物理力学性能的因素有：表面层残余应力，冷塑性变形，热塑性变形，金相组织变化，表面层冷作硬化。

① 表面层残余应力　切削过程中金属材料的表层组织发生形状变化和组织变化时，在表层金属与基体材料交界处将会产生相互平衡的弹性应力，该应力就是表面层残余应力。零件表面若存在残余压应力，可提高工件的疲劳强度和耐磨性；若存在残余拉应力，就会使疲劳强度和耐磨性下降。如果残余应力超过了材料的疲劳强度极限时，会使工件表面产生裂纹，加速工件的破损。

② 冷塑性变形　在切削过程中，表面层材料受切削力的作用引起塑性变形，使工件材料的晶格拉长和扭曲。由于原来晶格中的原子排列是紧密的，扭曲之后，金属的密度下降，体积增加，造成表面层金属体积发生变化，于是基体金属受其影响而处于弹性变形状态。切削力去掉后，基体金属趋向复原，但受到已产生塑性变形的表层金属的牵制，由此而产生残余应力。通常表面层金属受刀具后面的挤压和摩擦影响较大，其作用使表面层产生冷态塑性变形，表面体积变大，但受基部金属的牵制而产生残余压应力，而基部金属产生残余拉应力，表里两部分应力相平衡。

③ 热塑性变形　工件加工表面在切削热作用下热膨胀，此时基体金属温度较低，因此表层金属的热膨胀受到基体的限制而产生热压缩应力。当表面层金属的应力超过材料的弹性变形范围时，就会产生热塑性变形。当切削过程结束时，温度下降至与基体温度一致的过程中，表层金属的冷却收缩，造成了表面层的残余拉应力，里层则产生与其相平衡的压应力。工件材料的导热越差，因热变形产生的残余应力也越严重，如硬质合金因导热差，在磨削中若急冷，则容易产生裂纹。

④ 金相组织变化　切削加工时，切削区的高温将引起工件表层金属的相变。磨削淬火钢时，若温度超过相变温度时，则工件表层淬火马氏体就会变成回火索氏体，或回火屈氏体组织，体积下降；但受到下层金属的阻碍，在表面层产生拉应力。下层金属产生压应力。当磨削温度超过 A_{C_3} 线以上时，由于受到冷却液的急冷作用，可能在表层产生二次淬火马氏体组织，其比容较里层回火组织大，因而表层产生压力大，回火组织层产生拉应力。

实际加工中，表面层产生的应力是冷塑性变形、热塑性变形和金相组织变化综合的结果。

⑤ 表面层冷作硬化　机械加工过程中产生的塑性变形，使晶格扭曲、畸变、滑移和拉长，使表面里层金属硬度增加，称为冷作硬化。它会增大金属的变形阻力，减小金属的塑性。金属的物理性质也有所变化。

3. 提高加工表面质量的途径

(1) 精密加工

获得 IT5～IT7 的经济加工精度，表面粗糙度 Ra 小于 1.25 μm。

① 精密车削　切削速度高，可达 160 mm/min，背吃刀量小(0.02～0.2 mm)，进给量小(0.03～0.05 mm/r)，加工精度可达到 IT5～IT6，Ra 0.8～0.2 μm 刀具采用细颗粒的硬质合金，当加工精度要求更高时，有色金属采用金刚石，黑色金属采用 CBN 或陶瓷材料。

② 高速精镗(金刚镗)　广泛应用于不适宜用内圆磨削加工的各种结构零件的精密孔，如活塞销孔、连杆孔和箱体孔等。切削速度为150～500 mm/min，背吃刀量小于0.075 mm，进给量为0.02 ～0.08 mm/r。一般采用硬质合金刀具，精度要求高的时候采用金刚石刀具。

③ 宽刃精刨　刃宽为60～200 mm；低速，可达5～10 mm/min；背吃刀量小，可达0.005～0.1 mm；直线度高，平面度高，表面粗糙度 Ra 为0.8 μm以下。宽刃精刨要求机床有足够的刚度和很高的运动精度。刀具材料常采用YG8、YT5或W18Cr4V。加工中最好能在刀具的前刀面和后刀面同时浇注切削液。

④ 高精度磨削　高精度磨削可使加工表面获得很高的尺寸精度、位置精度、几何形状精度以及较小的表面粗糙度值。通常，表面粗糙度 Ra 0.1～0.5 μm为精密磨削，Ra 0.025～0.012 μm为超精密磨削，Ra 0.008 μm以下为镜面磨削。

(2) 光整加工

粒度很细的磨料对工件表面进行微量切削、挤压和刮擦的一种加工方法。

光整加工工艺的特点是没有与磨削深度相对应的磨削用量参数，一般只规定加工时的很低的单位切削压力，因此加工过程中的切削力和切削热都很小，从而能获得很低的表面粗糙度值，表面层不会产生热损伤，并具有残余压应力。所使用的工具都是浮动连接，由加工面自身导向而相对于工件的定位基准没有确定的位置、所使用的机床也不需要具有非常精确的成型运动。这些加工方法的主要作用是降低表面粗糙度，一般不能纠正形状和位置误差，加工精度主要由前面工序保证。

① 研　磨　包括手动和机械两种方式。研磨是用研具以一定的相对运动速度(粗研时取0.67～0.83 m/s，精研时取0.1～0.2 m/s)在0.12～0.4 MPa压力下与被加工面做复杂相对运动的一种光整加工方法。

② 超精研磨　研具为磨条(油石)，磨条沿工件轴向振动和低速进给，工件同时慢速旋转。

③ 珩　磨　珩磨头做旋转和直线往复运动，进给速度一般不大于20 m/min，对于淬火钢，进给速度不大于12 m/min，表面粗糙度 Ra 为0.025～0.20 μm，加工余量较小。

④ 抛　光　抛光是在布轮、布盘或砂带等软的研具上涂以抛光膏来加工工件的。抛光器具高速旋转，由抛光膏的机械刮擦和化学作用将粗糙表面的峰顶去掉，从而使表面获得光泽镜面(Ra 0.16～0.04 μm)。

(3) 表面强化工艺

表面强化的目的：改善工件表面的硬度和残余应力，提高零件的物理性能。机械表面强化工艺包括：

① 挤压加工　利用截面形状与工件孔形相同的挤压工具(胀头)，在两者之间保持一定过盈量的条件下推孔或拉孔使其表面强化。这种方法效率高，加工质量高，常用于小直径孔的最终工序。

② 滚压加工　提高表面粗糙度值2～3级，提高硬度10%～40%，表面层的疲劳强度提高30%～50%，滚珠的材料为硬质合金或者高速钢。用工具钢淬硬制成的钢滚轮或钢珠在零件上进行滚压，如图2-100(b)所示，使表层材料产生塑性流动，形成新的光洁表面。表面粗糙度 Ra 可自1.6 μm降至0.1 μm，表面硬化深度达0.2～1.5 mm，硬化程度提高10%～40%。

③ 喷丸强化　珠丸材料为铸铁、铝、钢、玻璃，以35～50 m/s的速度，用压缩空气或者离

心力将大量直径细小(0.4～2 mm)的珠丸喷出，图 2－103(a)所示为使工件表面产生残余压应力和冷硬层。

(4) 减少机械加工过程中的振动

一般说来，机械加工过程中的振动是一种十分有害的现象，它对于加工质量和生产效率都有很大影响，必须认真对待。在切削过程中，当振动发生时，加工表面将恶化，产生较明显的表面振痕。当机械加工过程中出现影响加工质量的振动时，首先应该判别这种振动是强迫振动还是自激振动，然后再采取相应措施来消除或减小振动。消除振动的途径有三个：消除或减弱产生振动的条件、改善工艺系统的动态特性和采用消振减振装置。

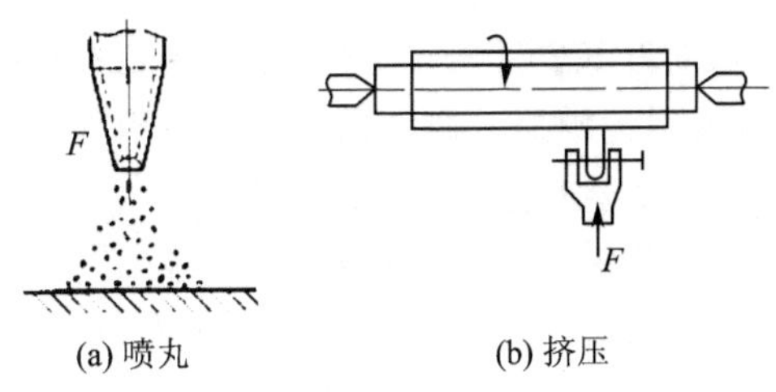

图 2－103 常用的冷压强化工艺方法

1) 消除或减弱产生振动的条件

① 消除或减弱产生强迫振动的条件：

a. 减小机床内外干扰力，机床上高速旋转的零部件必须进行平衡，使质量不平衡控制在允许范围内。

b. 调整振源频率，由强迫振动的特征可知，当干扰力的频率接近系统某一固有频率时，就会发生共振。因此，可通过改变电机转速或传动比，使激振力的频率远离机床加工薄弱环节的固有频率以免共振。

c. 采取隔振措施，使振源产生的部分振动被隔振装置所隔离或吸收。隔振方法有两种：一种是主动隔振，阻止机内振源通过基地外传；另一种是被动隔振，阻止机外干扰力通过地基传给机床。

② 消除或减弱自激振动：

a. 减小重叠系数 μ，如图 2－104 所示，再生型颤振是由于在有波纹的表面上进行切削引起的，如果本转(次)切削根本就不与前转(次)切削振纹相重叠，就不会发生再生型颤振。

$$\mu=\frac{b_{\mathrm{d}}}{b}(\text{切削})\qquad \mu=\frac{B-f_{\mathrm{a}}}{B}(\text{磨削}) \tag{2-26}$$

式中：b_{d} 为等效切削宽度，即本次切削实际切到了上次切削残留振纹在垂直于振动方向投影宽度；b 为本次切削在垂直于振动方向上的切削宽度；B 和 f_{a} 为砂轮宽度与轴向进给量。

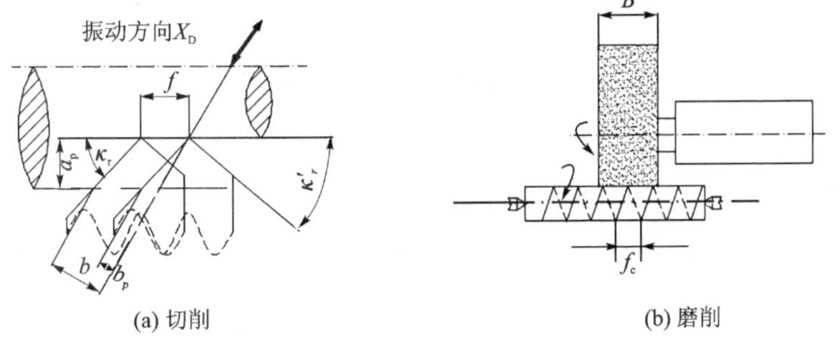

图 2－104 重叠系数

b. 减小切削刚度,可以减小切削力,降低切削厚度的变化效应和振型耦合效应。改善工件材料的可加工性、增大前角、增大主偏角和适当地增大进给量可使切削刚度下降。

c. 增加切削阻尼,适当增大前角、主偏角,后角可尽量取小,但在精加工中,由于前角较小,切削刃不容易切入工件,而且后角过小时,刀具后面与加工表面间的摩擦可能过大,这样反而容易引起颤振。通常在车刀的主后面上磨出一段负倒棱,能起到很好的消振作用。

2) 改善工艺系统动态特性

① 提高工艺系统的刚度　提高工艺系统薄弱环节的刚度,可以有效地提高机床加工系统的稳定性,提高各结合面的接触刚度;对主轴支承加预载荷,对刚性较差的工件增加辅助支承等都可以提高工艺系统的刚度。

② 增大工艺系统阻尼　可以通过多种方式进行,例如,使用高内阻材料制造零件增加运动件的相对摩擦,在床身、立柱的封闭内腔中充填型砂,在主振方向安装阻振器等。图 2-105 所示为零件上加阻尼材料。

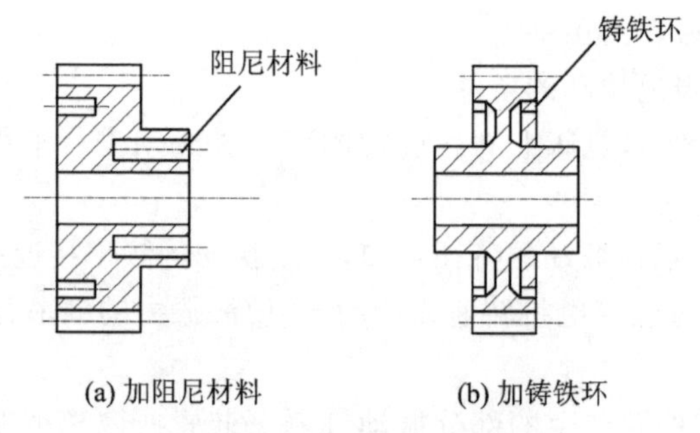

(a) 加阻尼材料　(b) 加铸铁环

图 2-105　零件上加阻尼材料

③ 各种消振装置　常用的减振装置有动力式减振器、摩擦式减振器和冲击式减振器三种类型。图 2-106 所示为冲击式减振镗刀与减振镗杆。

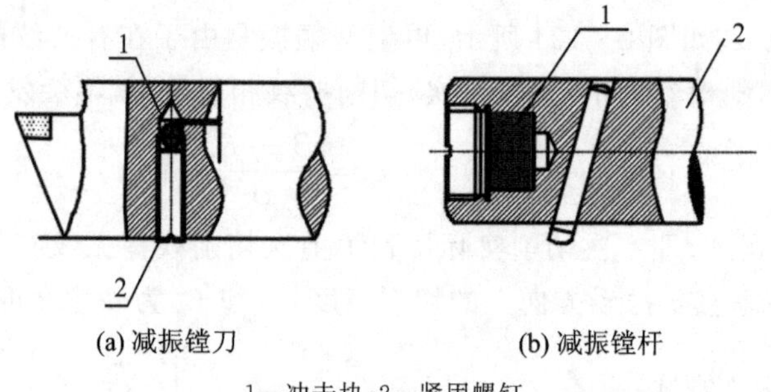

(a) 减振镗刀　(b) 减振镗杆

1—冲击块;2—紧固螺钉

图 2-106　冲击式减振镗刀与减振镗杆

习　题

1. 切削加工由哪些运动组成?它们各有什么作用?

2. 切削用量 3 要素如何定义?怎样表示?举例说明它们与切削层厚度 h_D 和切削层宽度 b_D 各有什么关系。

3. 平面参考系由哪些平面组成?它们是如何定义的?

4. 刀具的工作角度和标注角度有什么区别?影响刀具工作角度的主要因素有哪些?试

举例说明。

5. 刀具的前角、后角、主偏角、副偏角、刃倾角各有何作用?

6. 刀具材料应具备哪些性能?

7. 积屑瘤是如何产生的? 积屑瘤对切削过程有何影响? 减小积屑瘤可采取哪些措施?

8. 切屑类型分为哪几种? 各在什么条件下产生?

9. 何为加工硬化? 加工硬化对切削加工有什么影响?

10. 切削力来源于哪几个方面? 为便于测量计算,常将合力 F 分解为哪几个分力?

11. 影响切削热的产生和传导的因素是什么?

12. 何为刀具的正常磨损和非正常磨损? 各表现为哪些形式?

13. 写出下列机床型号的含义:CM1107A、CA6140、Y3150E、MGB1432A、C6132A、C1312、T4140、L6120、X5032、DK7752。

14. 何为加工精度? 何为加工误差? 加工精度包括哪几个方面的内容?

15. 何为误差复映现象? 试举例说明

16. 何为残余应力? 它是怎样产生的? 对加工工件有什么影响? 减少或消除残余应力的措施有哪些?

第 3 章　现代制造技术

3.1　超精密加工技术

3.1.1　精密加工与超精密加工的基本概念

1. 精密加工与超精密加工的定义

精密加工是指在一定的发展时期，加工精度与表面质量达到较高程度的加工工艺。超精密加工则是指在一定的发展时期，加工精度与表面质量达到最高程度的加工工艺。显然，在不同的发展时期，精密加工与超精密加工有着不同的标准。

2. 加工精度与年代之间的关系

图 3-1 显示了加工精度与年代之间的关系。

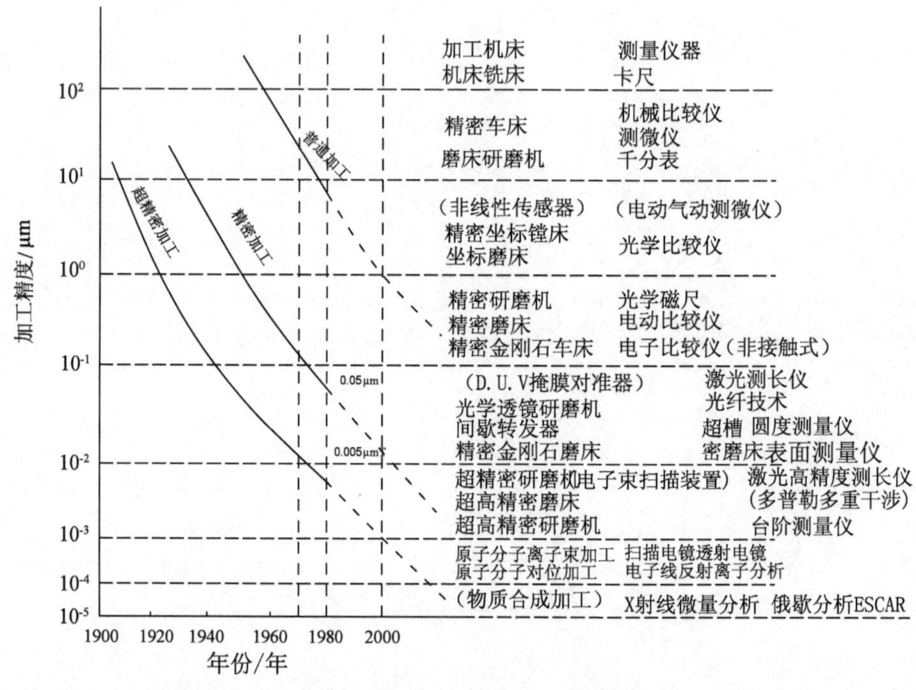

图 3-1　加工精度与年代之间的关系

从图 3-1 中可见，传统的机械加工方法（普通加工）与精密加工和超精密加工方法一样，随着新技术、新工艺、新设备以及新的测试技术和仪器的采用，其加工精度都在不断地提高。加工精度的不断提高，反映了加工工件时材料的分割水平不断由宏观进入微观世界的发展趋势。随着时间的进展，原来认为是难以达到的加工精度会变得相对容易。因此，普通加工、精密加工和超精密加工只是一个相对概念，其间的界限随着时间的推移不断变化。当前一般认为：

普通加工所达到的精度是1 μm(称为微米加工),精密加工所达到的精度是0.1～0.01 μm(称为亚微米加工),而超精密加工所达到的精度是0.001 μm(称为纳米加工)。

3. 提高机械加工精度的技术基础

加工精度的提高主要有两种表现形式:一是机械加工精度的不断改进,二是各种非传统(非机械)加工方法的使用(见3.3节)。而机械加工精度的提高有赖于下面技术的发展:

① 新的机械加工工艺方法的研究与应用。如现在已创造出单刃金刚石刀具精密、超精密车削及铣削的新工艺,砂带磨削工艺等。

② 新型刀具材料的研制和采用。如应用涂层硬质合金、聚晶立方氮化硼、人造金刚石材料和单晶金刚石刀具等。

③ 新型超精密加工机床的使用。该类机床多采用空气轴承,一般具备低速进给机构和微量进刀机构,并具有优越的抗热、抗振特性。

④ 新的测量手段和测量方法的应用。精密加工和超精密加工的实现有赖于相应测量手段和测量方法的使用。例如,应用光学的或电磁的计量方法,可在加工过程中对加工精度进行自动监控。而以亚微米级加工精度为计量对象的非接触测量系统的研制和使用,是近些年来实现自动化精密加工的重大研究课题。

图3-2是采用激光高速扫描的尺寸计量系统。它采用平行光管透镜将激光准确地调整到多角形旋转扫描镜上聚焦。激光扫描被测工件两端,根据扫描镜旋转角、扫描镜旋转速度、扫描镜和透镜之间的间隔(即透镜焦点距离)等数据计算出被测工件的尺寸。

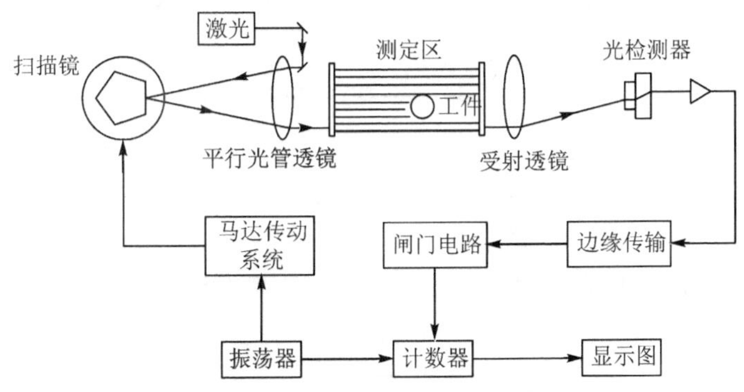

图3-2 激光高速扫描的尺寸计量系统

3.1.2 精密与超精密切削加工

1. 精密与超精密切削加工工作原理

精密和超精密切削加工的工作原理与普通切削加工一样,都是通过一个或有次序的多个刀刃在被加工表面的切削形成工件形状。不同的是,加工所用的刀具不一样,加工使用的机床性能不一样,从而切削用量也不一样。

在精密加工中,常用的刀具材料有:硬质合金和涂层硬质合金、立方氮化硼(CBN)和人造聚晶金刚石。在超精密切削加工中,最常用的刀具材料是天然或人造单晶金刚石。

金刚石车削主要用于铜、铝及其合金等软金属零件的精密加工。例如,用于车削铝合金磁盘基片,表面粗糙度 Ra 可达0.003 μm,平面度可达0.2 μm;金刚石数控车削可加工非球面光学金属反射镜;金刚石镜面铣削可加工多棱体光学金属反射镜等。

2. 精密与超精密切削加工机床

实现金刚石超精密切削,对机床的要求主要是具有很高的主轴回转精度、导轨运动精度和精细走刀的平稳性,对环境的要求是恒温、净化和防振隔振。

图3-3所示为美国Moore公司的Moore金刚石车床,采用卧式主轴、空气轴承,有很高的动、静刚度。金刚石刀具装在回转工作台上,加工各种曲面时,刀具始终垂直于加工表面,提高了加工精度和表面质量。

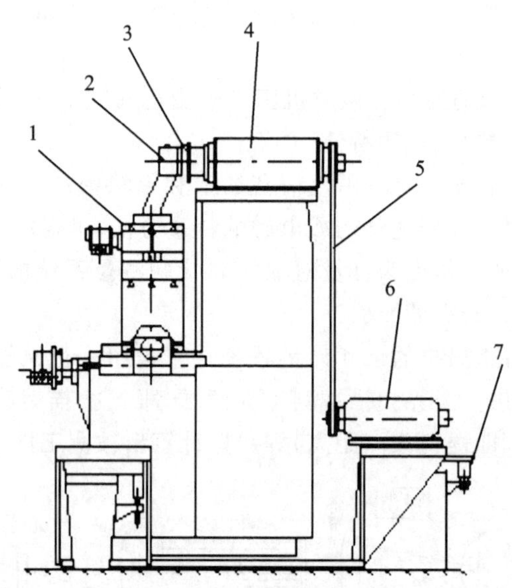

1—精密回转工作台;2—夹持工具;3—金刚石刀具;
4—精密空气轴承主轴;5—传动带;6—主轴电机;7—空气垫

图3-3 Moore金刚石车床

表3-1给出了当前一种有代表性的金刚石车床的基本数据。

表3-1 金刚石车床技术参数

<table>
<tr><td>最大车削直径/mm</td><td>400</td><td colspan="2">主轴轴向面跳动/μm</td><td><0.1</td></tr>
<tr><td>最大车削长度/mm</td><td>100</td><td colspan="2">滑台运动的直线度/(mm·mm^{-1})</td><td><0.001/150</td></tr>
<tr><td>最高转速/(r·min^{-1})</td><td>3 000~20 000</td><td colspan="2">滑台对主轴的垂直度/(mm·mm^{-1})</td><td><0.002/100</td></tr>
<tr><td>最大进给速度/(mm·min^{-1})</td><td>5 000</td><td rowspan="2">主轴前静压轴承的刚度(ϕ100)/(N·μm^{-1})</td><td>径向</td><td>1 140</td></tr>
<tr><td>数控系统分辨率/μm</td><td>0.1~0.05</td><td>轴向</td><td>3 020</td></tr>
<tr><td>重复精度(±2σ)/mm</td><td><0.000 2/100</td><td colspan="2">主轴后静压轴承的刚度(ϕ80)/(N·μm^{-1})</td><td>640</td></tr>
<tr><td>主轴径向面跳动/μm</td><td><0.1</td><td colspan="2">纵、横滑台的静压支承刚度/(N·μm^{-1})</td><td>720</td></tr>
</table>

3.1.3 精密磨料加工

精密磨料加工主要用于黑色金属以及玻璃、陶瓷等脆性材料的精密加工和超精密加工。在精密磨料加工中,除常规的研磨、珩磨、超精研磨及抛光外,近年来相继推出了两种新的工艺:塑性磨削(ductile grinding)和镜面磨削(mirror grinding)。

1. 塑性磨削

塑性磨削主要是针对脆性材料而言，其命名来源于这种工艺的切屑形成机理，即磨削脆性材料时，切屑形成与塑性材料相似，切屑通过剪切的形式被磨粒从基体上切除下来。磨削后的表面呈有规则的纹理，没有裂纹形成，也没有脆性剥落时的凹凸不平现象产生。

塑性磨削的机理至今仍不十分清楚，在切屑形成由脆断向塑性剪切转变的理论上存在各种看法。大多数研究者认为，当磨粒的切削深度小到一定程度时，切屑就由脆断转变为塑断，这一切削深度被称为临界切削深度。它与工件材料特性和磨粒的几何形状有关。一般来说，临界切削深度在1 μm以下，因而这种磨削方法也被称为纳米磨削(nanogrinding)。

对形成塑性磨削的另一种观点认为切削深度不是唯一的因素，只有磨削温度才是切屑由脆性向塑性转变的关键。从理论上讲，当磨粒与工件的接触点的温度高到一定程度时，工件材料的局部物理特性会发生变化，导致切屑形成机理的变化。

2. 超精密磨削和镜面磨削

超精密磨削通常是指加工精度高于0.1 μm，表面粗糙度 Ra 小于0.025 μm的磨削方法。超精密磨削技术主要是为了弥补金刚石精密车削技术的不足而发展起来的。因为金刚石刀具在切削钢、铁材料时易于产生扩散磨损，在微量切削陶瓷、玻璃等硬脆材料时，由于巨大的切应力，又易于产生较大的机械磨损；故对于这些材料，超精密磨削成为了一种理想的加工方法。

镜面磨削一般是指加工表面粗糙度 Ra 达到0.02～0.01 μm，磨削表面光泽如镜的磨削方法。镜面磨削对加工精度要求不很明确，主要强调表面粗糙度要求。从精度和表面粗糙度统一的观点理解，镜面磨削应属于超精密磨削的范畴。

超精密磨削除需要使用超精密磨床和严格控制工作环境外，砂轮的选用和修整也是十分重要的。通常采用超硬磨料(如金刚石或CBN)和微细粒度的砂轮，并采用金属结合剂。金刚石或CBN砂轮的修整与一般砂轮修整不同，分为整形和修锐两步进行：

① 整形　使砂轮获得所要求的几何形状。可采用碳化硅砂轮进行整形，也可以使用金刚石笔进行整形。

② 修锐　目的是去除部分结合剂，使磨粒突出结合剂一定的高度，一般为磨粒尺寸的1/3左右。

砂轮修锐方法有很多种，其中日本东京大学理化研究所的Nakagawa和Ohmori教授发明的电解在线修锐法ELID(Electrolytic In-Process Dressing)效果突出。图3-4是ELID磨削原理示意图。

在使用ELID磨削时，冷却润滑液为一种特殊的电解液。电极与砂轮之间接上电压时，砂轮的结合剂发生氧化，氧化层会阻止电解的进一步进行。在切削力的作用下，氧化层脱落，从而露出了新的锋利的磨粒。由于电解修整在整个磨削过程中是连续进行的，所以能保证砂轮在整个磨削过程中保持同一锋利状态。

3. 精密砂带抛光

模具是现代制造业使用越来越多的一种工具，模具型腔表面的加工精度直接影响制造工件的精度。特别是各种塑料模具，模具型腔表面的粗糙度将直接影响工件的外观质量。为进行模具型腔等复杂曲面的超精抛光加工，多采用精密砂带抛光机进行终加工。用细粒度磨料制成的砂带加工出的表面粗糙度 Ra 可达0.02 μm。目前砂带的带基用聚氨酯薄膜材料，有极高的强度，用静电植砂法制作的砂带，砂粒的等高性和切削性能更好。精密砂带抛光一般采

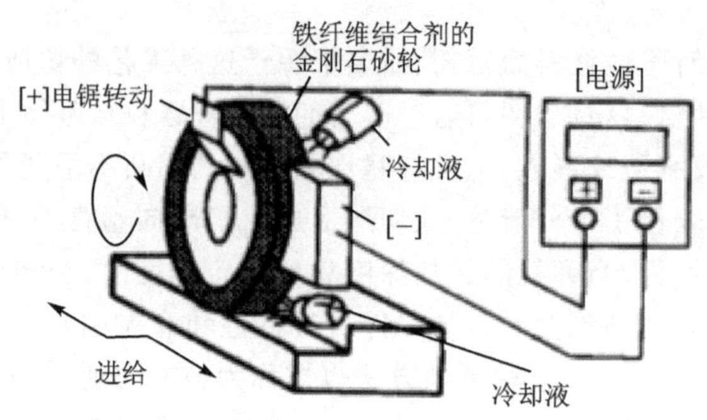

图3-4 ELID磨削原理

用开式砂带加工方式。与闭合环形砂带高速循环磨削不同,砂带由卷带轮低速卷绕。始终有新砂带缓慢进入加工区,砂带经一次性使用即报废。这种开式砂带加工方法保持了加工工况的一致性,从而提高了生产过程中加工表面质量的稳定性。

3.1.4 微细加工技术

1. 微细加工的概念

一般把尺寸在微米至毫米范围内的零件的加工都归为微细加工。由于尺寸微小,相应的尺寸公差和形位公差都很小,通常在100 nm范围内,而表面粗糙度值更是小于10 nm;因此,微细加工同时具备精密和超精密加工的特征。

微细加工与一般尺寸加工有许多不同,主要表现在:

① 精度表示方法不同 一般尺寸加工的精度用其加工误差与加工尺寸的比值来表示,这就是精度等级的概念。在微细加工时,由于加工尺寸很小,需要用误差尺寸的绝对值来表示加工精度,即用去除一块材料的大小来表示,从而引入了“加工单位”的概念。在微细加工中,加工单位可以小到分子级和原子级。

② 加工机理不同 微细加工时,由于切屑很小,切削在晶粒内进行,晶粒作为一个个不连续体而被切削。这与一般尺寸加工完全不同,一般尺寸加工时,由于吃刀量较大,晶粒大小可以忽略而作为一个连续体来看待。因而常规的切削理论对微细加工不适用。

③ 加工特征不同 一般尺寸加工以获得一定的尺寸、形状、位置精度为加工特征,而微细加工则以分离或结合分子或原子为特征,并常以能量束加工为基础,采用许多有别于传统机械加工的方法进行加工。

2. 微细加工的方法

目前使用的微细加工方法主要有以下几种:

① 采用微型化的定形整体刀具或非定形磨料工具进行机械加工,如车削、钻削、铣削和磨削。由于刀具具有清晰明显的界限,因此可以方便地定义刀具路径,加工出各种三维形状的轮廓。

② 采用电加工或在其基础上的复合加工,如微细电火花(MEDM)加工、线放电磨削(WEDG)加工、线电化磨削(WECG)加工、电化(ECM,又称电解液射流或微细喷射制模)加工等。

③ 采用光、声等能量法加工,如微细激光束(MLBM)加工、微细超声加工等。

④ 采用光化掩膜法加工，如光刻法、LIGA 法（X 射线蚀刻和电铸制模成型法）等。

⑤ 采用层积增生法加工，如曲面的磁膜镀覆、多层薄膜镀覆（用于 SMA 微型线圈制造）和液滴层积等。

3. 微细机械加工工艺

对于工件的平面、内腔、孔或相对较大直径外圆的加工，由于工件尺寸相对较大，有一定的刚度，因此可用切削加工的方法进行加工，包括铣、钻和车三种形式。车或铣多用单晶金刚石车刀或铣刀。对于孔加工，孔的直径决定于钻头的直径。现在用于微细加工的麻花钻的直径可小到 50 μm，如加工更小直径的孔，可采用自制的扁钻。

4. 微细电加工工艺

对于一些刚度小的工件和特别微小的工件，用机械加工的方法很难实现，必须使用电加工、光刻化学加工或生物加工的方法，如线放电磨削（WEDG）和线电化磨削（WECG）。图 3－5 所示为用 WEDG 方法加工微型轴的原理图。在图中，用作加工工具的电极丝在导丝器导向槽的夹持下靠近工件，在工件和电极丝之间加有放电介质。加工时，电极丝一面在导向槽中低速（0.1～0.2 mm/s）滑动，通过脉冲电源使电极丝和工件之间不断放电，从而去除工件的加工余量。利用数字控制导丝器和工件之间的相对运动，可加工出不同的工件形状，如图 3－6 所示。

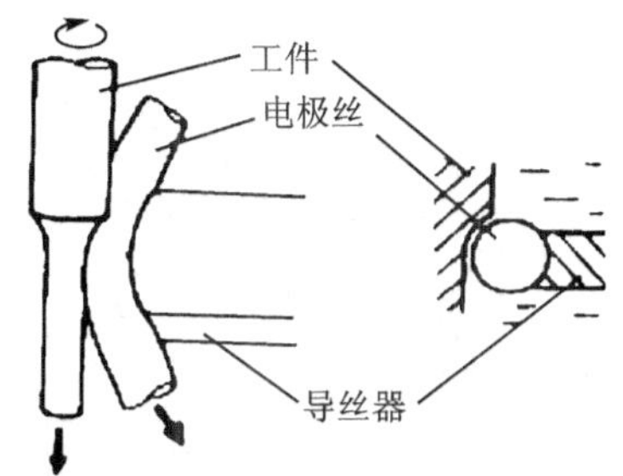

图 3－5　WEDG 法加工微型轴的原理图

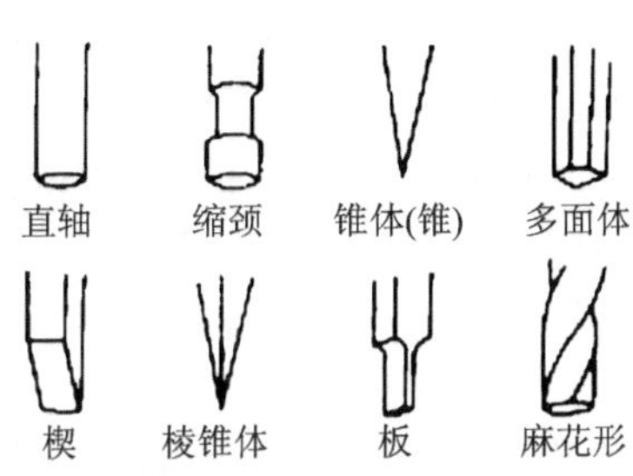

图 3－6　利用 WEDG 加工的各种形状工件

5. 光刻加工

光刻加工是微细加工中广泛使用的一种加工方法，主要用于制作半导体集成电路，其工作原理见图 3－7。

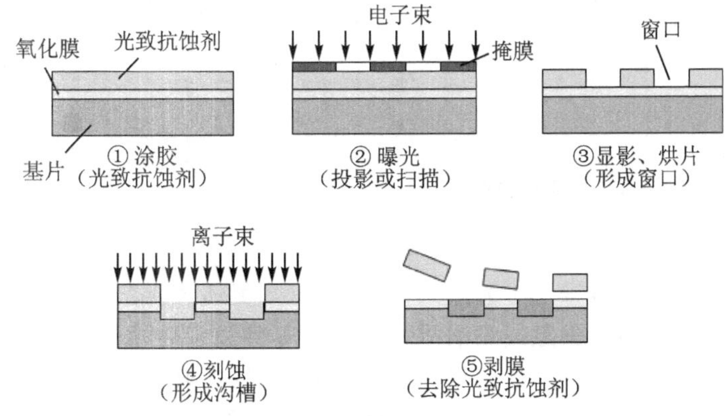

图 3－7　电子束光刻大规模集成电路加工过程

光刻加工的主要过程如下：

① 涂　胶　把光致抗蚀剂涂敷在已镀有氧化膜的半导体基片上。

② 曝　光　曝光通常有以下两种方法：

a. 由光源发出的光束，经掩膜在光致抗蚀剂涂层上成像，称为投影曝光。

b. 将光束聚焦形成细小束斑，通过扫描在光致抗蚀剂涂层上绘制图形，称为扫描曝光。常用的光源有电子束、离子束等。

③ 显影与烘片　曝光后的光致抗蚀剂在一定的溶剂中将曝光图形显示出来，称为显影。显影后进行200～250 ℃的高温处理，以提高光致抗蚀剂的强度，称为烘片。

④ 刻　蚀　利用化学或物理方法，将没有光致抗蚀剂部分的氧化膜除去。常用的刻蚀方法有化学刻蚀、离子刻蚀、电解刻蚀等。

⑤ 剥　膜。用剥膜液去除光致抗蚀剂，剥膜后需进行水洗和干燥处理。

6. 微细加工设备

微细加工机床的结构有以下特点：

① 具有微小位移机构。为达到很小的单位去除率(UR)，需要各轴能实现足够小的微量移动，微量移动可小至几十纳米。电加工的单位去除率UR最小极限取决于脉冲放电的能量。

② 伺服进给系统灵敏度高。它要求低摩擦的传动系统和导轨支承系统，以及高跟踪精度的伺服系统。

③ 进给运动平稳性高，能够减小由于制造和装配误差引起的各轴运动误差。

④ 具有高的定位精度和重复定位精度。

⑤ 采用低热变形结构设计。

⑥ 刀具能够稳固夹持且安装精度高。

⑦ 具有高的主轴转速及动平衡。

⑧ 床身构件稳固并有效隔绝外界的振动干扰。

⑨ 具有刀具破损检测的监控系统。

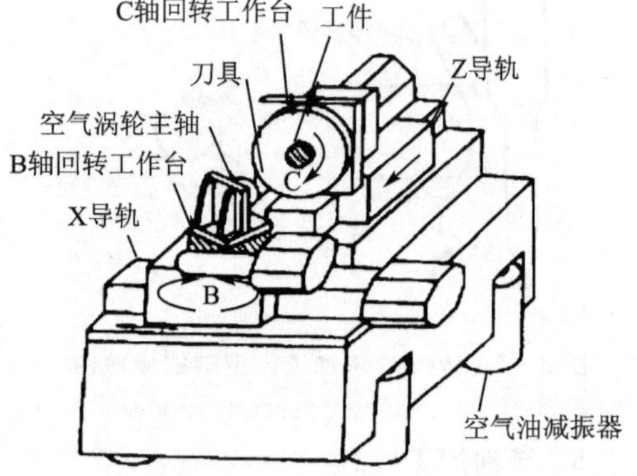

图3-8　FANUC公司多功能微型超精密加工机床结构示意图

图3-8为日本FANUC公司开发的能进行车、铣、磨和电火花加工的多功能微型超精密加工机床的结构示意图。该机床有X、Z、C、B四个轴，在B轴回转工作台上增加A轴转台后，可实现五轴控制。数控系统的最小设定单位为1 nm。

3.2　非传统加工方法

3.2.1　非传统加工方法概述

1. 非传统加工方法

非传统加工方法，又称特种加工方法，是指不用常规的机械加工和常规压力加工的方法，利用光、电、化学、生物等原理去除或添加材料以达到零件设计要求的加工方法的总称。由于这些加工方法的加工机理以溶解、熔化、气化、剥离为主，且多数为非接触加工，因此，对于高硬度、高韧性材料和复杂型面、低刚度零件，是无法替代的加工方法，也是对传统机械加工方法的有力补充和延伸，并已成为机械制造领域中不可或缺的技术。

2. 非传统加工方法的组成和分类

非传统加工方法的组成和分类如图 3 - 9 所示。

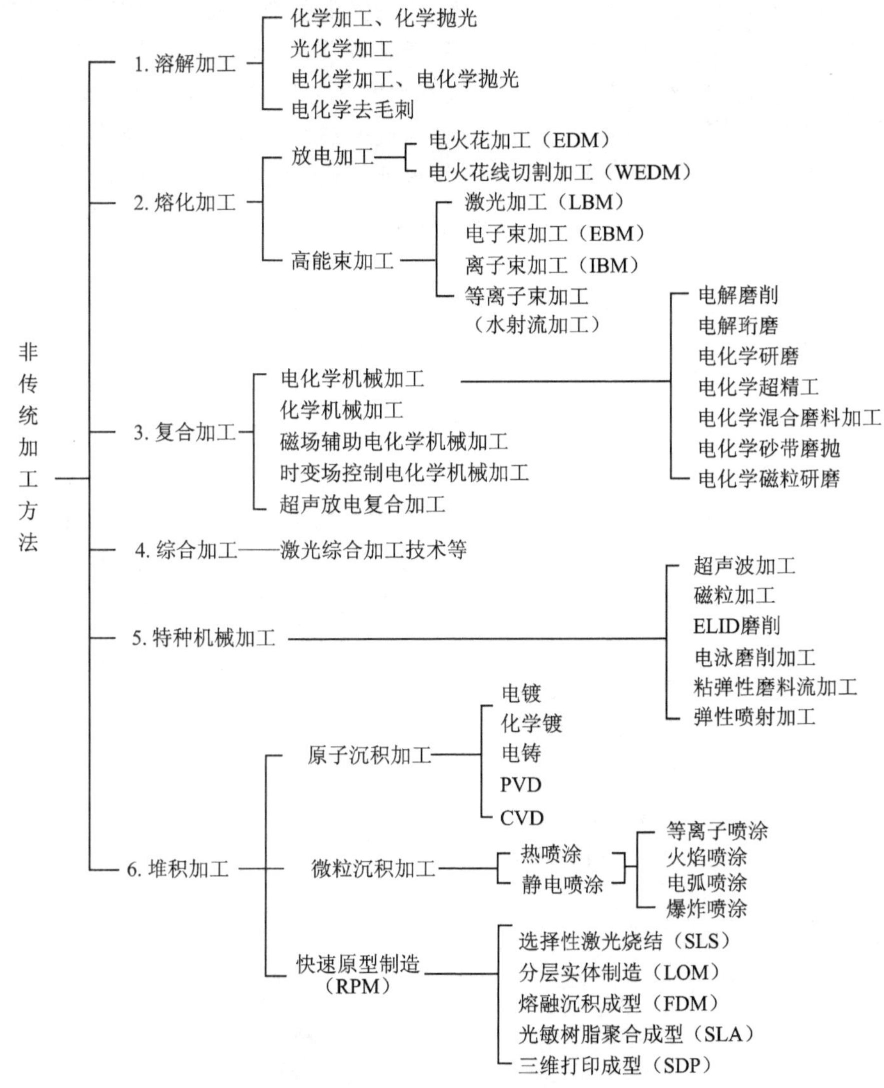

图 3 - 9　非传统加工方法的组成和分类

3.2.2　电火花加工

电火花加工又称电腐蚀加工，包括使用模具电极的型腔加工和使用电极丝的线切割加工。随着加工速度和电极损耗等加工特性的改善，电火花加工得到了广泛的应用，从大到数米的金属模具，小到数微米的孔和槽都可以加工。特别是电火花线切割机床的出现，使其应用范围更加广泛。

1. 电火花加工的工作原理

电火花加工时，将作为加工工具的电极和被加工工件同时放入绝缘液体（一般使用煤油）中，在两者之间加上直流 100 V 左右的电压（见图 3 - 10）。因为电极和工件表面不完全平滑

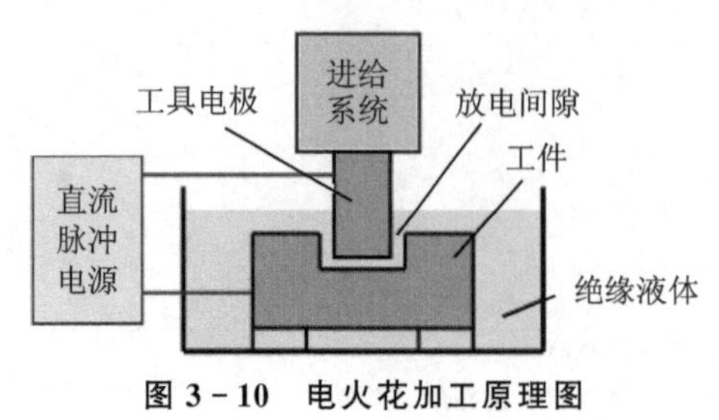

图 3-10　电火花加工原理图

而是存在着无数个凹凸不平处,所以当两者逐渐接近,间隙变小时,在电极和工件表面的某些点上,电场强度急剧增大,引起绝缘液体的局部电离,于是通过这些间隙发生火花放电。放电时的火花温度高达 5 000 ℃,在火花发生的微小区域(称为放电点)内,工件材料被熔化和气化。同时,该处的绝缘液体也被局部加热,急速地气化,体积发生膨胀,随之产生很高的压力。在这种高压力的作用下,已经熔化、气化的材料就从工件表面被迅速地除去。

虽然电极由于火花放电而损耗,但如果采用热传导性好的铜,或熔点高的石墨材料作为电极,在适当的放电条件下,电极的损耗可以控制到工件材料消耗的 1%以下。

当放电时间持续增长时,火花放电就会变成弧光放电。弧光放电的放电区域较大,因而能量密度小,加工速度慢,加工精度也变低。所以,在电火花加工中,必须控制放电状态,使放电仅限于火花放电和短时间的过渡弧光放电。为实现这个目标,在电极和工件之间要接上适当的脉冲放电的电源。该脉冲电源使最初的火花放电发生数毫秒至数微秒后,电极和工件间的电压消失(为零),从而使绝缘液体恢复到原来的绝缘状态,放电消失。在电极和工件之间又一次处于绝缘状态后,电极和工件之间的电压再次得到恢复。如果使电极和被加工工件之间的距离逐渐变小,那么在工件的其他点上会发生第二次火花放电。由于这些脉冲性放电在工件表面不断地发生,工件表面就逐渐变成了和电极形状相反的形状。

从以上分析可以看出,电火花加工必须具备下述条件:

① 要把电极和工件放入绝缘液体中;

② 使电极和工件之间距离充分变小;

③ 使两者间发生短时间的脉冲放电;

④ 多次重复这种火花放电过程。

电火花加工机床如图 3-11 所示。

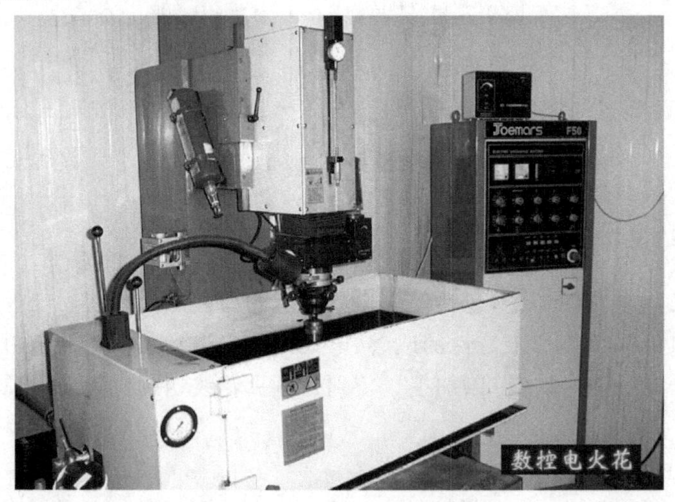

图 3-11　电火花加工机床

2. 电火花加工脉冲电源

电火花加工的脉冲电源有多种形式，目前常用晶体管放电回路做脉冲电源，如图 3-12 所示。晶体管的基极电流可由脉冲发生器的信号控制，使电源回路产生开、关两种状态。脉冲发生器常采用多谐振荡器。由于脉冲的开、关周期与放电间隙的状态无关，可以独立进行调整，所以这种方式常被称为独立脉冲方式。

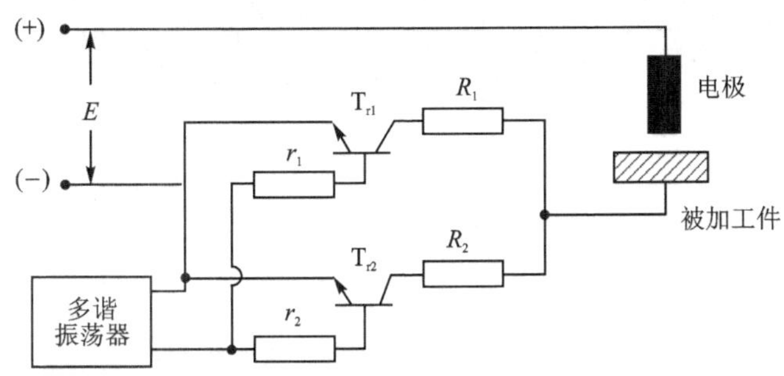

图 3-12　晶体管放电回路作为脉冲电源

在晶体管放电回路脉冲电源中，由于有开关电路强制断开电流，放电消失以后，电极间隙的绝缘容易恢复，因此，放电间隔可以缩短，脉冲宽度（放电持续时间）可以增大；放电停止时间能够减小，大大提高了加工效率。此外，由于放电电流的峰值、脉冲宽度可由改变多谐振荡器输出的波形来控制，所以能够在很宽的范围内选择加工条件。

3. 电火花加工的加工特性

表示电火花加工特性的指标有：加工速度（g/min）、表面粗糙度（μm）、间隙（μm）和电极损耗比（%）。这些加工特性主要取决于放电电流的最大值、放电的持续时间（脉冲宽度）等电气条件。在相同的加工条件下。加工效率的高低与脉冲放电的停止时间（t_r）的大小有很大关系。

目前，在电火花加工时，加在极间隙上的是 100 V 左右、频率为 0.25～250 kHz 的脉冲电压，脉冲放电持续时间为 2～2 000 μs，各脉冲的能量可在 0.002～20 J（电流为 400 A 时）范围内调整。在此范围内，根据持续时间（脉冲宽度）和脉冲能量的不同组合，可以获得不同的加工速度、表面粗糙度、电极消耗和表面组织等。

当频率高、持续时间短的脉冲加在电极间隙时，每个脉冲的金属除去量非常少，可以得到小的表面粗糙度值，但加工速度低。在相同功率的条件下，频率低、持续时间长的脉冲虽然可得到大的加工速度，但表面粗糙度值变大。

电火花加工的应用：

① 电火花成型加工；

② 电火花穿孔加工；

③ 电火花线切割。

图 3-13 是电火花线切割加工构成原理图。作为细金属丝（通常直径为 0.05～0.25 mm）的电极，一边卷绕一边与工件之间发生放电，由这种放电能量加工零件。根据零件和线电极的相对运动可以加工各种形状不同的二维曲线轮廓。相对运动由数控工作台在 x、y 两方向的运动合成实现。

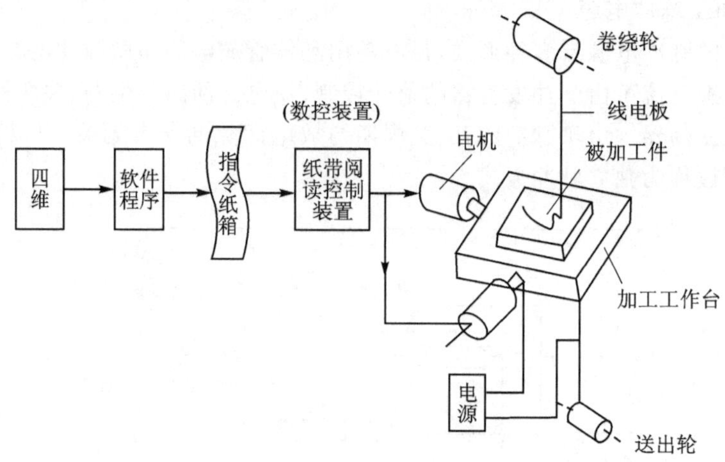

图3-13 电火花线切割加工构成原理图

3.2.3 电解加工

电解加工又称电化学加工,是继电火花加工之后发展较快、应用较广的一种新工艺,在国内外已成功地应用于枪、炮、导弹、喷气发动机等国防工业部门。在模具制造中也得到了广泛的应用。

1. 工作原理

图3-14为电解加工原理图。工件接阳极,工具(铜或不锈钢)接阴极,两极间加6～24 V的直流电压,极间保持0.1～1 mm的间隙。在间隙处通以6～60 m/s高速流动的电解液,形成极间导电通路,工件表面材料不断溶解,其溶解物及时被电解液冲走。工具电极不断进给,以保持极间间隙。

2. 电解加工的特点

① 不受材料硬度的限制,能加工任何高硬度、高韧性的导电材料,并能以简单的进给运动一次加工出形状复杂的型面和型腔。

② 电解加工型面和型腔的效率比电火花加工高5～10倍。

③ 加工过程中阴极损耗小。

④ 加工表面质量好,无毛刺、残余应力和变形层。

⑤ 加工设备投资较大,有污染,需防护。

3. 电解加工的应用

电解加工广泛应用于模具的型腔加工,枪炮的膛线加工,发电机的叶片加工,花键孔、内齿轮、深孔加工,以及电解抛光、倒棱、去毛刺等。

4. 电解磨削

电解磨削是利用电解作用与机械磨削相结合的一种复合加工方法。其工作原理如图3-15所示。工件接直流电源正极,高速回转的磨轮接负极,两者保持一定的接触压力,磨轮表面突出的磨料使磨轮导电基体与工件之间有一定的间隙。当电解液从间隙中流过并接通电源后,工件产生阳极溶解,工件表面上生成一层称为阳极膜的氧化膜,其硬度远低于金属本身,极易被高速回转的磨轮刮除,使新的金属表面露出,继续进行电解。电解作用与磨削作用交替进行，电解产物被流动的电解液带走，使加工继续进行，直至达到加工要求。

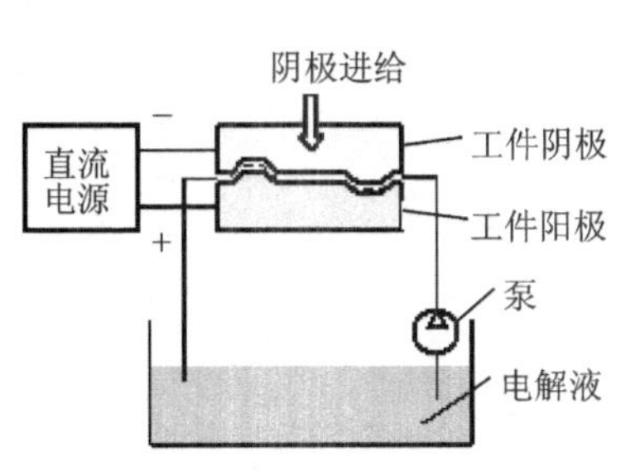

图 3-14　电解加工原理图

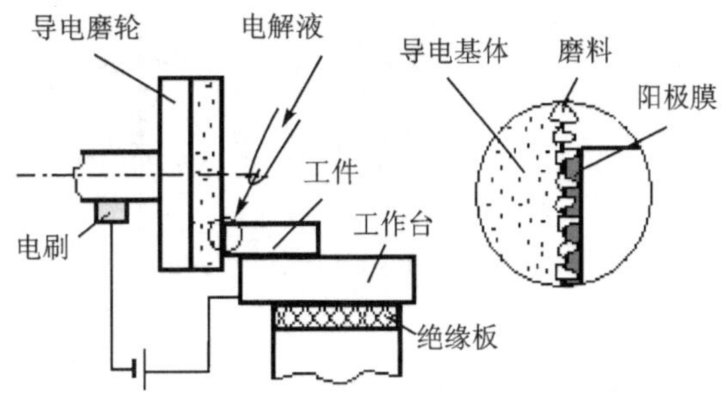

图 3-15　电解磨削原理图

3.2.4　高能束加工

高能束加工是指使用激光、电子束、离子束等具有很高能量密度的射流进行加工的一种方法。

1. 激光加工

(1) 工作原理

激光加工是利用光能量进行加工的一种方法。由于激光具有准直性好、功率大等特点，在聚焦后，可以形成平行度很高的细微光束，有很大的功率密度。该激光光束照射到工件表面时，部分光能量被表面吸收转变为热能。对不透明的物质，因为光的吸收深度非常小(在 100 μm 以下)，所以热能的转换发生在表面的极浅层。使照射斑点的局部区域温度迅速升高到使被加工材料熔化甚至气化的温度。同时，由于热扩散，使斑点周围的金属熔化，随着光能的继续被吸收，被加工区域中金属蒸气迅速膨胀，产生一次"微型爆炸"，把熔融物高速喷射出来。

激光加工装置由激光器、聚焦光学系统、电源、光学系统监视器等组成，见图 3-16。

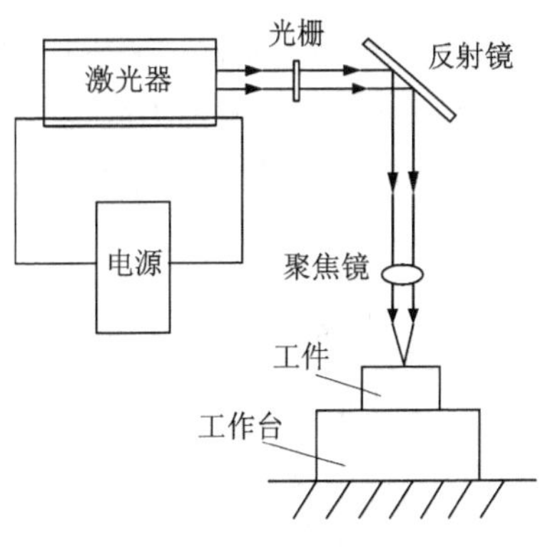

图 3-16　激光加工原理图

(2) 激光的应用

1) 激光打孔

激光打孔已广泛应用于金刚石拉丝模、钟表宝石轴承、陶瓷、玻璃等非金属材料，以及硬质合金、不锈钢等金属材料的小孔加工。对于激光打孔，激光的焦点位置对孔的质量影响很大，如果焦点与加工表面之间距离很大，则激光能量密度显著减小，不能进行加工。如果焦点位置在被加工表面的两侧偏离 1 mm 左右时还可以进行加工，此时加工出孔的断面形状随焦点位置不同而发生显著的变化。由图 3-17 可以看出，加工表面在焦点和透镜之间时，加工出的孔呈圆锥形；加工表面和焦点位置一致时，加工出的孔的直径上下基本相同；当加工表面在焦点以外时，加工出的孔呈腰鼓形。

激光打孔不需要工具，不存在工具损耗问题，适于自动化连续加工。

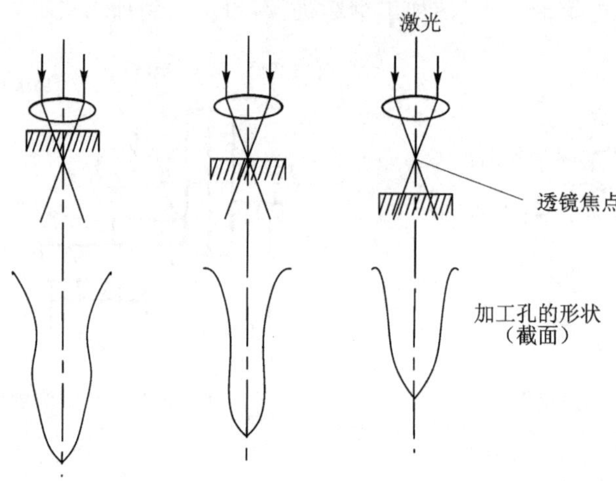

图 3-17　焦点位置对加工孔形状的影响

2）激光切割

激光切割的原理与激光打孔基本相同。不同的是，工件与激光束要相对移动。激光切割不仅具有切缝窄、速度快、热影响区小、省材料、成本低等优点，而且可以在任何方向上切割，包括内尖角。目前，激光已成功地用于切割钢板、不锈钢、钛、钽、镍等金属材料，以及布匹、木材、纸张、塑料等非金属材料。

3）激光焊接

激光焊接与激光打孔的原理稍有不同，焊接时不需要那么高的能量密度使工件材料气化蚀除，而只要将工件的加工区烧熔使其黏合在一起。因此，激光焊接所需要的能量密度较低，通常可用减小激光输出功率来实现。

激光焊接具有以下优点：

① 激光照射时间短，焊接过程迅速，它不仅有利于提高生产率，而且被焊材料不易氧化，热影响区小，适于对热敏感性很强的材料焊接。

② 激光焊接既没有焊渣，也不需去除工件的氧化膜，甚至可以透过玻璃进行焊接，特别适宜微型机械和精密焊接。

③ 激光焊接不仅可用于同种材料的焊接，而且还可用于两种不同的材料焊接，甚至还可以用于金属和非金属之间的焊接。

4）激光热处理

用大功率激光进行金属表面热处理是近几年发展起来的一项崭新工艺。激光金属硬化处理的作用原理是，照射到金属表面上的激光能使构成金属表面的原子迅速蒸发，由此产生的微冲击波会导致大量晶格缺陷的形成，从而实现表面的硬化；激光处理法与高温炉处理、化学处理以及感应加热处理相比，有很多独特的优点，如速度快，不需淬火介质，硬化均匀，变形小，硬度高达60HRC以上，硬化深度可精确控制等。

2. 电子束加工

电子束加工是在真空条件下，利用电流加热阴极发射电子束，带负电荷的电子束高速飞向阳极，途中经加速极加速，并通过电磁透镜聚焦，使能量密度非常集中，可以把1 kW或更高的功率集中到直径为 5～10 μm 的斑点上，获得高达 109 W/cm^2 左右的功率密度，如图 3-18 所示。如此高的功率密度，可使任何材料被冲击部分的温度，在百万分之一秒时间内升高到几千摄氏度以上，热量还来不及向周围扩散，就已把局部材料瞬时熔化、气化直到蒸发去除。随着孔不断变深，电子束照射点也越深入。由于孔的内侧壁对电子束产生"壁聚焦"，所以加工点可能到达很深的深度，从而可打出很细很深的微孔。

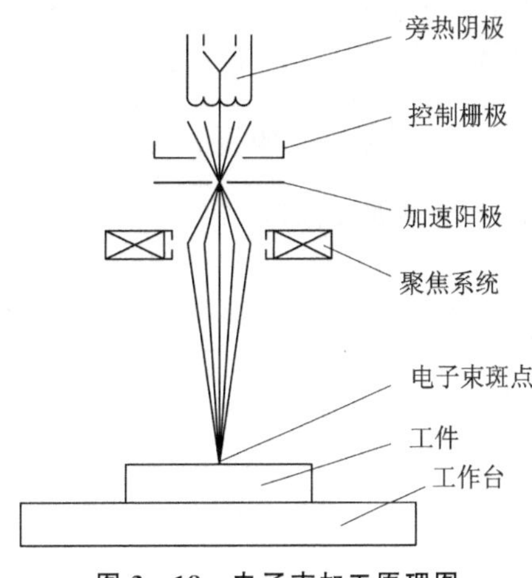

图 3-18　电子束加工原理图

电子束加工具有以下特点：

① 能量密度高　电子束聚焦点范围小，能量密度高，适于加工精微深孔和窄缝等，且加工速度快，效率高。

② 工件变形小　电子束加工是一种热加工，主要靠瞬时蒸发，工件很少产生应力和变形，而且不存在工具损耗，适于加工脆性、韧性、导体、半导体、非导体以及热敏性材料。

③ 加工点上化学纯度高　因为整个电子束加工是在真空度 $1.33\times10^{-2}\sim1.33\times10^{-4}$ Pa 的真空室内进行的，所以熔化时可以防止由于空气的氧化作用所产生的杂质缺陷。适于加工易氧化的金属及合金材料，特别是要求纯度极高的半导体材料。

④ 可控性好　电子束的强度和位置均可由电、磁的方法直接控制，便于实现自动化加工。

3. 离子束加工

离子束加工原理与电子束加工类似，也是在真空条件下，将 Ar、Kr、Xe 等惰性气体通过离子源电离产生离子束，并经过加速、集束、聚焦后，投射到工件表面的加工部位，以实现去除加工。所不同的是，离子的质量比电子的质量大成千上万倍，例如最小的氢离子，其质量是电子质量的 1 840 倍，氖离子的质量是电子质量的 7.2 万倍。由于离子的质量大，故在同样的速度下，离子束比电子束具有更大的能量。图 3-18 所示为电子束加工原理图。

高速电子撞击工件材料时，因电子质量小、速度大，动能几乎全部转化为热能，使工件材料局部熔化、气化，通过热效应进行加工。而离子本身质量较大，速度较低，撞击工件材料时，将引起变形、分离、破坏等机械作用。离子加速到几十电子伏到几千电子伏时，主要用于离子溅射加工；当加速到一万到几万电子伏，且离子入射方向与被加工表面成 25°～30°角时，离子可将工件表面的原子或分子撞击出去，以实现离子铣削、离子蚀刻或离子抛光等；当加速到几十万电子伏或更高时，离子可穿入被加工材料内部，称为离子注入。

离子束加工具有以下特点：

① 易于精确控制　由于离子束可以通过离子光学系统进行扫描，使离子束可以聚焦到光斑直径 1 μm 以内进行加工，同时离子束流密度和离子的能量可以精确控制，因此能精确控制加工效果，如控制注入深度和浓度。抛光时，可以一层层地把工件表面的原子抛掉，从而加工出没有缺陷的光整表面。此外，借助于掩膜技术，可以在半导体上刻出小于 1 μm 宽的沟槽。

② 加工洁净　因加工是在真空中进行，离子的纯度比较高，因此特别适于加工易氧化的金属、合金和半导体材料等。

③ 加工应力、变形小　离子束加工是靠离子撞击工件表面的原子而实现的，这是一种微

观作用,宏观作用力很小,不会引起工件产生应力和变形,对脆性、半导体、高分子等材料都可以加工。

3.2.5 超声波加工

1. 超声波加工原理

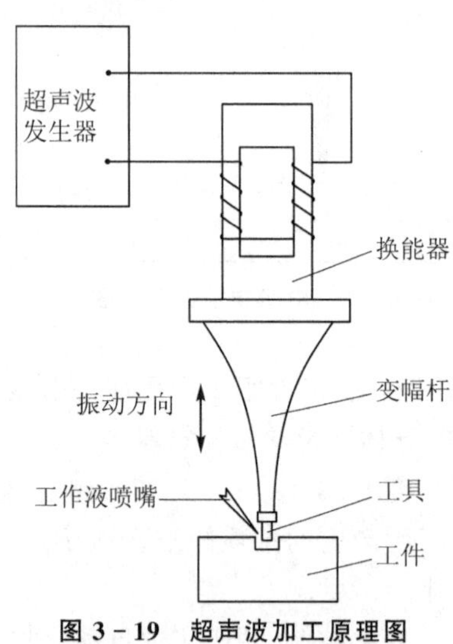

图 3-19 超声波加工原理图

图 3-19 所示为超声波加工原理图。超声波发生器将工频交流电能转变为有一定功率输出的超声频电振荡,通过换能器将超声频电振荡转变为超声机械振动。此时振幅一般较小,再通过振幅扩大棒(变幅杆),使固定在变幅杆端部的工具振幅增大到 0.01~0.15 mm。利用工具端面的超声(16～25 kHz)振动,使工作液(普通水)中的悬浮磨粒(碳化硅、氧化铝、碳化硼或金刚石粉)对工件表面产生撞击抛磨,实现加工。

2. 超声波加工的特点及应用

① 适于加工各种脆性金属材料和非金属材料,如玻璃、陶瓷、半导体、宝石、金刚石等。

② 可加工各种复杂形状的型孔、型腔、型面。

③ 被加工表面无残余应力,无破坏层,加工精度较高,尺寸精度可达 0.01~0.05 mm。

④ 加工过程受力小,热影响小,可加工薄壁、薄片等易变形零件。

⑤ 单纯的超声波加工,加工效率较低。采用超声复合加工(如超声车削、超声磨削、超声电解加工、超声线切割等),可显著提高加工效率。

3.3 快速成型技术的应用

20 世纪 90 年代开始,随着冷战时代的结束,市场环境发生了巨大的变化。一方面表现为消费者需求日趋主体化、个性化和多样化;另一方面则是产品制造商们都着眼于全球市场的激烈竞争。面对市场,产品制造商们不但要很快地设计出符合人们消费需求的产品,而且必须很快地生产、制造出来,抢占市场。因此,面对一个迅速变化且无法预料的买方市场,以往传统的大批量生产模式对市场的响应就显得越来越迟缓与被动。快速响应市场需求,已成为制造业发展的重要走向。为此,这些年来工业化国家一直在不遗余力地开发先进制造技术,以提高制造工业发展水平,以便在激烈的全球竞争中占有一席之地。与此同时,计算机、微电子、信息、自动化、新材料及现代企业管理技术的发展日新月异,这些技术、产业的发展与进步,给产品创意、研发设计、工艺设计、加工准备、制造工艺、装备、装配、质量保证、生产管理和企业经营都带来了重大变革,产生了一批新的制造技术和制造模式,制造工程与科学取得了前所未有的成就。快速成型技术就是在这种背景下逐步形成并得以发展的。快速成型技术的发展,使得产品设计、制造的周期大大缩短,提高了产品设计、制造的一次成品率,降低了产品开发成本,从而给制造业带来了根本性的变化。

增材制造技术、3D 打印技术和快速成型技术都是指增材制造，只是因为行业不同，叫法也会存在差异。增材制造技术主要是从事 3D 打印行业内的叫法，相比减材制造技术，增材制造技术更有优势，行业应用更广，可塑性更强；3D 打印技术是大众的普遍叫法，相比平面打印，3D 打印也被称为立体打印，让打印技术摆脱二维的束缚，所以也经常被称为三维打印；快速成型技术是工业制造中常用的叫法。快速成型技术具有制作速度更快、验证周期更短的优势，广泛应用在航空航天、汽车、医疗、文化创意、创新教育等领域。

3.3.1　快速成型技术原理及特点

快速成型技术（快速原型技术，RP 技术）是计算机辅助设计与制造技术、逆向工程技术、分层制造技术（SFF）、材料去除成型（MPR）技术、材料增加成型（MAP）技术以及它们的集成。通俗地说，快速成型技术就是利用三维 CAD 的数据，通过快速成型机，将一层层的材料堆积成实体原型。快速成型技术系统的工作流程，如图 3-20 所示。图 3-21 所示为三维—二维—三维的转换。

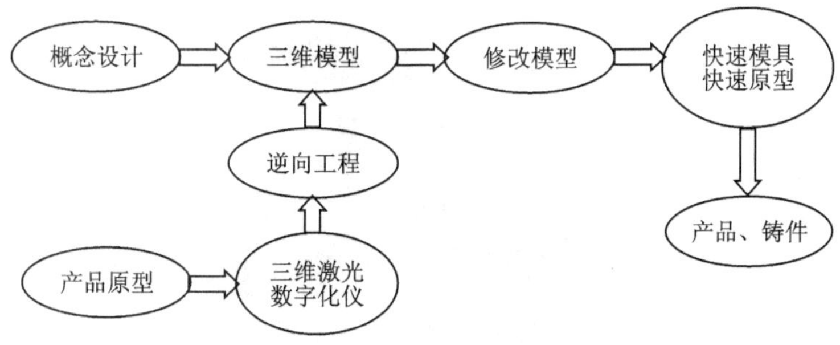

图 3-20　快速成型技术系统工作流程

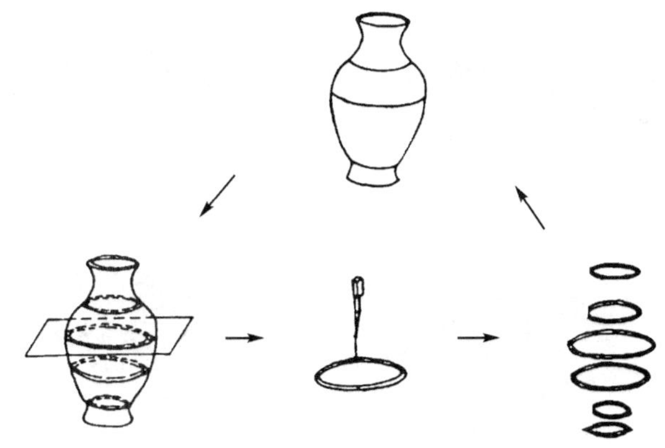

图 3-21　三维—二维—三维的转换

快速成型技术具有以下特点：

① 制造原型所用的材料不限，各种金属和非金属材料均可使用；

② 原型通过计算辅助控制、快速成型技术进行复制，具有复制性强，互换性高的特点；

③ 制造工艺与制造原型的几何形状无关，在加工复杂曲面时更显优越；

④ 加工周期短，成本低，成本与产品复杂程度无关；

⑤ 高度技术集成,可实现设计制造一体化。

3.3.2 快速成型工艺

迄今为止,国外、国内已成功开发了4种成熟的快速成型工艺,一直占主导地位。快速成型工艺主要包括FDM、SLA、SLS及LOM等工艺,而这几种工艺又各有千秋。

1. 纸层叠法——薄片材料选择性切割

箔材叠层实体制作(Laminated Object Manufacturing)快速原型技术是薄片材料叠加工艺,简称LOM,如图3-22所示。

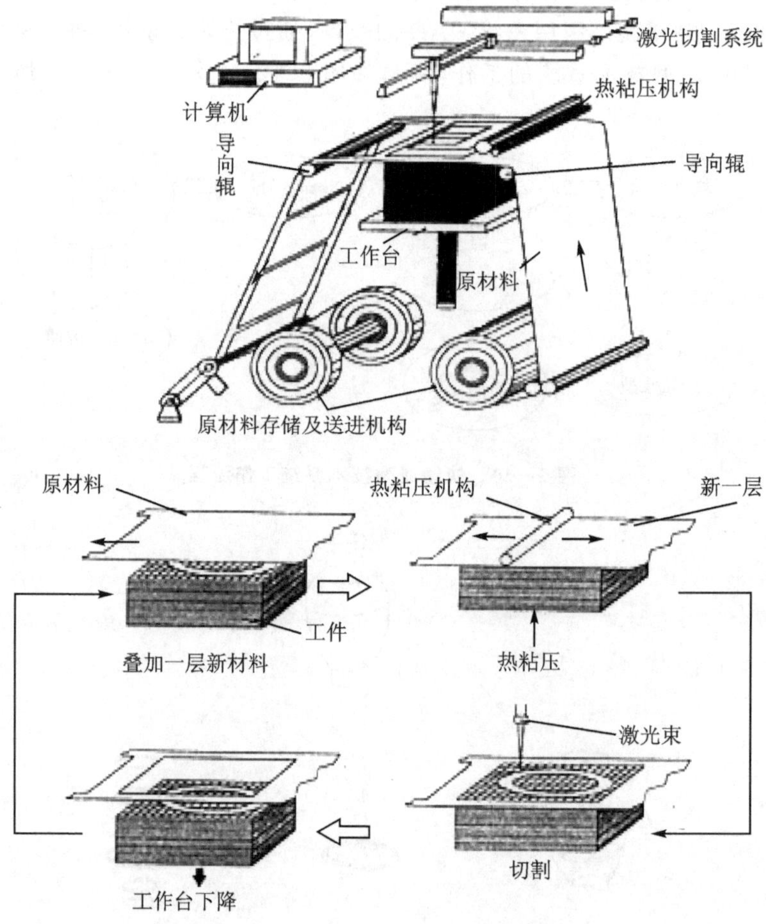

图3-22 ZIPPY型快速成型机的原理图

箔材叠层实体制作是根据三维CAD模型每个截面的轮廓线,在计算机控制下,发出控制激光切割系统的指令,使切割头做X和Y方向的移动。供料机构将底面涂有热溶胶的箔材(如涂敷纸、涂敷陶瓷箔、金属箔、塑料箔材)一段段地送至工作台的上方。激光切割系统按照计算机提取的横截面轮廓用二氧化碳激光束对箔材沿轮廓线将工作台上的纸割出轮廓线,并将纸的无轮廓区切割成小碎片。然后,由热粘压机构将一层层纸压紧并黏合在一起。可升降工作台支撑正在成型的工件，并在每层成型之后，降低一个纸厚，以便送进、粘合和切割新的一层纸。最后形成由许多小废料块包围的三维原型零件，取出，将多余的废料小块剔除，获得三维产品。

叠层实体制作快速原型工艺适合制作大中型原型件，翘曲变形较小，成型时间较短，激光器使用寿命长，制成件有良好的机械性能，适于产品设计的概念建模和功能性测试零件。由于制成的零件具有木质属性，特别适于直接制作砂型铸造模。

LOM 快速原型技术的优点如下：

① 成型速度较快，由于只需要使激光束沿着物体的轮廓进行切割，无须扫描整个断面，所以成型速度很快，因而常用于加工内部结构简单的大型零件。

② 无须设计和构建支撑结构。

LOM 快速原型技术的缺点如下：

① 有激光损耗，并需要专门实验室环境，维护费用高。

② 可实际应用的原材料种类较少，尽管可选用若干原材料，例如纸、塑料、陶土以及合成材料，但目前常用的只是纸，其他箔材尚在研制开发中。

③ 必须进行防潮处理，纸制零件很容易吸湿变形，所以成型后必须立即进行树脂、防潮漆涂敷等后处理。

④ 难以构建形状精细、多曲面的零件，仅限于结构简单的零件。

⑤ 废料去除困难，所以该工艺不宜构建内部结构复杂的零件。

⑥ 当加工室的温度过高时常有火灾发生。因此，工作过程中需要专职人员值守。

2．激光立体制模法——液态光敏树脂选择性固化

光敏树脂选择性固化是采用立体雕刻（Stereo Lithography）原理的一种工艺，简称 SLA，是最早出现的一种快速成型技术，如图 3-23 所示。

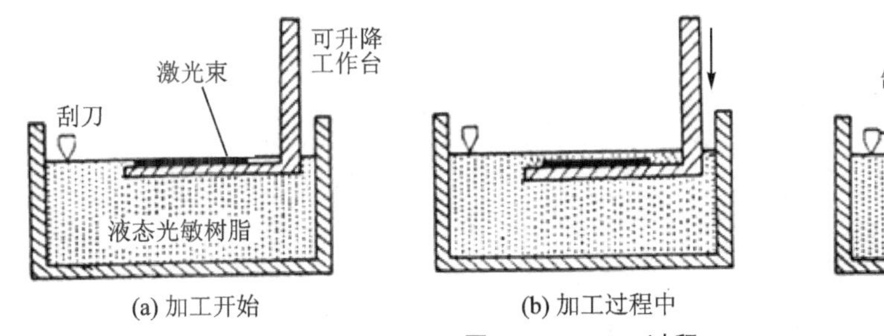

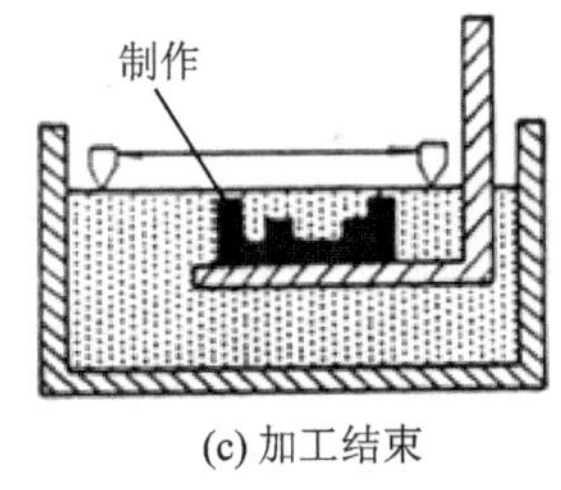

图 3-23　SLA 过程

在树脂槽中盛满液态光敏树脂，在紫外激光束的照射下它会快速固化。成型过程开始时，可升降的工作台处于液面下一个截面层厚的高度，聚焦后的激光束，在计算机的控制下，按照截面轮廓的要求，沿液面进行扫描，使被扫描区域的树脂固化，从而得到该截面轮廓的树脂薄片。然后，工作台下降一层薄片的高度，已固化的树脂薄片就被一层新的液态树脂覆盖，以便进行第二层激光扫描固化，新固化的一层牢牢地黏结在前一层上，如此重复直到整个产品成型完毕。最后升降台升出液体树脂表面，取出工件，进行清洗、去除支撑、二次固化以及表面光洁处理等。

光敏树脂选择性固化快速成型技术适于制作中小型工件，能直接得到树脂或类似工程塑料的产品。主要用于概念模型的原型制作，或用来做简单装配检验和工艺规划。

SLA 快速原型技术的优点如下：

① 表面质量较好；

② 成型精度较高，精度为 0.1 mm(国内 SLA 精度为 0.1～0.3 mm，且存在很大的波动性)；

③ 系统分辨率较高。

SLA 快速原型技术的缺点如下：

① 需要专用的实验室环境，成型件需要后处理，比如：二次固化，防潮处理等工序。

② 尺寸稳定性差，随着时间推移，树脂会吸收空气中的水分，导致软薄部分的翘曲变形，进而极大地影响成型件的整体尺寸精度。

③ 氦-镉激光管的寿命仅 3 000 h，价格较昂贵，由于要对整个截面进行扫描固化，因此成型时间较长，制作成本相对较高。

④ 可选择的材料种类有限，必须是光敏树脂。由这类树脂制成的工件在大多数情况下都不能进行耐久性和热性能试验，且光敏树脂对环境有污染，使皮肤过敏。

⑤ 需要设计工件的支撑结构，以便确保在成型过程中制作的每一个结构部位都能可靠定位，支撑结构需在未完全固化时手工去除，容易破坏成型件。

3. 烧结法——粉末材料选择性激光烧结

粉末材料选择性激光烧结(Selected Laser Sintering)是一种快速原型工艺，简称 SLS，如图 3-24 所示。

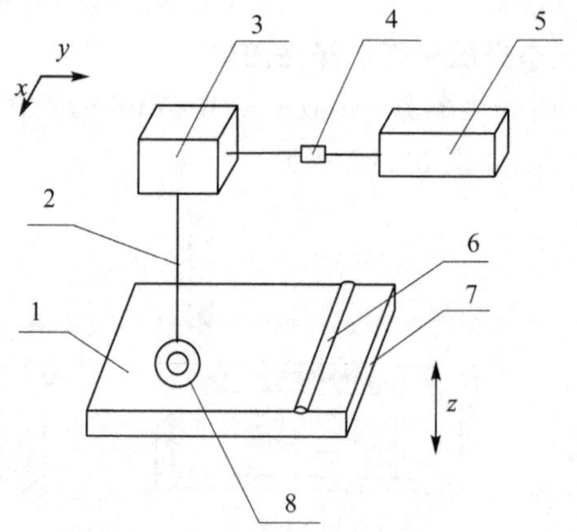

1—粉末材料；2—激光束；3—扫描系统；4—透镜；
5—激光器；　6—刮平器；7—工作台；　8—制成件

图 3-24　选择性激光烧结法示意图

粉末材料选择性烧结采用二氧化碳激光器对粉末材料(塑料粉、陶瓷与黏结剂的混合粉、金属与黏结剂的混合粉等)进行选择性烧结，是一种由离散点一层层堆积成三维实体的工艺方法。

在开始加工之前，先将充有氮气的工作室升温，并保持在粉末的熔点以下。成型时，送料筒上升，铺粉滚筒移动，先在工作平台上铺一层粉末材料，然后激光束在计算机控制下按照截面轮廓对实心部分所在的粉末进行烧结，使粉末熔化继而形成一层固体轮廓。第一层烧结完成后，工作台下降一截面层的高度，再铺上一层粉末，进行下一层烧结，如此循环，形成三维的原型零件。最后经过 5～10 h 冷却，即可从粉末缸中取出零件。未经烧结的粉末能承托正在烧结的工件，当烧结工序完成后，取出零件。粉末材料选择性激光烧结工艺适合成型中小型件，能直接得到塑料、陶瓷或金属零件，零件的翘曲变形比液态光敏树脂选择性固化工艺要小。但这种工艺仍需对整个截面进行扫描和烧结，加上工作室需要升温和冷却，故成型时间较长。此外，由于受到粉末颗粒大小及激光点的限制，零件的表面一般呈多孔性。在烧结陶瓷、金属与黏结剂的混合粉并得到原型零件后，须将它置于加热炉中，烧掉其中的黏结剂，并在孔隙中渗入填充物，其后处理复杂。

粉末材料选择性激光烧结快速成型工艺适于产品设计的可视化表现和制作功能测试零件。由于它可采用各种不同成分的金属粉末进行烧结、进行渗铜等后处理，因而其制成的产品可具有与金属零件相近的机械性能，但由于成型表面较粗糙，渗铜等工艺复杂，所以有待进一步提高。

SLS 快速成型技术的优点如下：

① 与其他工艺相比，能生产较硬的模具。

② 可以采用多种原料，包括类工程塑料、蜡、金属、陶瓷等。

③ 零件的构建时间较短，可达 1 in/h(约 2.5 cm/h)。

④ 无须设计和构造支撑。

SLS 快速成型技术的缺点如下：

① 有激光损耗，并需要专门实验室环境，使用及维护费用高。

② 需要预热和冷却，后处理麻烦。

③ 成型表面粗糙、多孔，并受粉末颗粒大小及激光光斑的限制。

④ 需要对加工室不断充氮气以确保烧结过程的安全性，加工成本高。

⑤ 成型过程产生有毒气体和粉尘，污染环境。

4. 熔融沉积制造

熔融沉积制造(Fused Deposition Modeling)快速成型工艺是一种不依靠激光作为成型能源，而将各种丝材(如工程塑料 ABS、聚碳酸酯 PC 等)加热熔化，进而堆积成型的方法，简称 FDM，如图 3-25 所示。

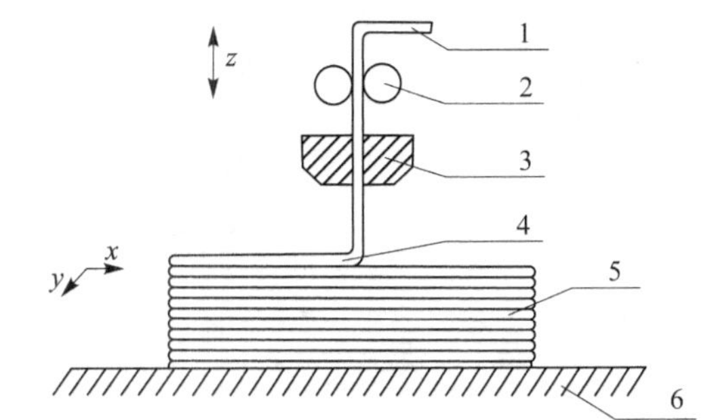

1—熔丝材料；2—滚轮；3—加热喷嘴；4—半熔状丝料；5—割成件；6—工作台

图 3-25　熔融沉积制造法示意图

熔融沉积制造原理：加热喷头在计算机的控制下，根据产品零件的截面轮廓信息做 xy 平面运动，热塑性丝状材料由供丝机构送至热熔喷头，并在喷头中加热和熔化成半液态，然后被挤压出来，有选择性地涂敷在工作台上，快速冷却后形成一层大约 0.127 mm 厚的薄片轮廓。一层截面成型完成后工作台下降一定高度，再进行下一层的熔覆，好像一层层“画出”截面轮廓，如此循环，最终形成三维产品零件。

这种工艺方法同样有多种材料可供选用,如工程塑料 ABS、聚碳酸酯 PC、工程塑料 PPSF 以及 ABS 与 PC 的混合等。这种工艺干净,易于操作,不产生垃圾,并可安全地用于办公环境,没有产生毒气和化学污染的危险,适于产品设计的概念建模以及产品的形状与功能测试。专门开发的针对医用的材料 ABS-i,因其具有良好的化学稳定性,可采用伽马射线及其他医用方式消毒,特别适合于医用。

FDM 快速原型技术的优点如下:

① 制造系统可用于办公环境,没有毒气或化学物质的污染。

② 一次成型,易于操作且不产生垃圾。

③ 独有的水溶性支撑技术,使得去除支撑结构简单易行,可快速构建瓶状或中空零件以及一次成型的装配结构件。

④ 原材料以材料卷的形式提供,易于搬运和快速更换。

⑤ 可选用多种材料,如各种色彩的工程塑料 ABS、PC、PPSF 以及医用 ABS 等。

FDM 快速原型技术对比 SLA 工艺的缺点如下:

① 相对国外先进的 SLA 工艺成型精度较低,最高精度为 0.127 mm。

② 成型表面光洁度不如国外先进的 SLA 工艺。

③ 成型速度相对较慢。

上述快速成型的工艺方法都是基于计算机三维实体造型。在对三维模型进行处理后,形成截面轮廓信息,随后将各种材料按三维模型的截面轮廓信息进行扫描,使材料黏结、固化、烧结,逐层堆积成为快速原型,这就是所谓的分层制造技术。几种快速成型方法的特点及常用材料如表 3-2 所列。[3]

表 3-2 几种快速成型方法的特点及常用材料

成型方法	SLA	LOM	SLS	FDM
成型速度	较快	快	较慢	较慢
原型精度	较高	较高	较低	较低
制造成本	较高	低	较低	较低
复杂程度	中等	简单或中等	复杂	中等
零件大小	中小件	中大件	中小件	中小件
常用材料	热固性光敏树脂等	纸、金属箔、塑料、薄膜等	石蜡、塑料、金属、陶瓷等粉末	石蜡、尼龙、ABS、低熔点金属等

习 题

1. 何为超精密加工技术?
2. 常规加工工艺和特种加工工艺有何区别?特种加工的特点是什么?说明其应用范围。
3. 电火花加工与线切割加工的原理是什么?各有哪些用途?
4. 电解加工的原理是什么?应用有哪些?
5. 简述激光加工的特点及应用。
6. 简述超声波加工的基本原理、特点及应用范围。
7. 电子束加工有什么特点?并说明其应用范围。

第 4 章　机械加工工艺规程设计

4.1　机械加工工艺的基本概念

4.1.1　生产过程与机械加工工艺过程

1. 生产过程

生产过程是指将原材料转变为成品的全过程。一般包括以下过程：

① 原材料的运输和保管；

② 生产和技术准备工作；

③ 毛坯制造，如铸造、锻造、焊接等；

④ 零件的机械加工与热处理；

⑤ 成品(部件或机器)的装配、调整、检验等；

⑥ 成品的运输和保管。

有些机械产品的生产过程是相当复杂的。为了得到高质量的机械产品，同时又能够利用专业化工厂的特定技术和效率，现代机械工业一般采取专业化生产的方法。此时一种产品的生产是分散在若干个专业化工厂进行的，例如毛坯的制造在某个专业化工厂里进行，而零件的机械加工在另一个专业化工厂进行，零件的热处理又在另一个专业化工厂进行，最后集中由一个工厂装配成完整的机械产品。

2. 工艺过程

工艺过程是指生产过程中，直接改变生产对象的形状、尺寸、相对位置和力学性质等，使其成为成品或半成品的过程。机械产品的工艺过程包括毛坯制造、零件的机械加工与热处理及成品(部件或机器)的装配、调整、检验等，它是生产过程中的主要且重要组成部分。

3. 机械加工工艺过程

机械加工工艺过程是指用机械加工的方法直接改变毛坯的形状、尺寸、相对位置和表面质量等，使其成为合格零件或机械成品的过程。一般的机械加工包括车、钳、刨、铣、拉、割等金属切削加工和磨削加工，但从广义上说，电加工、超声加工、激光加工、电子束和离子束加工等特种加工也是机械加工工艺过程中的一部分。机械加工工艺过程直接决定了零件及机械产品的质量和性能，是整个工艺过程的重要组成部分。

4.1.2　机械加工工艺过程的组成

零件的机械加工工艺过程由许多工序组合而成，每个工序又可分为若干个安装、工位、工步和走刀。

1. 工　序

工序是一个或一组工人,在一个工作地对同一个或同时对几个工件连续完成的那一部分工艺过程。划分工序的主要依据是工人是否变动、工作地是否变动、工件是否变动和工作是否连续。若机械加工中,工人、工作地、工件三者不变且工作连续,则属同一工序;否则,该加工要划分成多个工序。

例如,一个工人在车床上先车一个工件的一端,然后马上调头装夹工件,再车工件的另一端,此时整个加工属于一道工序;但如果同样一个工人在同样车床上先车一批工件的一端,然后调头装夹工件,再车这批工件的另一端,这时对每个工件来说,两端的加工已不连续,所以整个加工应属于两道工序。

如图 4-1 所示的阶梯轴零件,当单件小批生产时,其加工工艺的工序可划分成四道(见表 4-1)。当批量生产时,其加工工艺的工序就要划分成七道(见表 4-2)。

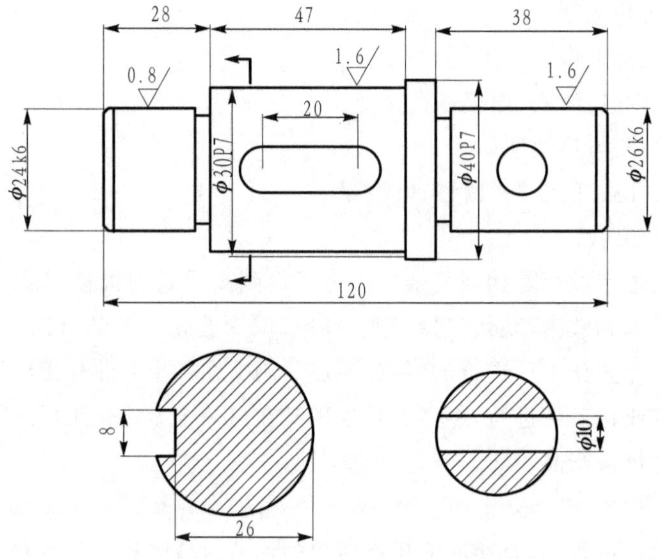

图 4-1　阶梯轴

工序是机械加工工艺过程中的基本单元,也是制订生产计划、组织生产及进行成本核算的基本单元。

表 4-1　阶梯轴加工工艺过程(单件小批生产)

工序号	工序内容	工艺装备
1	车两端面,钻两个中心孔,车全部外圆、车槽与倒角,去毛刺	C616 普通车床、标准车刀、通用夹具、通用量具
2	铣键槽,去毛刺	X51 立式铣床、标准铣刀通用夹具、通用量具
3	钻孔,去毛刺	Z525 立式钻床、标准钻头通用夹具、通用量具
4	磨外圆	M114W 外圆磨床、标准砂轮通用夹具、通用量具

表 4-2　阶梯轴加工工艺过程(批量生产)

工序号	工序内容	工艺装备
1	两边同时铣端面,钻中心孔	铣端面,钻中心孔专用机床,标准或专用刀具,专用夹具,通用或专用量具
2	粗车各外圆	普通车床,标准车刀,通用或专用夹具,通用或专用量具
3	半精车各外圆、车槽与倒角	普通车床或专用车床,标准车刀,通用或专用夹具,通用或专用量具
4	铣键槽	X51 立式铣床或专用铣床,标准铣刀,通用或专用夹具,通用或专用量具
5	钻孔	Z525 立式钻床或专用钻床,标准钻头通用或专用夹具,通用或专用量具
6	去毛刺	钳工台
7	磨外圆	M114W 外圆磨床或专用磨床,标准砂轮通用或专用夹具,通用或专用量具

2. 安　装

安装是经一次装夹(定位和夹紧)后完成的那一部分工序。工件在加工前,先要把工件放准,确保工件在机床上或夹具中占有正确位置,这个过程称为定位。工件定位后要将其固定,使其在加工过程中保持定位位置不变,这个操作称为夹紧。定位和夹紧几次就构成几次安装。

一道工序中可以只有一次安装,也可以有多次安装,但多安装一次就要多产生一定量的安装误差(一般为相对位置误差)。显然对标有形位公差的零件就要想办法在一次安装中加工出有相对位置要求的各个面,即所谓的尽可能一次装夹加工。对于如图 4-1 所示的阶梯轴,加工键槽可以在一次安装中完成,但车外圆需要二次安装,这样车出的两个 $\phi24$ 外圆表面之间存在由安装引起的同轴度误差。选择正确的定位夹紧方法和高精度的定位夹紧元件可以减小该安装误差,使之在允许的公差范围之内,但不能完全消除该安装误差。要完全消除该安装误差,可以在磨外圆时使用适当的夹具,在一次安装中磨出两个 $\phi24$ 外圆表面。

3. 工　位

工位是指为完成一定的工序部分,一次装夹工件后,工件与夹具或设备的可动部分一起,相对刀具或设备的固定部分所占据的每一个位置。为了减少工件的装夹次数,常采用各种回转工作台、回转夹具或移动夹具,使工件在一次装夹中,先后处于几个不同的位置进行连续加工。如图 4-2 所示,在三轴钻床上利用回转工作台在一次安装中对工件连续进行装卸、钻孔、扩孔和铰孔。在机械加工工艺过程中利用四工位加工属于一道工序下的一次安装加工。在加工中不用换机床、夹具和刀具,各刀具在加工中的相对位置精度靠回转工作台的转位精度保证。注意最后加工出孔的精度将不受回转工作台的精度限制,因为最后精加工是铰孔,孔的最后位置只取决于铰刀的位置(当然,条件是回转工作台的转角误差小于铰孔的加工余量,这点一般是容易满足的)。利用多工位加工的最大优点是可以大大提高生产效率。

4. 工　步

工步是在加工表面、加工刀具及切削用量(不包括背吃刀量)均保持不变的情况下,连续完

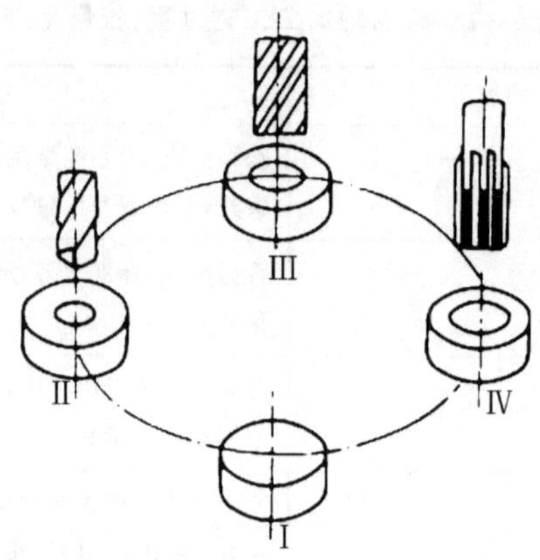

工位 I—装卸工件;工位 II—钻孔;工位 III—扩孔;工位 IV—铰孔

图 4-2　多工位加工

成的那一部分工序。工步的要点有三个,即加工表面不变、加工刀具不变和机床的切削刀具用量不变。若其中一个要素发生变化,就形成了一个新工步。

一个工序可以包含一个工步,也可以包含多个工步。为了在工艺文件中简化工序内容和相关的叙述,一般将那些连续进行的若干个相同的工步看作一个工步。

为了提高生产率,有时用几把刀具同时加工几个表面(在自动和半自动车床上经常采用此方法),这也可看作一个工步,称为复合工步。

5. 走　刀

走刀是指在一个工步中进行的每一次切削。如果在一个工步中的加工余量较大,就需要进行多次切削,即需要多次走刀。走刀是构成机械加工工艺过程的最小单元。

机械工艺过程中,工序、安装、工位、工步和走刀的关系如图 4-3 所示。

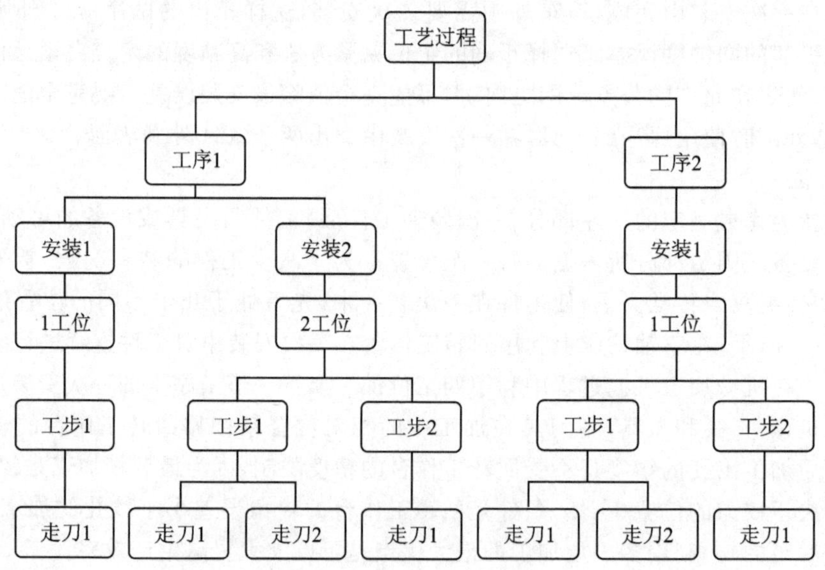

图 4-3　工艺过程结构图

4.1.3　生产纲领、生产类型及工艺特征

1. 生产纲领

生产纲领主要指企业在计划期内应当生产的产品产量和进度计划。计划期常定为一年，因此生产纲领也称零件的年产量。

零件的年生产纲领或年产量按以下公式计算：

$$N = Q\,n(1+a)(1+b) \tag{4-1}$$

式中：N 为零件的生产纲领，单位为件/年；Q 为产品的年产量，单位为台/年；n 为每台产品中含该零件的数量，单位为件/台；a 为零件的备品率；b 为零件的废品率。

2. 生产类型

生产类型是指企业(或车间、工段、班组、工作地)生产专业化程度的分类。各种机械产品的结构、技术要求差异很大，但它们的制造工艺存在着很多共同的特征。这些共同的特征取决于企业的生产类型，而企业的生产类型又是由企业的生产纲领决定的。

根据生产纲领的大小、产品本身的大小以及产品结构的复杂性，产品的制造可分为三种生产类型：单件小批生产、成批生产和大批量生产。

① 单件小批生产。其特点是产品品种很多且不固定，同一产品的产量很少，各个工作地的加工对象经常改变，而且很少重复生产。例如，重型机械制造、专用设备制造和新产品试制都属于单件生产。

② 成批生产。其特点是产品品种基本固定，数量适中，品种多，需要周期性地轮换生产，工作地的加工对象作周期性地重复。例如，机床、电机和纺织机械的制造常属成批生产。

③ 大批量生产。其特点是产品的品种不多且产量很大，大多数工作地按照一定的生产节拍(即在流水生产中，相继完成两件产品加工的时间间隔)进行某种零件某道工序的重复加工。例如，汽车、拖拉机、自行车、缝纫机和手表的制造常属大批量生产。

生产类型的具体划分可根据零件的生产纲领、零件的特征或工作地每月担负的工作量参考表 4-3 确定。

表 4-3　生产纲领与生产类型的关系

件/年

生产纲领	生产类型		
	单件小批生产	成批生产	大批量生产
重型零件(质量>2 000 kg)	<5	5～1 000	>1 000
中型零件(质量 100～2 000 kg)	<10	10～5 000	>5 000
轻型零件(质量<100 kg)	<100	100～50 000	>50 000

生产类型不同，零件和产品的制造工艺，所用机床设备、夹具、刀具、量具及对工人的技术要求，采取的技术措施和达到的技术经济效果也会不同。在制定零件机械加工工艺规程时，先要确定生产类型，然后确定该生产类型下的工艺特征(见表 4-4)，以使所制定的工艺规程正确合理。

表 4-4 各种生产类型的工艺特征

工 艺	生产类型		
	单件小批生产	成批生产	大批量生产
机床设备	通用设备	部分采用专用设备	广泛使用高效率专用设备
夹具	通用夹具	部分采用专用夹具	广泛使用高效率专用夹具
刀具	标准刀具	部分采用专用刀具	部分采用专用刀具
量具	通用量具	部分采用专用量具	广泛使用高效率专用量具
毛坯	木模铸造和自由锻	部分采用金属模铸造和模锻	机器造型、压力铸造、模锻等
对工人的技术要求	需要技术熟练的工人	需要比较熟练的工人	调整工要求技术熟练,操作工不要求技术熟练
生产效率	低	中	高
生产成本	高	中	低

4.1.4 机械加工工艺规程

1. 机械加工工艺规程的概念

机械加工工艺规程一般简称工艺规程,是规定产品或零部件制造工艺过程和操作方法等的工艺文件。它是结合具体的生产条件,把最合理或较合理的工艺过程和操作方法按规定的格式书写成工艺文件,经审批后用来指导生产。

2. 机械加工工艺规程的形式

生产中使用的工艺文件种类很多,这里介绍两种最常用的工艺文件。

① 机械加工工艺过程卡片。机械加工工艺过程卡如图 4-4 所示(摘自 JB/T 9165.2—1998)。它是以工序为单位说明零件加工工艺过程的工艺文件。由于各工序中的内容规定得不够具体,因此不能指导成批生产和大批量生产类型下一般操作工人的生产,但可用于指导单件或小批量生产类型下技术工人的生产。它主要用来表示零件的加工工艺过程,可供生产计划、生产组织、生产调度等生产管理使用。

② 机械加工工序卡片。机械加工工序卡片如图 4-5 所示(摘自 JB/T 9165—1998)。它是为每道工序详细制订的,用来具体指导操作工人进行批量生产和大批量生产的工艺文件。

3. 机械加工工艺规程的作用

机械加工工艺规程是机械制造厂最主要的技术文件之一,是工厂规章条例的重要组成部分,其具体作用如下:

① 指导生产的主要技术文件;

② 组织和管理生产的基本依据;

③ 新建和扩建车间或工厂的原始资料;

④ 交流和推广先进加工经验的渠道。

4. 制定机械加工工艺规程的步骤

① 零件图样分析和结构工艺性分析。阅读装配图和零件图,了解产品的用途、性能和工作条件,熟悉零件在产品中的地位和作用。从零件结构工艺性的各个方面审查图样,出现问题及时与零件的设计者沟通,在能满足使用要求的前提下使零件的制造具有较好的可行性和经济性。

文件编号：

(厂名)	机械加工工艺过程卡片	产品型号		零件图号		共　页
		产品名称		零件名称		第　页

材料牌号		毛坯种类		毛坯外形尺寸		每毛坯件数		每台件数		备注	

	工序号	工序名称	工　序　内　容	车间	工段	设　备	工艺装备	工时 准终	工时 单件
描　图									
描　校									
底图号									
装订号									

标记	处数	更改文件号	签字	日期	标记	处数	更改文件号	签字	日期	编制（日期）	审核（日期）	会签（日期）		

图 4－4　机械加工工艺过程卡片

文件编号:

(厂名)	机械加工工序卡片	产品型号		零件图号		共　页
		产品名称		零件名称		第　页

车　间	工序号	工序名称	材料牌号
毛坯种类	毛坯外形尺寸	每坯件数	每台件数
设备名称	设备型号	设备编号	同时加工件数
夹具编号	夹具名称		切削液
			工序工时
			准终 / 单件

	工步号	工　步　内　容	工　艺　装　备	主轴转速（r/min）	切削速度（m/min）	进给量（mm/r）	背吃刀量（mm）	进给次数	工时定额 机动	工时定额 辅助
描　图										
描　校										
底图号										
装订号										

标记	处数	更改文件号	签字	日期	标记	处数	更改文件号	签字	日期	编制（日期）	审核（日期）	会签（日期）		

图 4－5　机械加工工序卡片

② 确定零件的生产类型。由零件的生产纲领和生产条件(包括工艺装备的条件、技术工人的水平以及各种工艺资料和标准等)确定生产类型。

③ 选择毛坯和毛坯制造方法。按生产类型、毛坯的生产条件或毛坯的生产协作关系选择毛坯和毛坯制造方法。

④ 拟订零件的加工路线。根据零件的技术要求拟订零件的加工路线并确定零件的定位基准及定位和夹紧方法。

⑤ 确定各工序的加工方法和尺寸。确定各工序的加工余量,计算各工序尺寸及其公差,确定各工序的技术要求及检验方法,计算各工序的切削用量和时间定额等。

⑥ 填写工艺文件。根据前面确定的机械加工工艺填写机械加工工艺过程卡片和机械加工工序卡片。

按上述步骤的主要内容分节叙述。

4.2 零件结构工艺性分析

4.2.1 零件结构工艺性的概念

制订零件的机械加工工艺规程的第一步是审查零件图样和对零件进行结构工艺性分析。零件结构工艺性是指所设计的零件在能满足使用要求的前提下,其制造的可行性和经济性。

对于同样能满足使用要求的不同结构零件,其结构工艺性的差别是非常大的。有的零件其结构工艺性非常好,对工艺装备没有特殊的要求,操作工不需做太多的调整就能较容易地达到所要求的加工精度和表面质量,其加工成本就不高。有的零件其结构工艺性较差,对工艺装备有特殊的要求,需要有一定加工技术的工人做较多的调整,才能达到所要求的加工精度和表面质量,其加工成本较高。

制订机械加工工艺规程的工艺员应该严格从零件图中的视图、尺寸、结构和技术要求等方面审查图样,对零件的可加工性和经济性有一个基本的判断,及时与零件设计人员沟通,提出零件结构的改进措施,使零件具有较好的制造结构性和工艺性。

零件的结构工艺性包括零件在各个制造过程中的工艺性,有零件结构在铸造、锻造、冲压、焊接等毛坯制造的工艺性和切削加工的工艺性。由此可见,零件结构工艺性涉及面很广,具有综合性,必须全面综合分析。下面先从毛坯的制造方式提出对零件结构工艺性的要求,然后重点通过对零件结构工艺性不合理图和合理图的对比中详述零件的切削加工结构工艺性问题。

4.2.2 毛坯制造加工对零件结构工艺性的要求

1. 铸造加工对零件结构工艺性的要求

① 铸件的壁厚应合适、均匀,不得有突然的变化;

② 铸件结构的转角处要有圆角;

③ 铸件结构要尽量简化,并要有合理的起模斜度;

④ 加强肋的厚度和分布要合理,以免冷却时铸件变形或产生裂纹;

⑤ 铸件的选材要合理,应有较好的可铸性。

2. 锻造加工对零件结构工艺性的要求

① 自由锻件的结构力求简单、对称,避免锥体或斜面结构;

② 模锻件应有合理的锻造斜度和圆角半径；

③ 避免凸台、肋板、工字形等结构；

④ 材料应具有良好的可锻性。

3. 冲压加工对零件结构工艺性的要求

① 结构应力求简单、对称；

② 外形和内孔应尽量避免尖角；

③ 圆角大小要有利于成型。冲裁的圆角半径应大于或等于板厚的 1/2，拉拔件的底部圆角半径一般为板厚的 3～5 倍。

4. 焊接加工对零件结构工艺性的要求

① 焊接件的材料应具有良好的可焊性；

② 焊缝布置应分散，不能交叉密集；

③ 焊缝的布置应有利于减小焊接应力及变形；

④ 焊接接头的形式、位置和尺寸应能满足焊接质量的要求。

4.2.3　切削加工对零件结构工艺性的要求

1. 零件要便于在夹具上装夹及减少在夹具上装夹的次数

(1) 增加可装夹的工艺面、工艺边或工艺孔

如图 4-6(a)所示，零件难以在夹具中安装。在零件上增加一个如图 4-6(b)所示的工艺边或工艺孔就能使零件在夹具中可靠地安装。

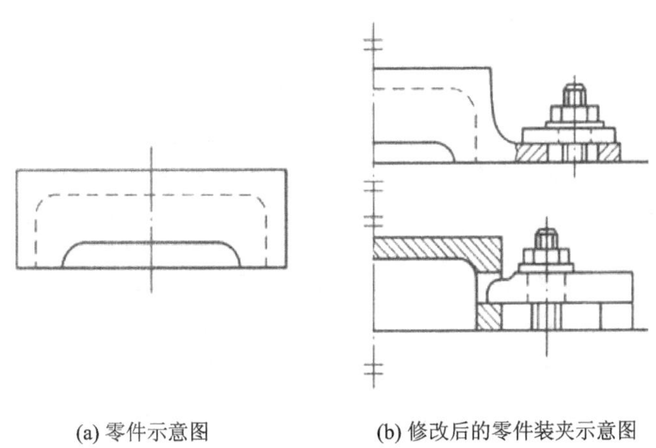

(a) 零件示意图　　(b) 修改后的零件装夹示意图

图 4-6　增加可装夹的边或孔

(2) 增加可装夹的工艺凸台

如图 4-7(a)所示，零件难以在夹具中夹紧。在零件上增加一个如图 4-7(b)所示的工艺凸台就能使零件在夹具中可靠地夹紧。

(3) 箱体中多个孔要从大到小排列

如图 4-8(a)所示，零件中的左面、右面和中间三个孔要两次装夹加工，这样不但增加工件在夹具中的调整时间和加工时间，而且也难以保证三个孔的同轴度要求。如图 4-8(b)所示，将一个端面孔改成较大孔，另一个端面孔改成较小孔，这样就能在一次装夹中加工出左、右和中间三个孔，而且三个孔的同轴度也有保证。

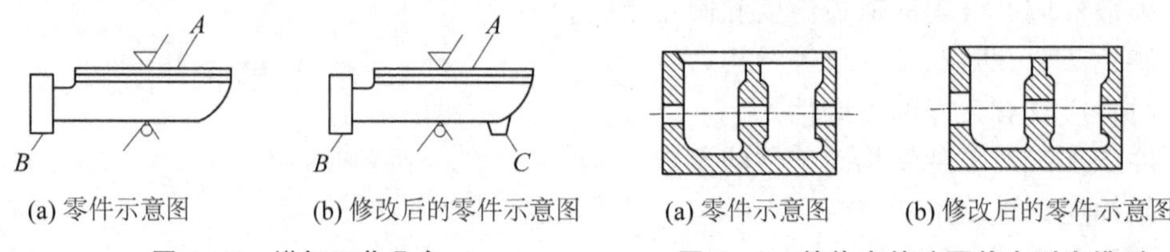

(a) 零件示意图　(b) 修改后的零件示意图

图 4-7　增加工艺凸台

(a) 零件示意图　(b) 修改后的零件示意图

图 4-8　箱体中的孔要从大到小排列

(4) 增加工艺轴段

如图 4-9(a)所示,零件难以在一次装夹中车和磨出两头的轴段,而且也难以保证两端的轴段的同轴度。在零件上增加一个如图 4-9(b)所示的工艺轴段就能使零件在一次装夹中车和磨出两端的轴段,并能保证两端轴段的同轴度。如果该工艺轴段不需要,可在后续加工中去除。

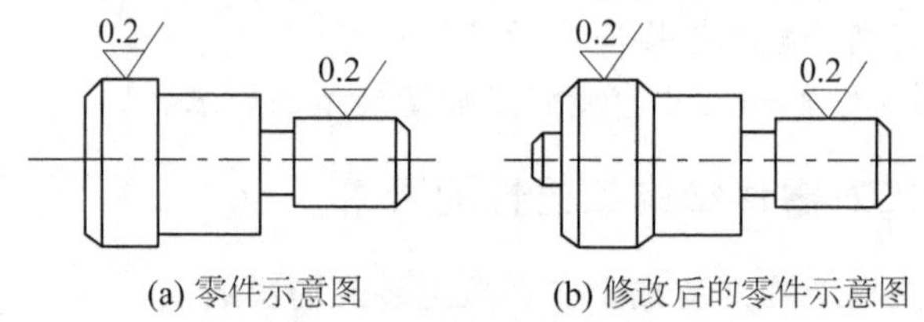

(a) 零件示意图　(b) 修改后的零件示意图

图 4-9　增加可装夹的工艺轴段

(5) 相同孔和槽的加工方向要尽可能一致

图 4-10(a)和(c)所示零件上相同孔和槽的方向不一致,需要两次装夹加工;图 4-10(b)和(d)所示零件上相同孔和槽的方向一致,只须一次装夹加工。

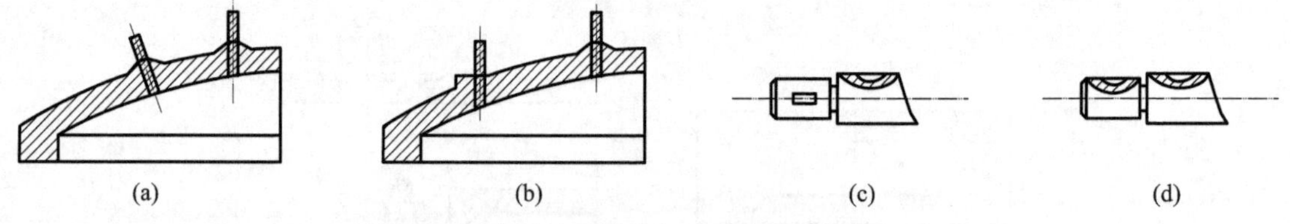
(a)　(b)　(c)　(d)

图 4-10　相同孔和槽的加工方向要尽可能一致

2. 零件的加工要减少刀具的种类、调整次数和走刀次数

(1) 尽量采用相同的螺孔结构

如图 4-11(a)所示,零件有 M5 和 M6 两种螺孔,需要两套刀具。零件结构改成如图 4-11(b)后,零件只有 M6 螺孔,只需一套刀具。

(2) 被加工平面要尽量设计在一个平面上

如图 4-12(a)所示,零件有两个高低不同的凸台平面要加工,生产效率较低。可将零件上的两个凸台改成等高(见图 4-12(b))就能减少走刀的次数,提高生产率。

(3) 尽量采用相同的槽和圆角

如图 4-13(a)所示,零件中槽和圆角有多种规格,需要多种刀具加工。零件结构改成图 4-13(b)后,零件中槽和圆角只有一种规格,只需一种刀具加工。

(4) 使用可多件加工的结构

如图 4-14(a)所示加工方式只能单件加工,且每次要调整走刀位置。改成如图 4-14(b)所示的加工方法就能多件加工,且不用调整走刀位置。

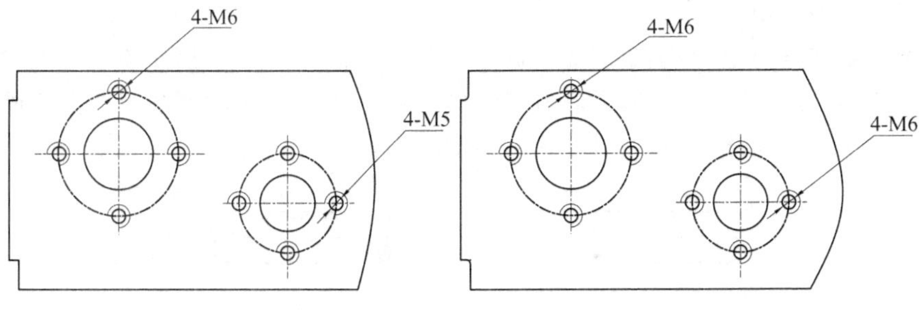

(a) 零件示意图　　(b) 修改后的零件示意图

图 4－11　尽量采用相同的螺孔结构

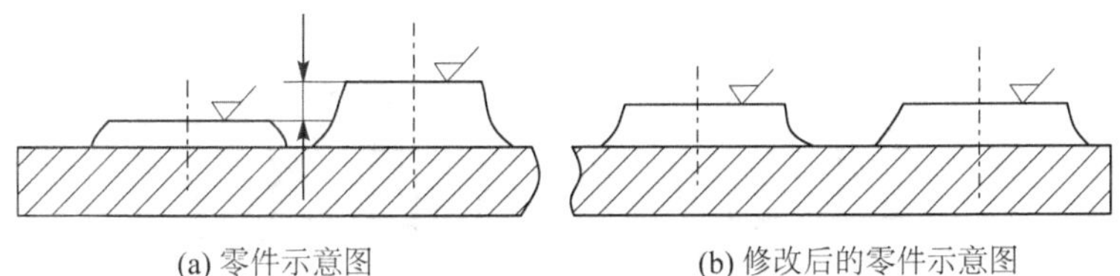

(a) 零件示意图　　(b) 修改后的零件示意图

图 4－12　被加工平面要尽量设计在一个平面

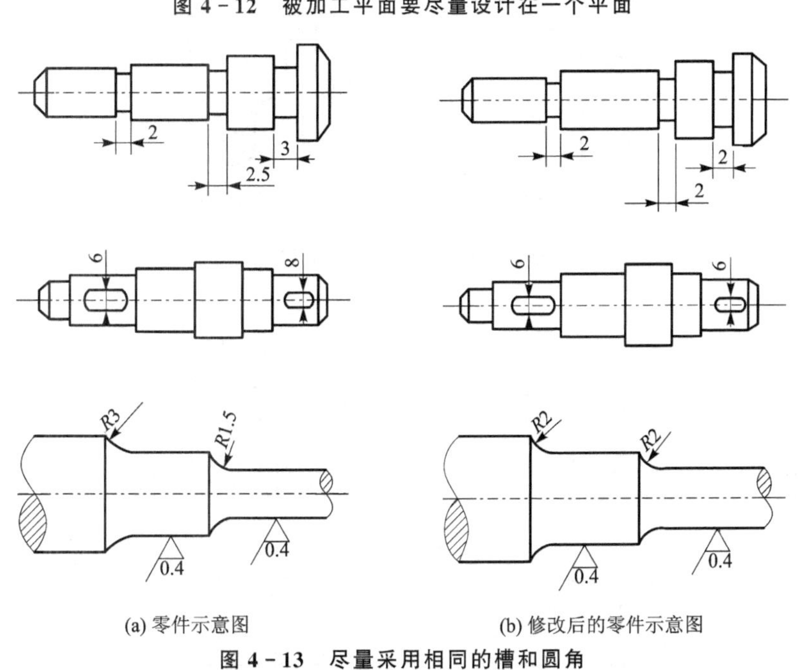

(a) 零件示意图　　(b) 修改后的零件示意图

图 4－13　尽量采用相同的槽和圆角

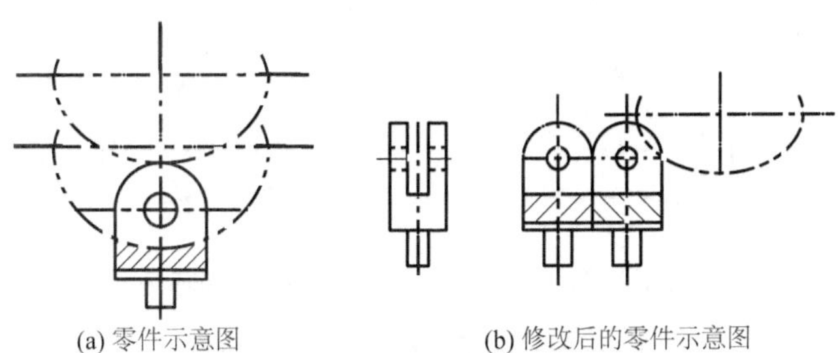

(a) 零件示意图　　(b) 修改后的零件示意图

图 4－14　使用可多件加工的结构

3. 要便于进刀和退刀

① 车螺纹要有退刀槽,磨削表面要有砂轮越程槽。图 4-15(a)所示螺纹结构没有退刀槽结构,图 4-15(b)所示螺纹结构加了退刀槽结构。图 4-16(a)所示磨削表面没有砂轮越程槽结构,图 4-16(b)所示磨削表面加了砂轮越程槽结构。

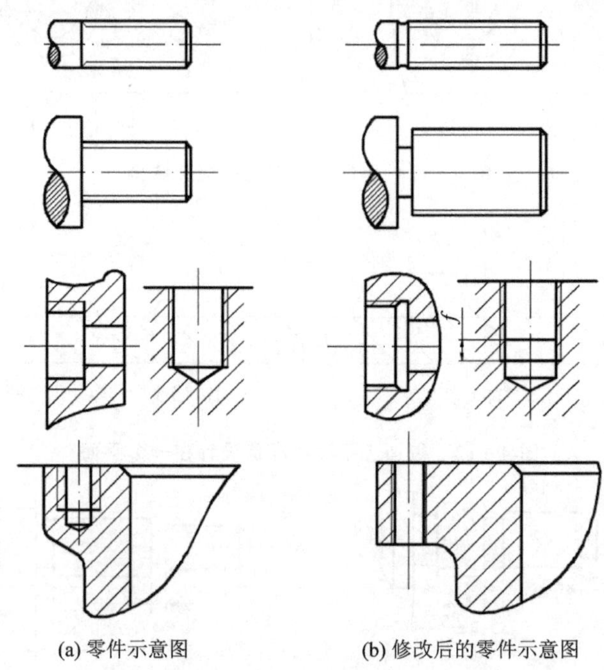

(a) 零件示意图　　(b) 修改后的零件示意图

图 4-15　车螺纹要有退刀槽

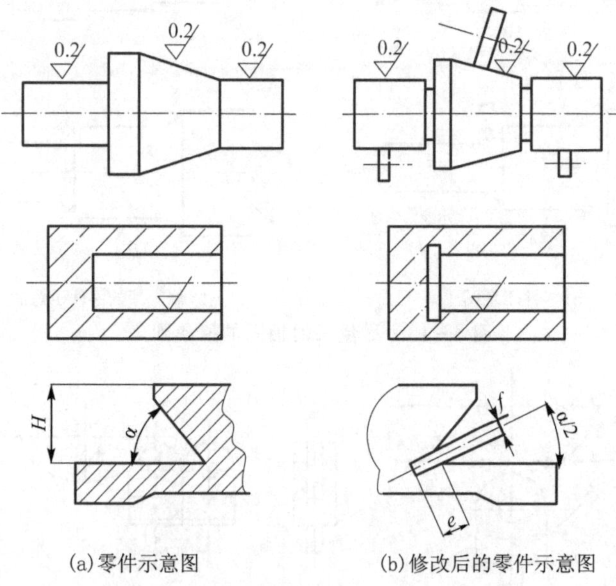

(a) 零件示意图　　(b) 修改后的零件示意图

图 4-16　磨削表面要有砂轮越程槽

② 沟槽表面不应与其他表面重合。如图 4－17(a)所示，沟槽表面与其他表面重合，这样将在其他表面刻出痕迹并会磨损刀具。如图 4－17(b)所示，沟槽表面与其他表面设计成不重合，就能满足要求。

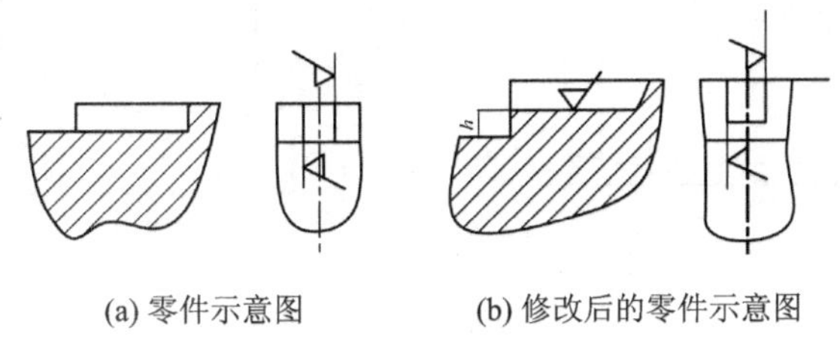

(a) 零件示意图　　(b) 修改后的零件示意图

图 4－17　沟槽表面不应与其他表面重合

4. 零件结构要便于加工

① 避免在斜面上钻孔或单刃切削。如图 4－18(a)所示，零件需要在斜面上加工孔或形成钻头单面切削，此时不但难以加工出符合要求的孔，也可能在加工中折断钻头，应尽量避免。如果在孔的顶面和底面设计或先加工出平面(见图 4－18(b))，这样就能在平面上加工孔了。

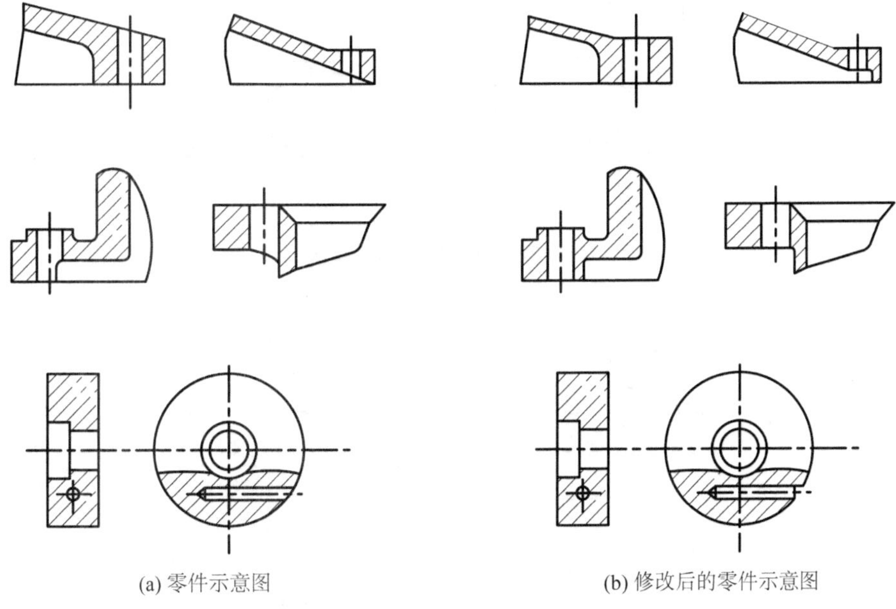

(a) 零件示意图　　(b) 修改后的零件示意图

图 4－18　避免在斜面上钻孔

② 避免在箱体内表面加工。如图 4－19(a)所示，零件需要在箱体内表面加工。一般在箱体内表面加工和测量都比较困难，应尽量避免。将如图 4－19(a)所示的结构修改成如图 4－19(b)所示的结构就不用在箱体内表面加工，只需在箱体外表面加工。

③ 降低切削加工难度。避免将加工平面布置在低(凹)处(见图 4－20(a))，应将加工平面布置在高(凸)处(见图 4－20(b))。避免在加工平面中间设计凸台(见图 4－20(c))，应将凸台设计成低于加工平面(见图 4－20(d))。

④ 减小加工面积。如图 4－21(a)所示，修改前底面及孔的加工面积太大，应该将其修改成如图 4－21(b)所示结构，以减小加工面积。

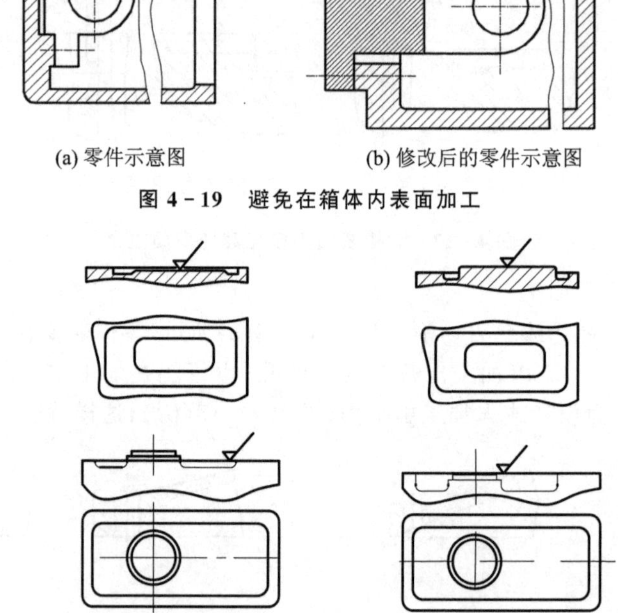

(a) 零件示意图　　(b) 修改后的零件示意图

图 4-19　避免在箱体内表面加工

(a) 零件示意图　　(b) 修改后的零件示意图

图 4-20　降低切削加工难度

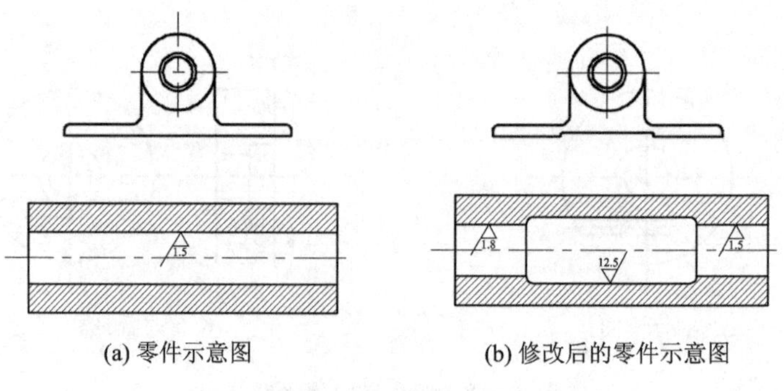

(a) 零件示意图　　(b) 修改后的零件示意图

图 4-21　减小加工面积

4.3　机床夹具与工件定位

夹具是机械制造过程中使用的一种工艺装备,分为机床夹具、焊接夹具、装配夹具和检验夹具等。

各种金属切削机床上用于装夹工件的工艺装备,称机床夹具,如车床上使用的三爪自动定心卡盘、铣床上使用的平口虎钳等。

对工件进行机械加工时,为了保证加工要求,首先要使工件相对于刀具及机床有正确的位置，并使这个位置在加工过程中不因外力的影响而变动。为此，在进行机械加工前，先将工件装夹好。

工件的装夹方法有两种：一种是工件直接装夹在机床的工作台或花盘上，另一种是工件装夹在夹具上。

采用第一种方法装夹工件时，一般先按图纸要求在工件表面画线，画出加工的尺寸和位置，装夹时用划针或百分表找正后装夹工件。这种方法无需专用设备，但效率低，一般用于单件和小批量生产。批量较大时，大都用夹具装夹工件。

机床夹具是机械加工中不可缺少的一种工艺装备，应用十分广泛。其主要作用有：

(1) 稳定保证加工质量

采用夹具后，工件各表面间的相互位置精度是由夹具保证的，而不是依靠工人的技术水平与熟练程度，所以产品质量容易保证。

(2) 提高劳动生产率

使用夹具使工件装夹迅速、方便，从而大大缩短了辅助时间，提高了生产率。特别是对于加工时间短、辅助时间长的中、小零件，效果更为显著。

(3) 减轻工人的劳动强度，保证安全生产

有些工件，特别是比较大的工件，调整和夹紧很费力气，而且注意力要高度集中，很容易疲劳。如果使用机床夹具，采用气动或液压等自动化夹紧装置，既可减轻工人的劳动强度，又能保证安全生产。

(4) 扩大机床的使用范围

实现一机多用，一机多能，如在铣床上安装一个回转台或分度装置，可以加工有等分要求的零件；在车床上安装镗模，可以加工箱体零件上的同轴孔系。

4.3.1　工件的装夹

装夹又称安装，是指将工件装夹在机床上或夹具中，包括定位和夹紧两项内容。定位可以使工件在机床或夹具上占有正确位置；夹紧是指对工件施加一定的外力，使其已确定的位置在加工过程中保持不变。

1. 夹具装夹

夹具装夹是指工件放在为其加工专门设计和制造的夹具中，工件上的定位表面一经与夹具上的定位元件配合或接触，即完成了定位，然后在此位置上夹紧工件。这种方法可以迅速而方便地使工件在机床上处于所要求的正确位置。

夹具装夹如图 4 - 22 所示，其精度和效率均较高，被广泛采用。

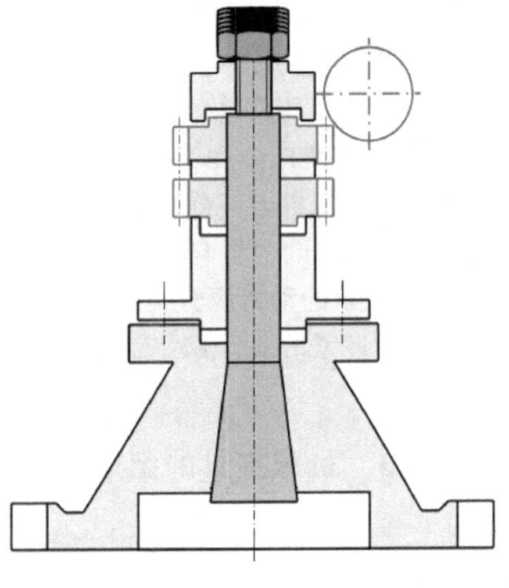

图 4 - 22　夹具装夹

2. 直接装夹

直接装夹是指工件直接装夹在机床工作台或者通用夹具(如三爪卡盘、四爪卡盘、平口钳、电磁吸盘等标准附件)上。

① 直接找正装夹(见图 4 - 23)　精度高，效率低，对工人技术水平要求高；

② 画线找正装夹(见图4-24) 精度不高,效率低,多用于形状复杂的铸件。

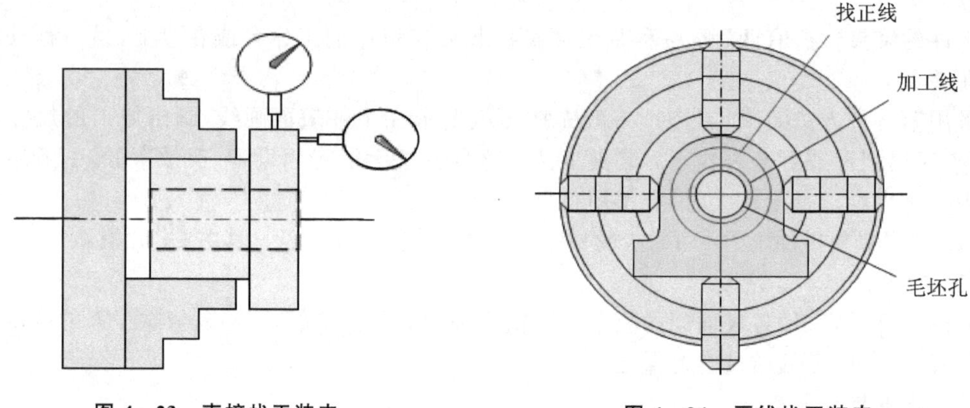

图4-23 直接找正装夹

图4-24 画线找正装夹

4.3.2 机床夹具分类

机床夹具的种类繁多,可以从不同的角度对机床夹具进行分类。常用的分类方法有以下几种。

1. 按夹具的使用特点分类

① 通用夹具 已经标准化的,可加工一定范围内不同工件的夹具,如三爪自定心卡盘、机床用平口虎钳、万能分度头、磁力工件台等。这些夹具已作为机床附件由专门工厂制造供应,只需选购即可。

② 专用夹具 专为某一工件的某道工序设计制造的夹具。专用夹具一般在批量生产中使用。

③ 可调夹具 夹具的某些元件可调整或更换,以适应多种工件加工的夹具。它还分为通用可调夹具和成组可调夹具两类。

④ 组合夹具 采用标准的组合夹具元件、部件,专为某一工件的某道工序组装的夹具。

⑤ 拼装夹具 用专门的标准化、系列化的拼装夹具零部件拼装而成的夹具。它具有组合夹具的优点,但比组合夹具精度高,效率高,结构紧凑。它的基础板和夹紧部件中常带有小型液压缸。此类夹具更适合在数控机床上使用。

2. 按使用机床分类

夹具按使用机床可分为车床夹具、铣床夹具、钻床夹具、镗床夹具、齿轮机床夹具、数控机床夹具、自动机床夹具、自动线随行夹具及其他机床夹具等。

3. 按夹紧的动力源分类

夹具按夹紧的动力源可分为手动夹具、气动夹具、液压夹具、气液增力夹具、电磁夹具及真空夹具等。

4.3.3 机床夹具的组成

机床夹具的种类繁多、结构各异,但它们的工作原理基本相同。按夹具上各部分元件和装置所起的功用划分,可得出夹具一般有以下几部分组成,以图4-25钻床夹具为例。

① 定位元件 定位元件用于确定工件在夹具中的正确位置,是夹具的主要功能元件之

一，如图 4－25 中的定位销 7，图 4－26 中的 V 形块 1 和支撑套 2。它们使工件在夹具中占据正确位置。

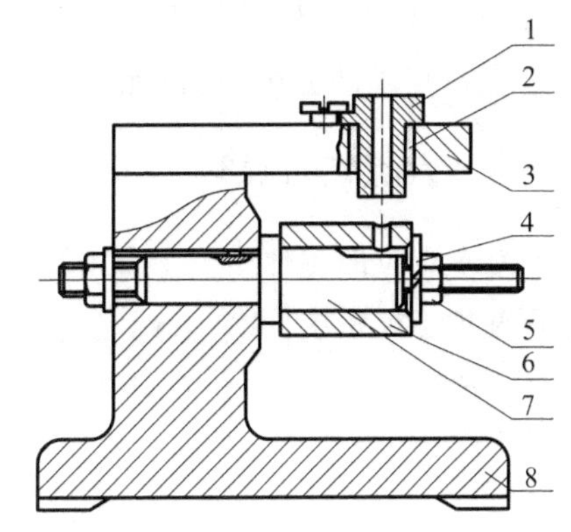

1—快换钻套；2—导向套；3—钻模板；4—开口垫圈；5—螺母；6—工件；7—定位销；8—夹具体

图 4－25　钻床夹具

② 夹紧装置　夹紧装置用于保证工件在加工过程中受到外力（如切削力、重力、惯性力等）作用时，已经占据的正确位置不被破坏，如图 4－25 钻床夹具中的开口垫圈 4、螺母 5，图 4－26 中的手柄 3，都是夹紧元件。

③ 对刀-导向元件　对刀-导向元件用于确定刀具相对于夹具的正确位置并引导刀具进行加工。其中，对刀元件是在夹具中起对刀作用的零部件，如铣床夹具上的对刀块。导向元件是在夹具中起对刀和引导刀具作用的零部件，图 4－25 中的快换钻套 1 是导向元件；图 4－26 中的对刀块 6 是对刀元件。

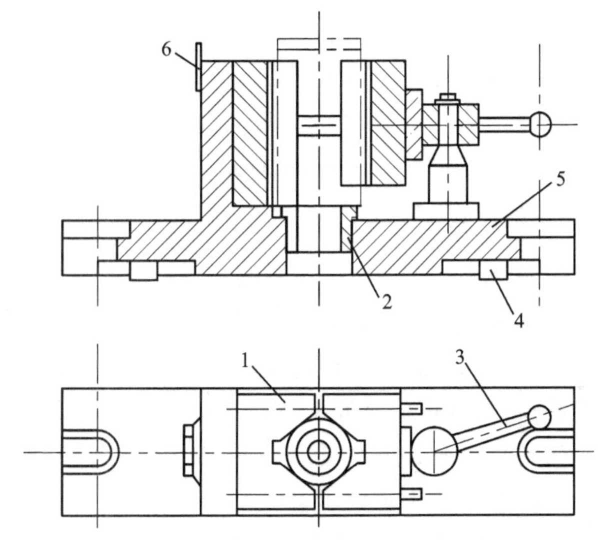

1—V 形块；2—支撑套；3—手柄；4—定向键；5—夹具体；6—对刀块

图 4－26　铣轴端槽夹具

④ 夹具体　夹具体是机床夹具的基础件，它用于连接夹具上各个元件或装置，使之成为一个整体，并与机床有关部件相连接，如图 4－25 中的夹具体 8、图 4－26 中的夹具体 5。

⑤ 连接元件　确定夹具在机床上正确位置的元件，如定位键、定位销及紧固螺栓等。

⑥ 其他元件和装置　根据夹具上特殊需要而设置的装置和元件，如：

- 分度装置：加工按一定规律分布的多个表面。
- 上下料装置：为方便输送工件的装置，如输送垫铁等。
- 吊装元件：对于大型夹具，应设置吊装元件，如吊环螺钉等。

• 工件的顶出装置(或让刀装置)：加工箱体类零件多层壁上的孔。

在上述各组成部分中，定位元件、夹紧装置和夹具体是机床夹具的基本组成部分。

4.3.4 六点定位原理

一个尚未定位的工件是一个自由刚体，其在空间的位置是不确定的，如图 4－27(a)所示。它在空间直角坐标系中可沿 x、y、z 3 个坐标轴任意移动，也可绕三坐标轴转动，分别用 $\vec{x}$、$\vec{y}$、$\vec{z}$ 和 $\overset{\curvearrowright}{x}$、$\overset{\curvearrowright}{y}$、$\overset{\curvearrowright}{z}$ 表示，即为工件的 6 个自由度。要使工件具有唯一确定的位置，就必须限制它在空间的 6 个自由度。

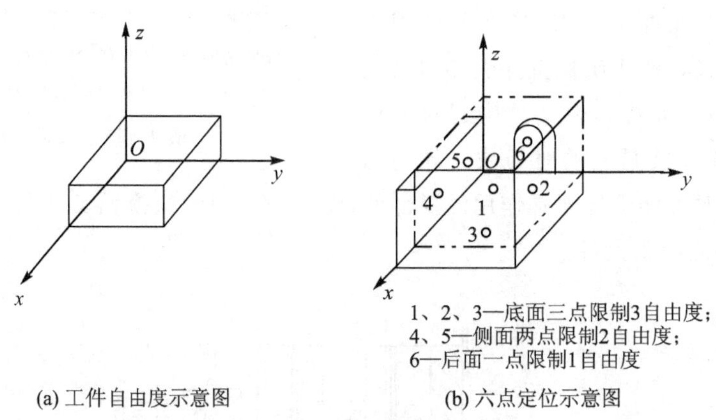

(a) 工件自由度示意图　(b) 六点定位示意图

图 4－27　工件在空间中的自由度

如图 4－27(b)所示，用 6 个合理分布的定位支承点与工件分别接触，即一个支承点限制工件的一个自由度，使工件在夹具中的位置完全确定。由此可见，要使工件在空间具有唯一确定的位置，就必须限制工件在空间的 6 个自由度，这就是"六点定位原理"。

在应用工件的"六点定位原理"进行定位分析时，应注意以下几点：

① 定位就是限制自由度，通常用合理布置的定位支承点来限制工件的自由度。

② 定位支承点限制工件自由度的作用，应理解为定位支承点与工件定位基准面始终保持紧贴接触。若二者脱离，则意味着失去定位作用。

③ 定位和夹紧是两个不同的概念，定位是为了使工件在空间某一方向占据唯一确定的位置，此时工件除受自身重力作用外，不受其他外力作用。而夹紧则是使工件在外力作用下，仍能保证这唯一正确位置不变。对于一般夹具，先实施定位，然后再夹紧。对于自定心夹具(如三爪卡盘)，则是定位和夹紧过程同时进行。因此，一定要把定位和夹紧区别开，不能混为一谈。

④ 定位支承点是由定位元件抽象而来的，在夹具中，定位支承点总是通过具体的定位元件来体现，至于具体的定位元件应转化为几个定位支承点，须结合其结构进行分析。

表 4－5 所列为常见的典型定位方式及定位元件可转化的支承点数目及所能限制的自由度。需要注意的是，一种定位元件转化成的支承点数目是一定的。

表 4－5　常见典型定位方式及定位元件所限制的自由度

工件定位基准面	定位元件	定位方式及所限制的自由度	工件定位基准面	定位元件	定位方式及所限制的自由度
平面	支承钉	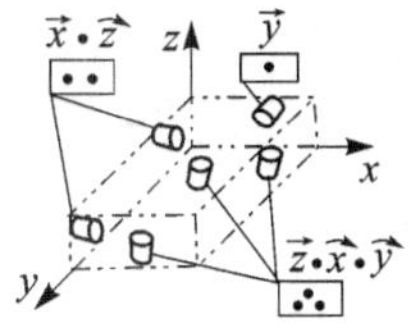	圆孔	锥销	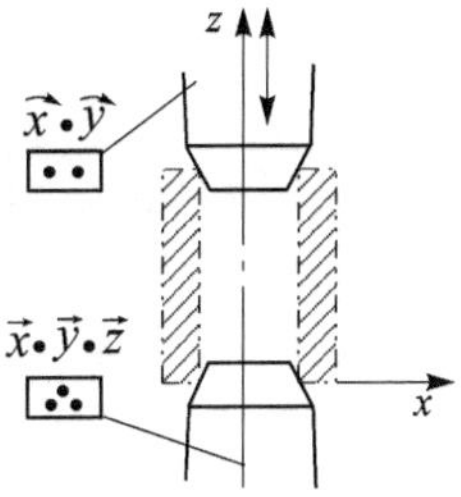
	支承板	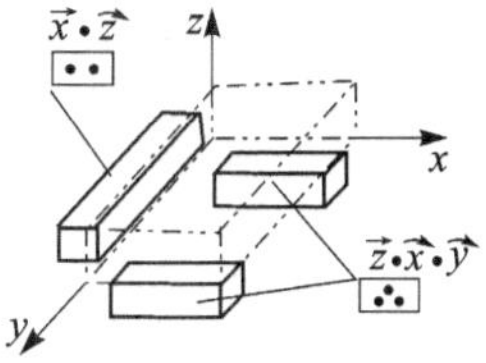	外圆柱面	支承板或支承钉	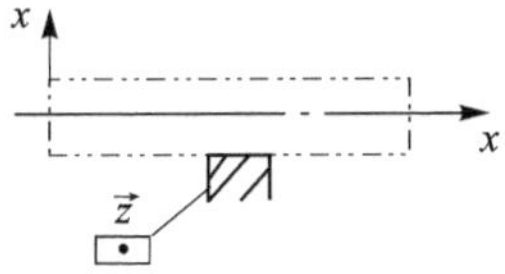
	固定支承与自位支承	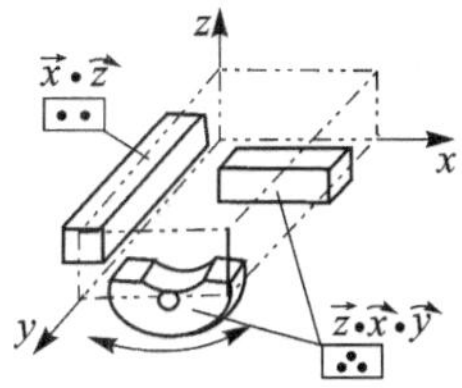			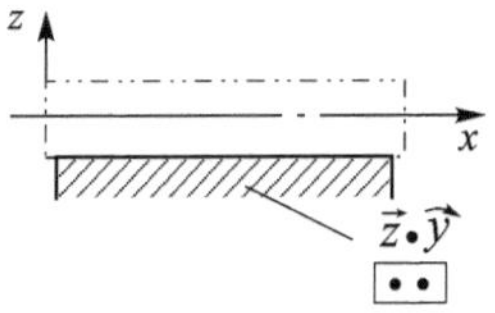
	固定支承与辅助支承	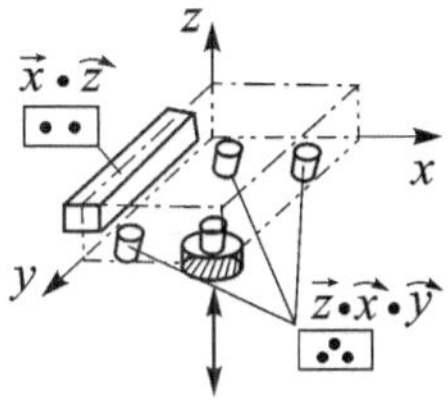		V 形块	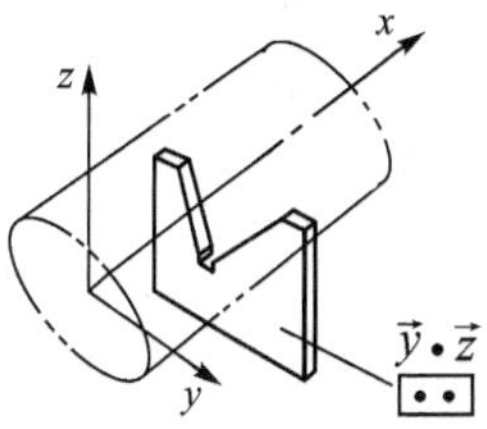
圆孔	短圆柱	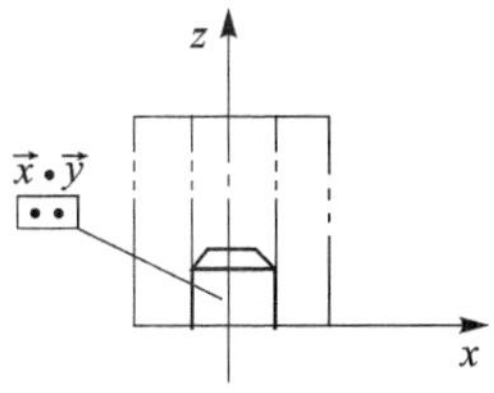		宽 V 形块	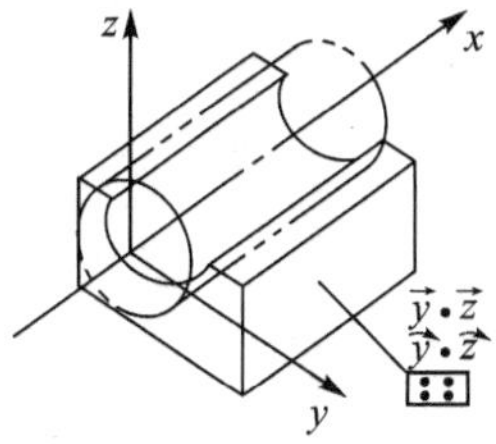

续表 4-5

工件定位基准面	定位元件	定位方式及所限制的自由度	工件定位基准面	定位元件	定位方式及所限制的自由度
圆孔	长圆柱	$\vec{x}\cdot\vec{y}$ $\vec{x}\cdot\vec{y}$	外圆柱面	V形块	$\vec{y}$
	锥销	$\vec{x}\cdot\vec{y}\cdot\vec{z}$		定位套	$\vec{y}\cdot\vec{z}$
外圆柱面	定位套	$\vec{y}\cdot\vec{z}$ $\vec{y}\cdot\vec{z}$	锥孔	锥套	$\vec{x}\cdot\vec{y}\cdot\vec{z}$ $\vec{y}\cdot\vec{z}$
	半圆孔	$\vec{y}\cdot\vec{z}$		顶尖	$\vec{x}\cdot\vec{y}\cdot\vec{z}$ $\vec{x}\cdot\vec{z}$
		$\vec{x}\cdot\vec{z}\cdot\vec{y}$		锥心轴	$\vec{x}\cdot\vec{y}\cdot\vec{z}$ $\vec{y}\cdot\vec{z}$

4.3.5　工件定位的几种情况

设计夹具时，必须根据本工序加工时工件需要保证的位置尺寸和位置精度，按照工件的定位原理，分析研究应该限制工件的哪几个自由度，对哪些自由度可不必限制。如图 4－28 所示，铣削长方体工件上的通槽，为保证槽底面与 A 面的平行度和尺寸 H，就必须限制工件的 $\vec{z}$、$\widehat{x}$、$\widehat{y}$ 三个自由度；为保证槽侧面与 B 面的平行度及尺寸 F 的加工要求，还需要限制 $\vec{x}$、$\widehat{z}$ 两个自由度。至于 $\vec{y}$，按加工要求可不用限制。因一批工件逐个在夹具中定位时，各个工件沿 y 轴的位置，即使不同也不会影响加工通槽的要求。

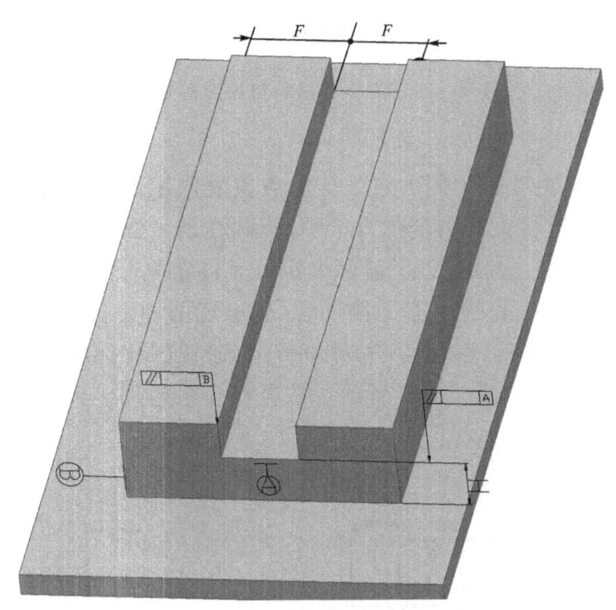

图 4－28　按工件加工要求必须限制的自由度

根据工件的加工要求，工件在夹具中的定位，常有以下几种定位情况：

(1) 完全定位

工件的 6 个自由度被定位元件无重复地限制，工件在夹具中具有唯一确定的位置称为完全定位。如图 4－29(a)所示，在工件上铣键槽，保证尺寸 z，需要限制 $\vec{z}$、$\widehat{x}$、$\widehat{y}$；保证尺寸 x，需要限制 $\vec{x}$、$\widehat{y}$、$\widehat{z}$；保证尺寸 y，需要限制 $\vec{y}$、$\widehat{z}$、$\widehat{x}$。综合而言，必须限制工件的 6 个自由度，即完全定位。

(2) 不完全定位

如图 4－29(b)所示，在工件上铣台阶面时，工件沿 y 轴的移动自由度 $\vec{y}$，对工件的加工精度无影响。工件在这一方向上的位置不确定只影响加工时的进给行程，故此处只需要限制 5 个自由度，即 $\vec{x}$、$\vec{z}$、$\widehat{x}$、$\widehat{y}$、$\widehat{z}$。这种对不影响工件加工要求的某些自由度不加限制的定位方式称为不完全定位。显然不完全定位是合理的定位方式。图 4－29(c)所示，加工上表面时采用的也是不完全定位。

(3) 欠定位

根据工件的加工要求，应该限制的自由度没有完全被限制的定位称为欠定位。欠定位无法保证加工要求，因此，在确定工件的定位方案时，决不允许有欠定位的现象发生。

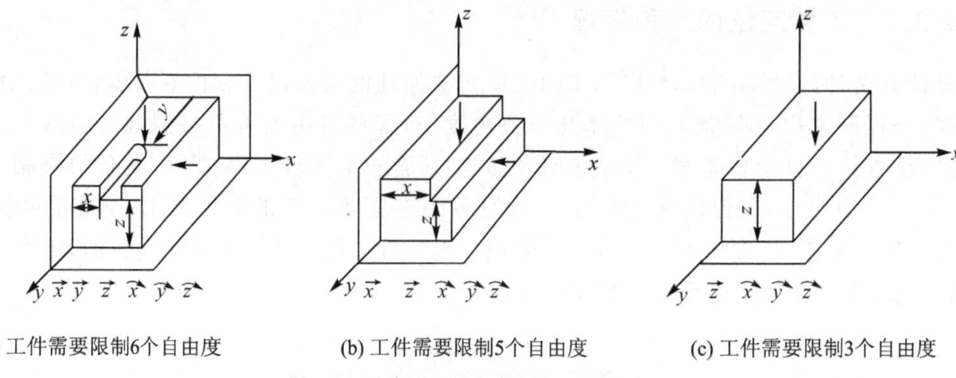

(a) 工件需要限制6个自由度　(b) 工件需要限制5个自由度　(c) 工件需要限制3个自由度

图 4-29　工件应限制自由度的确定

(4) 过定位

工件的一个或几个自由度被不同的定位支承点重复限制的定位称为过定位或重复定位。如图 4-30(a)所示,加工连杆大孔的定位方案中,长圆柱销 1 限制 $\vec{x}$、$\vec{y}$、$\overset{\frown}{x}$、$\overset{\frown}{y}$ 4 个自由度,支承板 2 限制$\overset{\frown}{x}$、$\overset{\frown}{y}$、$\vec{z}$3 个自由度。其中,$\overset{\frown}{x}$、$\overset{\frown}{y}$被两个定位元件重复限制,产生了过定位。如工件孔与端面垂直度误差较大,且孔与销间隙又很小时,会出现两种情况:如长圆柱销刚度好,定位后工件歪斜,端面只有一点接触,如图 4-30(b)所示;如长圆柱销刚度不足,压紧后长圆柱销将歪斜,工件也可能变形,如图 4-30(c)所示。二者都会引起加工大孔的位置误差,使连杆两孔的轴线不平行。

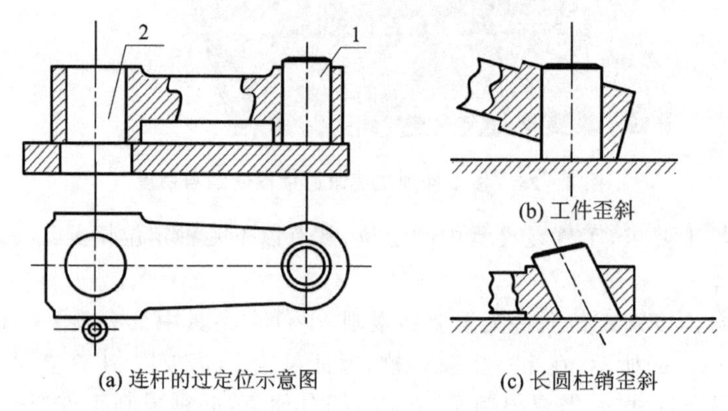

(a) 连杆的过定位示意图　(b) 工件歪斜　(c) 长圆柱销歪斜

1—长圆柱销;2—支承板

图 4-30　连杆的定位

在实际应用中应当根据具体情况,采取如下措施消除或减少过定位带来的不良后果:

① 提高工件定位基准之间及定位元件工作表面之间的位置精度,减少过定位对加工精度的影响,使不可用过定位变为可用过定位。

② 改变定位方案,避免过定位。消除重复限制自由度的支承或将其中某个支承改为辅助支承(或浮动支承);改变定位元件的结构,如圆柱销改为菱形销,长销改为短销等。

由上述几种定位情况可知,完全定位和不完全定位是符合工件定位原理的定位,而欠定位和过定位是不符合工件定位原理的定位。在实际应用中,欠定位绝对不允许出现,但过定位在不影响加工要求的前提下允许使用。

4.3.6　常见定位方式及其所用定位元件

工件的定位，除根据工件的加工要求选择合适的表面作为定位基准面外，还必须选择正确的定位方法，将定位基面支承在适当分布的定位支承点上，然后将各支承点按定位基面的具体结构形状，再具体化为定位元件。

工件的定位基准面有多种形式，如平面、外圆柱面、内孔等。根据工件上定位基准面的不同采用不同的定位元件，使定位元件的定位面和工件的定位基准面相接触或配合，实现工件的定位。

1. 工件以平面定位

平面定位的主要形式是支承定位。常用的定位元件有支承钉、支承板、夹具支承件和夹具体的凸台及平面等。如图 4－31 给出了工件以平面定位的几种情况。

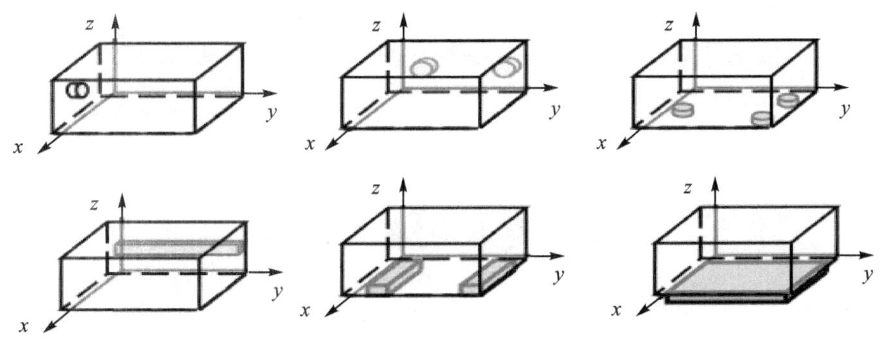

图 4－31　工件以平面定位的几种情况

2. 工件以圆孔定位

工件以孔轴线为定位基准，常在圆柱体(定位销、心轴等)、圆锥体及定心夹紧机构中定位。该方式定位可靠，使用方便，在实际生产中获得广泛使用。工件以圆孔定位的几种情况如图 4－32 所示。

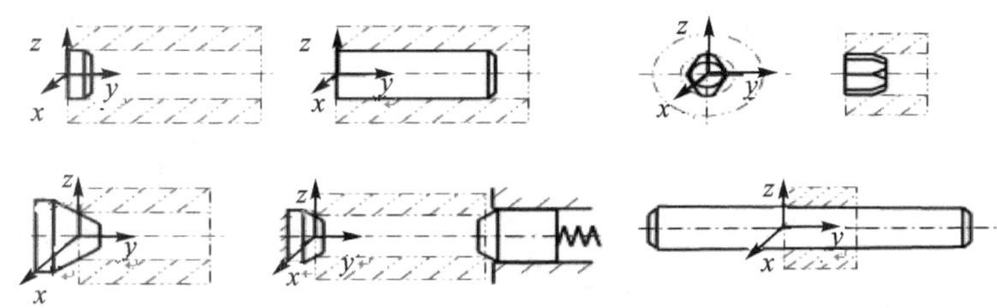

图 4－32　工件以圆孔定位的几种情况

3. 工件以外圆柱面定位

工件以外圆柱面定位在生产中是常见的，如图 4－33 所示。工件以外圆柱面定位有两种形式：定心定位和支承定位。工件以外圆柱面定心定位的情况与工件以圆孔定位的情况相仿(用套筒和卡盘代替心轴或柱销)。工件以外圆柱面支承定位的元件常采用 V 形块。短 V 形块限制 2 个自由度，长 V 形块(或 2 个短 V 形块组合)限制 4 个自由度。

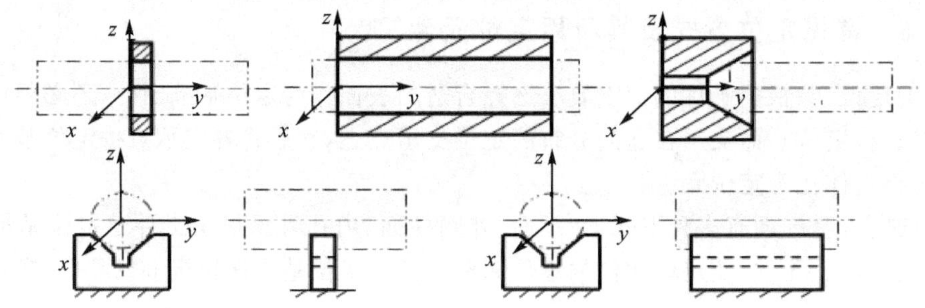

图 4-33 工件以外圆柱面定位的几种情况

4. 工件以其他表面定位

除平面、圆孔、外圆柱面外，工件有时还可能以其他表面(如圆锥面、渐开线齿面和曲面等)定位。图 4-34 为工件以锥孔定位的例子，锥度心轴限制了除绕工件自身轴线转动外的 5 个自由度。

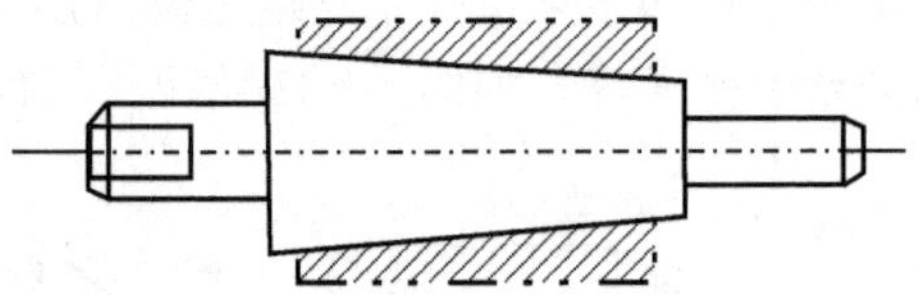

图 4-34 工件以锥孔定位

4.4 定位基准的选择

在制订机械加工工艺规程时，选择合适的定位基准是至关重要的。它是继对零件作结构工艺性审查后要考虑的重要问题，因为它直接影响到零件的加工精度能否得到保证，加工顺序如何安排，机床、夹具、刀具和量具的复杂程度。

4.4.1 基准的概念及其分类

1. 基准的概念

基准是用来确定生产对象上几何要素间几何关系所依据的那些点、线和面。在零件图或实际零件上，每个尺寸的标注、加工、测量都有一个参考点、线或面，这些参考点、线和面就是所谓的基准，如图 4-35 所示。

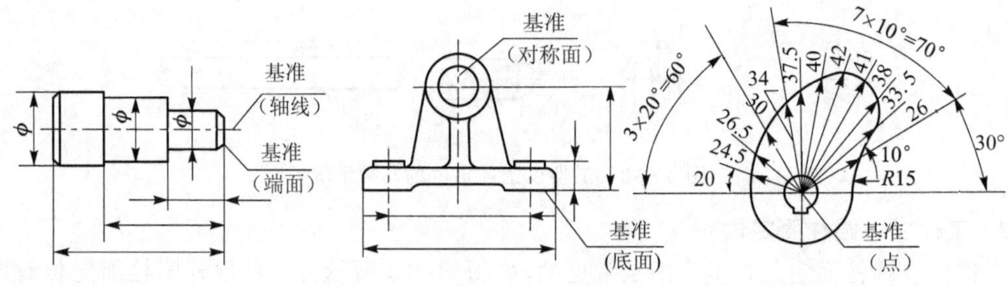

图 4-35 零件的尺寸基准(点、线和面)

2. 基准的分类

根据基准的作用不同，常把基准分为两类，即设计基准和工艺基准。

(1) 设计基准

设计基准是从设计角度考虑,为满足零件在机器或部件之中对其结构、性能的特定要求而选定的一些基准。设计基准可以从零件的作用和尺寸的标注中分析出来。

(2) 工艺基准

工艺基准是在制造零件和装配机器的工程中所使用的基准。工艺基准按其用途又分为工序基准、定位基准、测量基准和装配基准。

① 工序基准　工序基准是在工序图上用来确定本工序上零件加工表面尺寸、形状和位置所依据的基准。图 4-36(a)是一个在车床上加工法兰盘内孔和右端面的工序简图,从图中可以看出,加工内孔的工序基准是外圆柱 $\phi100$ 的轴线,加工右端面的工序基准是左端面。

为消除基准不重合误差,应尽量使工序基准和设计基准重合。图 4-36(a)所示的工序基准和设计基准是重合的。

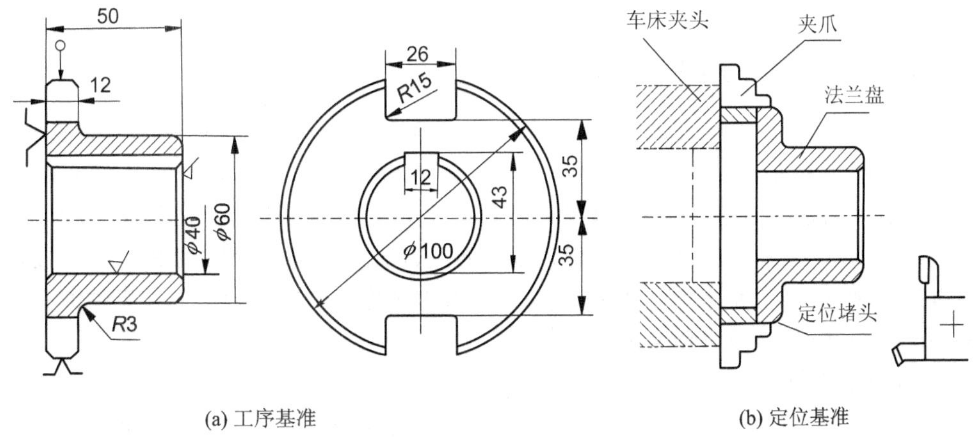

(a) 工序基准　　(b) 定位基准

图 4-36　法兰盘加工的工序基准和定位基准

② 定位基准　定位基准是在机械加工中,用作工件定位的基准。作为设计基准的点、线和面在实际零件上不一定存在(如轴和孔的轴线、槽的对称面等),此时需要用工件上实际存在的面对工件定位,这些面称为定位基准面。定位基准面所产生的定位基准与设计基准间的位置差值就是定位误差。

图 4-36(b)为在车床上加工法兰盘内孔和右端面的定位夹紧方案。该方案用定位堵头作为定位支承元件,以零件的左端面为定位基面以实现右端面的定位要求,用三爪自定心卡盘夹持零件的 $\phi100$ 外圆柱(相对夹持短),以零件的 $\phi100$ 外圆柱面为定位基面以实现孔的轴线定位要求。另外,零件的夹紧也是靠三爪自定心卡盘实现的。该定位方案的定位基准与设计基准、工序基准都是重合的。

③ 测量基准　测量基准是零件在加工中和加工后,测量尺寸、形位误差时所依据的基准。同样,测量基准不一定和设计基准重合,测量基准面所产生的测量基准与设计基准面间的位置差值就是测量原理误差。

④ 装配基准　装配基准是用来确定零件或部件在机器中位置的基准。图 4-37 为蜗轮轴装配基准示意图,图中蜗轮定位轴肩与轴向主要设计基准是重合的。

上述各种基准应尽可能重合。在设计零件中,设计基准应尽可能与装配基准重合。在零

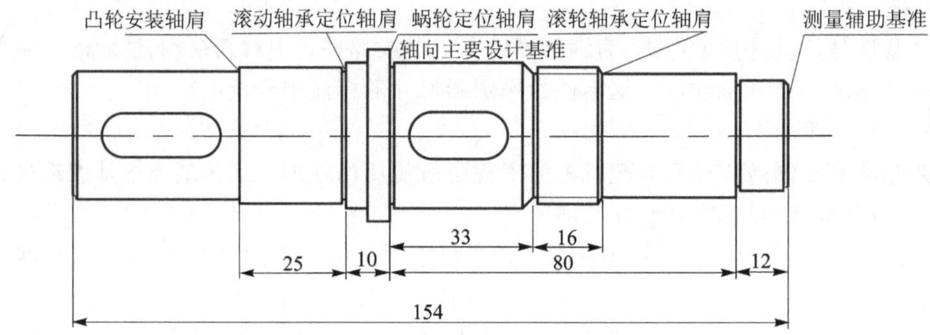

图 4-37　蜗轮轴的装配基准示意图

件的制造加工中,应尽可能选择设计基准为工序基准、定位基准和测量基准,以消除基准不重合原理误差。

4.4.2　定位基准的选择介绍

合理选择定位基准,对保证加工精度、安排加工顺序和提高加工生产率起着重要的作用。定位基准有定位精基准和定位粗基准之分。定位精基准简称精基准,是用加工过的表面作为定位基准。定位粗基准简称粗基准,是用毛坯上未加工过的表面作为定位基准。从定位的作用看,它主要是为了保证加工表面的位置精度。因此,选择定位基准的总原则是从有位置精度要求的表面中进行选择,要达到此要求,应考虑先选精基准,后选粗基准,但在零件的实际加工中一般先使用粗基准,后使用精基准。

1. 粗基准选择原则

对毛坯开始进行机械加工时,第一道工序只能以毛坯表面定位,这种基准面称为粗基准(或毛基准)。粗基准的选择应该保证所有加工表面都具有足够的加工余量,而且各加工表面对不加工表面应具有一定的位置精度。其选择的原则如下:

① 选取不加工的表面为粗基准原则　这样可使加工表面与不加工表面具有较正确的相对位置,并有可能在一次安装中把大部分加工表面加工出来。如图 4-38 所示的毛坯,圆柱面 1 不需加工,孔 2 需要加工,铸造后圆柱面 1 和孔 2 肯定存在偏心。用孔 2 为粗基准就不能消除圆柱面 1 和孔 2 的偏心(即壁厚不均匀),而用不加工的圆柱面 1 为粗基准就能消除此偏心,但此时孔的粗加工余量是不均匀的。

② 选取加工余量最小的表面为粗基准原则　若零件上有多个表面要加工,则应选取加工余量最小的表面为粗基准。这样可保证各表面加工余量均匀,并可保证在加工最小加工余量的表面时仍有足够的加工余量。

图 4-39 零件的毛坯中两外圆柱存在偏心。若以加工余量较大的 ϕ108 外圆柱为粗基准,则无法加工出 ϕ50 外圆柱(加工余量不够);若以加工余量较小的 ϕ55 外圆柱为粗基准,则可以加工出 ϕ100 外圆柱。

③ 选取重要的表面为粗基准原则　若零件上有一个加工精度和表面粗糙度均要求非常高的表面,则应选取该表面为粗基准。这样对较大余量的粗加工主要集中在其他不重要表面,当加工这个重要表面时,相对位置已基本正确,加工余量的要求就相对较小,切削力和切削发热量都相对较小,毛坯复映误差也相对较小,该重要表面的加工精度和表面粗糙度就容易获得。

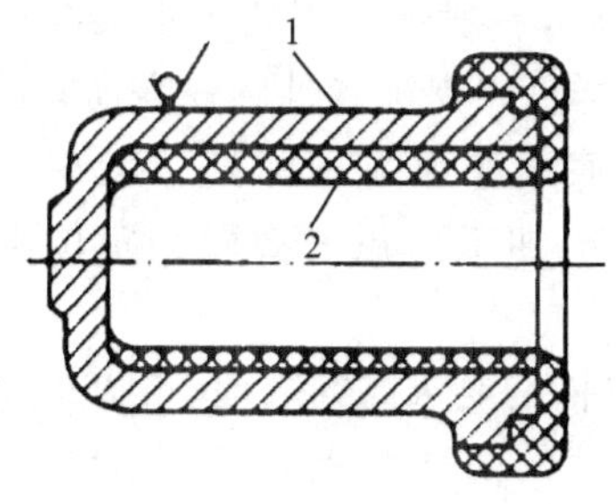

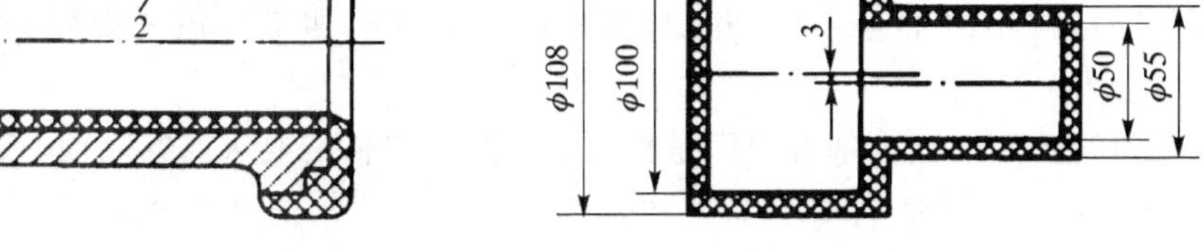

图 4 - 38　选取不加工的表面为粗基准　　**图 4 - 39　选取加工余量最小的表面为粗基准**

例如车床床身(见图 4 - 40),要求导轨面耐磨性好,希望在加工时只切去较小而均匀的一层余量,使其表层保留均匀一致的金相组织和物理机械性能。若先选择导轨面作粗基准加工床身的底平面,然后以床身的底平面为精基准加工导轨面,就能达到此目的。

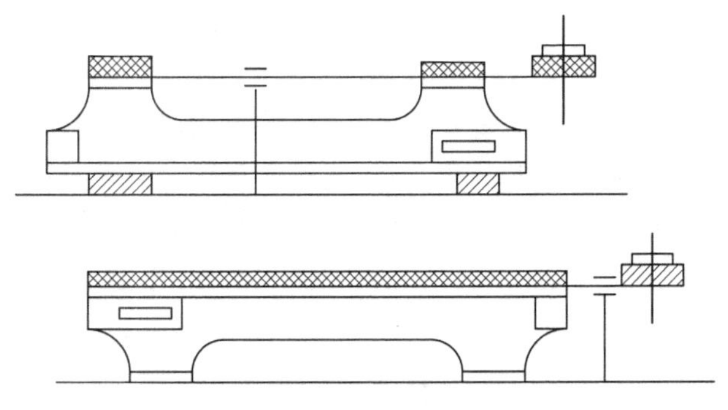

图 4 - 40　选取重要的表面为粗基准

④ 选取加工面积较大的表面为粗基准原则　选取加工面积较大的表面为粗基准有两个好处:一是粗加工时定位面积较大,定位刚度较高,可选用较大的切削用量,因而生产效率较高;另一个好处是粗加工后零件加工面积较大的表面其位置精度已基本正确,对其加工余量的要求就相对较小。例如车床床身导轨面的加工面积较大,用其为粗基准后,可以看出床身底面的加工余量较大而导轨的加工余量较小,显然这样加工生产率较高,刀具磨损较小。

⑤ 选取便于工件安装的表面为粗基准原则　作为粗基准的表面应平整、光滑,不允许有锻造飞边,铸造浇、冒口或其他缺陷。这样可使工件定位可靠、装夹方便。

⑥ 粗基准只能使用一次原则　由于用于粗基准的表面是毛坯表面,精度低,表面粗糙,两次装夹时,该表面会产生较大的定位误差,因此粗基准一般不能重复使用。

2. 精基准选择原则

选择精基准时,应从整个工艺过程来考虑如何保证工件的尺寸精度和位置精度,并使安装方便可靠。选择精基准一般应遵循以下几项原则:

① 基准重合原则　基准重合原则为应尽可能选择所加工表面的设计基准为精基准。当精基准与设计基准不重合时,会产生基准不重合的定位误差。因此对位置精度要求较高表面的加工,应遵循基准重合原则。

② 基准统一原则　基准统一原则是指在工件的整个加工过程中,应尽可能地采取统一的定位基准。采用基准统一原则便于保证各加工表面间的位置精度,可避免由基准转换产生的

误差,也可简化夹具的设计和制造。例如,加工轴类零件时,一般都采用两个顶尖孔作为统一的精基准来加工轴类零件上所有的外圆表面和端面。这样可以保证各外圆柱表面间的同轴度和端面对轴心线的垂直度。有些工件可能找不到合适的表面作为统一基准,必要时可在工件上加工出专供定位用的工艺表面,例如,可在箱体零件上加工出供一面两销定位用的工艺孔等。

③ 互为基准原则　互为基准原则是指对于相互位置精度要求高的表面,可以采用互为基准、反复加工的方法。例如,车床主轴的主轴颈与主轴锥孔的同轴度要求高,一般先以轴颈定位加工锥孔,再以锥孔定位加工轴颈,如此反复加工来达到同轴度要求。

④ 自为基准原则　自为基准原则是指在加工精度和表面粗糙度要求较高,而加工余量又较小的表面时,直接用该加工表面为定位基准进行加工。

如图4-41所示是一个在导轨磨床上磨削床身导轨面的加工示意图。被加工床身通过垫块支承在工作台上,测量千分表指针装在磨头上,移动工作台,根据千分表读数调整垫块,直至千分表读数为零;然后磨削床身。此外,拉孔、浮动铰孔、浮动镗孔、无心磨外圆及珩磨等都是自为基准的例子。

精基准选择时,一定要保证工件定位准确,夹紧可靠,夹具结构简单,工件安装方便。因此,精基准应该是精度较高、表面粗糙度值较小、支承面积较大的表面。

应当指出的是,上述精基准选择的各项原则,有时不可能同时满足,必须结合具体情况综合考虑,灵活掌握。

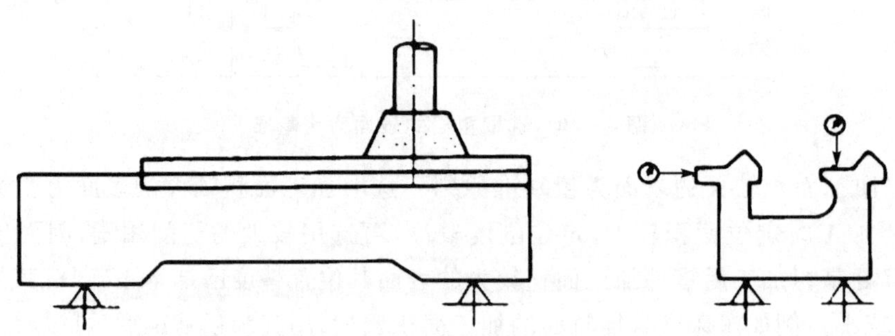

图4-41　磨削床身导轨面的加工示意图

4.5　工艺路线的制定

制定机械加工工艺规程的主要工作是制定工艺路线,它是制定工艺规程的关键阶段。工艺规程设计员要根据零件的技术要求和所具有的工艺设备,拟定几套机械加工工艺路线,通过分析对比,从中选出最佳方案。制定工艺路线要考虑毛坯及其制造方式、各种表面的经济加工方法、加工顺序的安排等。

4.5.1　毛坯及其制造方式的选择

1. 毛坯的选择

一般零件图仅标注零件的材料,对于个别重要的零件除明确标注材料外,还隐含指出毛坯的种类和有关的热处理方式。因此机械加工工艺设计人员要能根据零件的图纸要求和零件的生产纲领，选择毛坯的种类和毛坯的制造方式。机械加工中常用的毛坯有铸件、锻件、型材、焊接件和冲压件等，选用时要考虑以下因素：

① 零件图的要求。如果毛坯要使用焊接件，则零件图上会明确标注；如果零件图上标注的材料为铸铁、铸钢、青铜、铸铝等，则一般毛坯使用铸件。

② 零件的力学性能。零件工作时受拉力较大的零件一般使用锻件毛坯。

③ 零件的结构形状。较大、较厚零件一般使用铸件毛坯，薄形零件一般使用冲压件。

④ 生产类型。单件、小批量零件应尽量使用型材，成批和大批量生产宜采用金属模机器造型的铸件或模锻锻件。

2. 各种毛坯的适用范围

各种毛坯的特点和适用范围如表 4-6 所列。

表 4-6　毛坯的特点和适用范围

毛坯种类	加工精度	加工余量	原材料	工件尺寸	工件形状	机械性能	适用生产类型
型材	IT9～IT13	大	各种材料	大型	简单	较好	各种类型
型材焊接件	IT9～IT13	一般	钢材	大、中型	较复杂	有内应力	单件小批
砂型铸造	IT11～IT13	大	铸铁、铸钢、青铜	各种尺寸	复杂	差	单件小批
自由锻造	IT11～IT13	大	钢材为主	各种尺寸	较简单	好	单件小批
普通模锻	IT11～IT12	一般	钢、锻铝、铜等	中、小型	一般	好	成批、大批量
钢模铸造	IT10～IT12	较小	铸铝为主	中、小型	较复杂	较好	中批、大批量
精密铸造	IT8～IT11	较小	钢材、锻铝等	小型	较复杂	较好	大批量
压力铸造	IT8～IT11	小	铸铁、铸钢、青铜	中、小型	复杂	较好	成批、大批量
熔模铸造	IT7～IT10	很小	铸铁、铸钢、青铜	小型为主	复杂	较好	成批、大批量
冲压件	IT8～IT10	小	钢	各种尺寸	复杂	好	大批量
粉末冶金件	IT7～IT9	很小	铁基、铜基、铝基材料	中、小尺寸	较复杂	一般	成批、大批量
工程塑料件	IT9～IT11	较小	工程塑料	中、小尺寸	复杂	一般	成批、大批量

4.5.2　表面加工方法的选择

1. 加工误差与加工成本的关系

为了正确选择加工路线，要了解用特定设备加工，其加工误差（包括加工精度和表面粗糙度）与加工成本（包括工人的技术水平，特别的夹具、刀具和量具）的关系。

大量统计资料表明，使用同一种设备（机床）加工，在不同的加工条件下所得到的精度和表面粗糙度值是不一样的。一般设备加工方法的加工误差和加工成本的关系如图 4-42 所示。图中横坐标是加工误差 Δ，纵坐标是加工成本 Q。

从图中可以看出，特定设备和相应加工方法的加工误差是有极限的，即在 A 点的左段，零件的加工误差不随加工成本的增加而提高。例如，用普通车床加工零件，无论使用何种高精度工装和熟练技术水平工人，都难以达到 IT5 级精度和 0.4 μm 表面粗糙度。同样用普通的工装及普通技术工人，用普通车床均能使零件加工精度达到 IT10 级以上（如图 4-42 B 点右边曲线所示)。因此,对于特定的设备和相应加工方法,使用在 A 点左段和 B 点右段的加工方案都是不经济的,使用在 A 点和 B 点之间的加工方案是经济的,此时加工成本与加工误差成反比关系,即使用高精度的工装及熟练技术工人,零件的加工精度会提高或加工误差会降低。

因此将图4-42中 AB 点之间的精度范围称为该种设备和相应加工方法的经济精度范围。

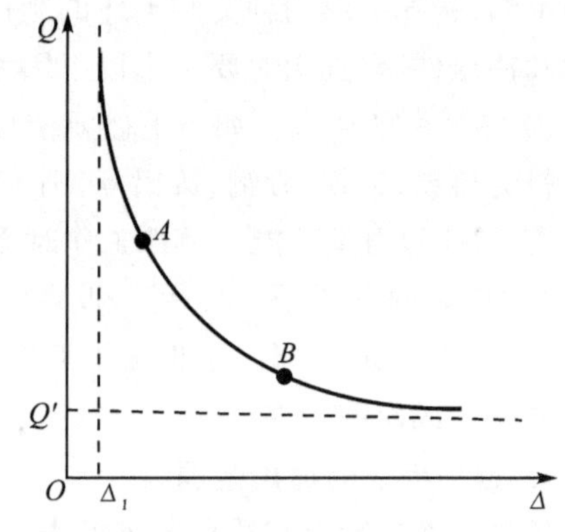

图4-42　加工误差与加工成本的关系

2. 各种加工方法的经济加工精度和表面粗糙度

经济加工精度和表面粗糙度是指在正常的加工条件下,一种加工方法所能保证的加工精度和表面粗糙度的范围。各种加工方法的经济加工精度和表面粗糙度范围如表4-7所列。

表4-7　各种加工方法的经济加工精度和表面粗糙度范围

被加工表面	加工方法	经济加工精度	表面粗糙度 $Ra/\mu m$	被加工表面	加工方法	经济加工精度	表面粗糙度 $Ra/\mu m$
外圆和端面	粗车	IT11～IT13	50～12.5	孔	钻孔	IT11～IT13	25～6.3
	半精车	IT8～IT11	6.3～3.2		铸锻孔的粗扩(镗)	IT11～IT13	25～12.5
	精车	IT7～IT9	3.2～1.6		精扩	IT9～IT11	6.3～3.2
	粗磨	IT8～IT11	3.2～0.8		粗铰	IT8～IT9	6.3～1.6
	精磨	IT6～IT8	0.8～0.2		精铰	IT6～IT7	3.2～0.8
	研磨	IT5	0.2～0.012		半精镗	IT9～IT11	6.3～3.2
	超精加工	IT5	0.2～0.012		精镗(浮动镗)	IT7～IT9	3.2～0.8
	精细车(金刚车)	IT5～IT6	0.8～0.05		精细镗(金刚镗)	IT6～IT7	0.8～0.1
平面	粗刨、粗铣	IT11～IT13	25～12.5		粗磨	IT9～IT11	6.3～3.2
	半精刨、半精铣	IT8～IT11	6.3～3.2		精磨	IT7～IT9	1.6～0.4
	精刨、精铣	IT6～IT8	3.2～0.8		研磨	IT6	0.2～0.012
	拉削	IT7～IT8	1.6～0.8		珩磨	IT6～IT7	0.4～0.1
	粗磨	IT8～IT11	6.3～1.6		拉孔	IT7～IT9	1.6～0.8
	精磨	IT6～IT8	0.8～0.2				
	研磨	IT5～IT6	0.2～0.012				

机器零件的结构形状虽然多种多样,但高精度的表面不外乎是外圆表面、内孔表面和平面。工艺规程设计员要熟悉外圆表面、孔表面和平面的各种加工方案。外圆表面的推荐经济加工方案如表4-8所列,内孔表面的推荐经济加工方案如表4-9所列,平面加工的推荐经济加工方案如表4-10所列。

表4-8 外圆表面的推荐经济加工方案

序号	加工方案	经济加工精度	表面粗糙度 $Ra/\mu m$	适合范围
1	粗车	IT11～IT12	50～12.5	适用于淬火钢以外的各种金属
2	粗车—半精车	IT8～IT10	6.3～3.2	
3	粗车—半精车—精车	IT6～IT7	1.6～0.8	
4	粗车—半精车—精车—滚压	IT5～IT6	0.2～0.025	
5	粗车—半精车—磨削	IT6～IT7	0.8～0.4	主要用于淬火钢，也可用于未淬火钢，但不宜加工非铁金属
6	粗车—半精车—粗磨—精磨	IT5～IT6	0.4～0.1	
7	粗车—半精车—粗磨—精磨—超精加工	IT5～IT6	0.1～0.012	
8	粗车—半精车—精车—金刚石车	IT5～IT6	0.4～0.025	主要用于要求较高的非铁金属的加工
9	粗车—半精车—粗磨—精磨—超精磨	IT5级以上	<0.025	极高精度的钢或铸铁的外圆加工
10	粗车—半精车—粗磨—精磨—研磨	IT5级以上	<0.1	

工件上的加工表面往往需要通过粗加工、半精加工、精加工和光整加工等才能逐步达到质量要求。而达到同样加工质量要求的表面，其加工过程和最终加工方法可以有多种方案。选择加工方法时常常根据经验或查表初定，然后根据实际情况或工艺实践修改。

表4-9 内孔表面的推荐经济加工方案

序号	加工方案	经济加工精度	表面粗糙度 $Ra/\mu m$	适合范围
1	钻	IT11～IT12	12.5	加工未淬火钢及铸铁的实心毛坯，也可用于加工非铁金属，孔径<20 mm
2	钻—铰	IT8～IT9	3.2～1.6	
3	钻—粗铰—精铰	IT7～IT8	1.6～0.8	
4	钻—扩	IT11	12.5～6.3	加工未淬火钢及铸铁的实心毛坯，也可用于加工非铁金属，但孔径>20 mm
5	钻—扩—铰	IT8～IT9	3.2～1.6	
6	钻—扩—粗铰—精铰	IT7	1.6～0.8	
7	钻—扩—机铰—手铰	IT6～IT7	0.4～0.1	
8	钻—(扩)—拉	IT7～IT9	1.6～0.1	大批量生产的中、小零件的通孔
9	粗镗	IT11～IT12	12.5～6.3	除淬火钢外的各种材料，毛坯有铸出孔或锻出孔
10	粗镗—半精镗	IT9～IT10	3.2～1.6	
11	粗镗—半精镗—精镗	IT7～IT8	1.6～0.8	
12	粗镗—半精镗—精镗—浮动镗刀块精镗	IT6～IT7	0.8～0.4	

续表 4-9

序　号	加工方案	经济加工精度	表面粗糙度 $Ra/\mu m$	适合范围
13	粗镗—半精镗—磨孔	IT7～IT8	0.8～0.2	主要用于加工淬火钢,也可用于加工未淬火钢,但不宜用于加工非铁金属
14	粗镗—半精镗—粗磨—精磨	IT6～IT7	0.2～0.1	
15	粗镗—半精镗—精镗—金刚镗	IT6～IT7	0.4～0.05	主要用于精度要求较高的非铁金属加工
16	钻—(扩)—粗铰—珩磨 钻—(扩)—拉—珩磨 粗镗—半精镗—精镗—珩磨	IT6～IT7	0.2～0.025	精度要求很高的孔
17	以研磨代替上述方案中的珩磨	IT5～IT6	<0.1	
18	钻—扩—精镗—金刚镗—脉冲滚挤	IT6～IT7	0.1	成批、大批量生产的非铁金属零件中的小孔。铸铁箱体上的孔

表 4-10　平面加工的推荐经济加工方案

序　号	加工方案	经济加工精度	表面粗糙度 $Ra/\mu m$	适合范围
1	粗车—半精车	IT8～IT9	6.3～3.2	端面
2	粗车—半精车—精车	IT6～IT7	1.6～0.8	
3	粗车—半精车—磨削	IT7～IT9	0.8～0.2	
4	粗刨—精刨	IT7～IT9	6.3～1.6	不淬硬的平面
5	粗刨—精刨—刮研	IT5～IT7	0.8～0.1	精度要求较高的不淬硬平面;批量较大时,宜采用宽刃精刨方案
6	粗刨—精刨—宽刃精刨	IT6～IT7	0.8～0.2	
7	粗刨—精刨—磨削	IT6～IT7	0.8～0.2	精度要求较高的淬硬平面或不淬硬平面
8	粗刨—精刨—粗磨—精磨	IT5～IT6	0.4～0.25	
9	粗铣—拉	IT6～IT9	0.8～0.2	大批量生产,较小的平面
10	粗铣—精铣—磨削—研磨	IT5 级以上	<0.1	高精度平面

4.5.3　加工顺序的安排

1. 划分加工阶段

零件的加工质量较高时,应把整个加工过程划分成以下几个加工阶段:

① 粗加工阶段　粗加工阶段的主要任务是切除大部分加工余量,此时应着重考虑提高劳动生产率。

② 半精加工阶段　半精加工阶段的主要任务是完成次要表面的精加工,为主要表面的精加工做好准备(达到一定的精度要求并留下精加工余量)。

③ 精加工阶段　精加工阶段的主要任务是使各主要表面达到图样规定的精度要求和表

面粗糙度要求。

④ 光整加工阶段　对于表面质量要求特别高的零件，要考虑安排光整加工(一般为珩磨和研磨)，主要目的是提高表面精度和减小表面粗糙度。

2. 划分加工阶段的作用

划分加工阶段的作用有以下几点：

① 保证加工质量和提高劳动生产率　要提高劳动生产率就要提高切削用量，要保证加工质量就要减少切削用量，这是一对矛盾。把机械切削加工划分成粗加工阶段和精加工阶段后就可以解决这一矛盾，即粗加工时采用较大的切削用量，以提高劳动生产率；精加工时采用较小的切削用量，以提高加工质量。

② 合理使用各种精度的工艺装备　粗加工可以使用功率大精度较低的设备、刚性好精度较低的刀具和夹具及普通的量具，而精加工应使用精度较高的设备、刀具、夹具和量具。工艺装备的精度高低与工艺装备的成本成正比。划分加工阶段以后，可减少工艺装备的成本，可合理使用各种精度的工艺装备。

③ 便于安排热处理工序　大部分零件都要求在加工后表面有一定硬度要求，以提高其耐磨性。将零件划分加工阶段后，就可以合理地安排热处理工序，如将增加表面硬度和强度的热处理工序安排在粗加工以后和精加工以前等。

④ 便于及早发现各种毛坯缺陷　毛坯会有各种缺陷(如铸件有内部砂眼、气孔或加工余量不够等)，这些缺陷将在粗加工中或粗加工后暴露出来，将零件划分加工阶段后，就可在加工成本较高的精加工之前及时处理各种毛坯缺陷。

加工阶段的划分不是绝对的，有些情况可以不划分加工阶段。例如，加工质量要求不高，或虽然加工质量要求较高，但毛坯刚性好，制造精度高的零件，就可以不划分加工阶段。在用加工中心加工零件时，对于加工要求不太高的大型、重型零件，由于对其安装和调整极不方便，一般在一次安装中进行粗加工和精加工，或在粗加工后松开夹紧，释放残余应力和夹紧应力后重新夹紧，继续精加工。

3. 工序的集中和分散

确定加工方法以后，就要按生产类型、零件的结构特点、技术要求和机床设备等具体生产条件，确定工艺过程的工序数。确定工序数有以下两种基本原则可供选择。

① 工序分散原则　工序分散的特点是工序多、工艺过程长，每个工序所包含的加工内容很少，极端情况下每个工序只有一个工步，所使用的工艺设备与装备比较简单，易于调整和掌握，有利于选用合理的切削用量，但设备的数量多，生产面积大。

② 工序集中原则　零件各表面的加工集中在几个工序内完成，每个工序的内容和工步数都较多，有利于采用高效的数控机床，生产计划和生产组织工作得到简化，生产面积和操作工人数量减少，工件安装次数减少，辅助时间缩短，各加工面间的位置精度易于保证，但设备、工装投资大，调整、维护复杂，生产准备工作量大。

批量小时，往往采用在通用机床上按工序集中的原则进行生产；批量大时，既可按工序分散原则组织流水线生产，也可利用高生产率的通用设备(如数控加工中心)，按工序集中原则组织生产。随着机械制造生产设备的现代化，工序集中将越来越成为生产方式的主流形式。

4. 加工顺序的安排

加工顺序的总体安排原则为“先粗后精”、“先主后次”、“先基准面后其他”和“先面后孔”。

机械加工顺序和辅助工序的一般安排原则如下：

① 对于形状复杂、尺寸较大的毛坯，或尺寸偏差较大的毛坯，应首先安排画线工序，为粗加工找正基准。

② 按"先基准面后其他"的顺序，应首先加工精基准面。

③ 在重要表面加工前应对精基准进行修正。

④ 按"先主后次"、"先粗后精"的顺序，对精度要求较高的各主要表面进行粗加工、半精加工和精加工。

⑤ 对于与主要表面有位置精度要求的次要表面，应安排在主要表面加工之后加工。

⑥ 一般情况下，主要表面的精加工和光整加工应放在最后阶段进行。对于易出现废品的工序，精加工和光整加工可适当提前。

⑦ 对于批量生产，应安排去毛刺和清洗工序。该工序应安排在粗加工之后和精加工之前，及精加工之后和最终检验之前。

⑧ 中间检验一般安排在粗加工之后，精加工之前。

⑨ 荧光检验和磁力探伤主要用于表面质量的检验，通常安排在粗加工之后，精加工之前。

⑩ 在机械加工的最后要安排最终检验。

5. 热处理工序的安排

热处理工序在工艺路线中的位置安排主要取决于热处理的作用。

① 正火或退火　正火或退火的作用主要有两个：一个是改善材料和毛坯的切削性能；另一个是消除毛坯制造后的内应力，故一般安排在粗加工之前进行。

② 人工时效处理　人工时效处理的主要作用有两个：一个是消除大型或重型零件毛坯制造后的残余应力，该人工时效处理一般安排在粗加工之前进行；另一个是消除精密零件在粗加工之后的残余应力，该人工时效处理一般安排在粗加工之后进行。

③ 调　质　调质的主要作用是改善工件材料的力学物理性质，故一般安排在粗加工之后和半精加工之前进行。

④ 淬火、表面淬火和渗氮处理　淬火、表面淬火和渗氮处理的作用是提高工件内部或表面的硬度，故一般安排在粗加工和半精加工之后及使用磨削的精加工之前进行。

⑤ 表面装饰性镀层、发蓝和发黑处理　表面装饰性镀铬、镀锌、发蓝和发黑等处理的作用是提高零件表面的耐磨性和耐腐蚀性。因此，此类表面装饰性处理一般安排在机械加工最后进行。

4.5.4　加工设备与工艺装备的选择

1. 机床的选择

① 普通机床　对于单件小批量生产，为降低加工成本，应优先考虑使用普通机床。常用的普通机床有：卧式车床、立式钻床、摇臂钻床、卧式铣床、立式铣床、牛头刨床、外圆磨床、内圆磨床、卧式镗床、滚齿机、插齿机等。

② 专用机床　对于批量生产和大批量生产，为提高生产率应优先考虑使用专用机床。

③ 数控机床　对于中小批量生产，为提高生产率和降低生产成本应优先考虑使用数控机床。常用的数控机床有：数控车床、数控铣床等。

2. 夹具的选择

① 通用夹具　通用夹具已作为机床的附件由机床附件厂制造和供应。为降低单件小批量生产的加工成本，应优先考虑使用通用夹具。

- 车床上常用的通用夹具有：三爪自定心卡盘、四爪单动卡盘、花盘、顶尖、鸡心夹头、卡环、拨盘等。
- 铣床上常用的通用夹具有：平口虎钳、分度头、三爪自定心卡盘、回转工作台等。
- 磨床上常用的通用夹具有：顶尖、鸡心夹头、卡环、拨盘、电磁吸盘等。

② 专用夹具　专用夹具是指为某一工件的某一道工序专门设计、制造的夹具。对于批量生产和大批量生产，为提高生产率应优先考虑使用专用夹具。常用专用夹具有：车床专用夹具、铣床专用夹具、钻床专用夹具、镗床专用夹具和磨床专用夹具等。

③ 组合夹具　组合夹具是指用标准元件根据工件的加工要求组合而成的夹具。对于中小批量生产和新产品的试制，为提高生产率和降低生产成本应优先考虑使用组合夹具。

3. 刀具和量具的选择

① 通用标准刀具和通用量具　对于单件小批量生产，为降低加工成本，应优先考虑使用标准刀具和通用量具。

- 常用的标准刀具有：各种车刀、钻头、丝锥、绞刀、铣刀、镗刀、滚刀等。
- 常用的通用量具有：游标卡尺、千分尺、百分表、千分表等。

② 专用刀具和专用量具　对于批量生产和大批量生产，为提高生产率应优先考虑使用专用刀具和专用量具。

4.6　加工余量及其工序尺寸的确定

4.6.1　加工余量的确定

1. 机械加工余量的概念

机械加工余量是指机械加工过程中，被切除的金属层厚度。余量有工序余量和总加工余量（毛坯余量）之分。

工序加工余量是指为完成某一工序，从某一表面上切除的金属层厚度，用 Z_i 表示。

总加工余量是指在由毛坯变为成品的过程中，在工件加工表面上切除的金属层总厚度，用 Z_0 表示。

总加工余量等于各工序加工余量之和，即

$$Z_0 = Z_1 + Z_2 + \cdots + Z_n = \sum_{i=1}^{n} Z_i \tag{4-2}$$

式中：n 为某一表面所经过的加工工序数。

工序加工余量与工序公差密切相关。在生产中规定工序公差带按“入体”方向标注，即对于被包容面（如轴、键等外表面），工序公差带都取上偏差为零，加工的基本尺寸与最大极限尺寸相等；对于包容面（如孔、键槽等内表面），工序公差带都取下偏差为零，基本尺寸与最小极限尺寸相等。但毛坯尺寸的制造公差常取双向布置。

工序余量有单边余量与双边余量之分，对于非对称表面（如平面），其加工余量为单边余量

(如图4-43所示);对于对称表面(如轴和孔表面),其加工余量为双边余量(如图4-44所示)。

对于被包容面(例如轴的外表面),公称工序加工余量 Z_b、最大工序加工余量 $Z_{b\max}$、最小工序加工余量 $Z_{b\min}$ 的计算公式如下:

$$Z_b = a - b = \frac{d_a - d_b}{2} \tag{4-3}$$

$$Z_{b\max} = a_{\max} - b_{\min} = \frac{d_{a\max} - d_{b\min}}{2} \tag{4-4}$$

$$Z_{b\min} = a_{\min} - b_{\max} = \frac{d_{a\min} - d_{b\max}}{2} \tag{4-5}$$

式中:a 为非对称表面的上工序基本尺寸;b 为非对称表面的本工序基本尺寸;d_a 为被包容对称表面的上工序基本尺寸;d_b 为被包容对称表面的本工序基本尺寸。

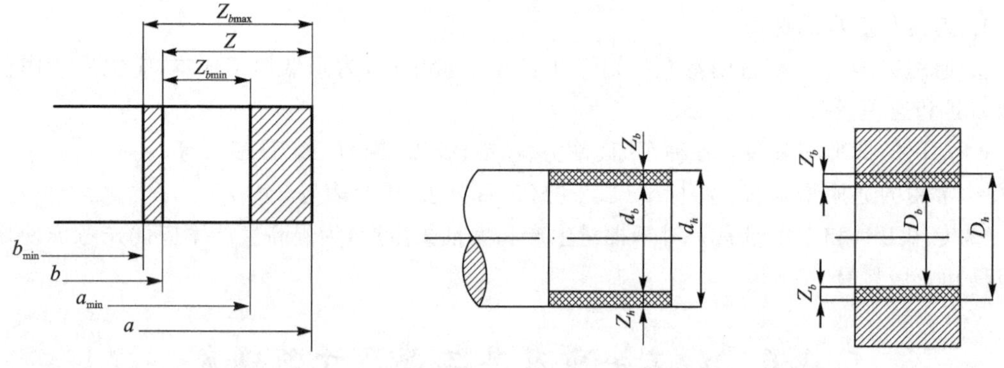

图4-43 单边余量表面 **图4-44 双边余量表面**

对于包容面(例如孔的表面),公称工序加工余量 Z_b、最大工序加工余量 $Z_{b\max}$、最小工序加工余量 $Z_{b\min}$ 的计算公式如下:

$$Z_b = b - a = \frac{D_b - D_a}{2} \tag{4-6}$$

$$Z_{b\max} = b_{\max} - a_{\min} = \frac{D_{b\max} - D_{a\min}}{2} \tag{4-7}$$

$$Z_{b\min} = b_{\min} - a_{\max} = \frac{D_{b\min} - D_{a\max}}{2} \tag{4-8}$$

式中:a 为非对称表面的上工序基本尺寸;b 为非对称表面的本工序基本尺寸;D_a 为包容对称表面的上工序基本尺寸;D_b 为包容对称表面的本工序基本尺寸。

2. 影响加工余量的因素

加工余量的大小对于工件的加工质量和生产率均有重要的影响。加工余量过大,不仅增加机械加工的工作量,降低生产率,而且增加材料消耗、刀具磨损,降低机床和夹具的使用寿命;加工余量过小,则可能无法消除上道工序的加工误差和本道工序的安装误差,轻者将难以达到本道工序的加工要求,重者将造成废品。因此,应当合理地确定加工余量。影响加工余量的因素见表4-11。

表 4-11　影响加工余量的因素

影响因素	说　明
毛坯的表面缺陷层深度	铸件表面含有冷硬、气孔或夹渣缺陷层，锻件和热处理件表面含有氧化皮、脱碳、裂纹等缺陷层。本工序的加工余量要考虑毛坯的表面缺陷层深度
前工序的残余应力层深度	切削加工后表面含有残余应力层。本工序的加工余量要考虑前工序的表面缺陷层深度
前工序的表面粗糙度	前工序加工后会存在表面微观不平度，其值不会超过前工序的表面粗糙度允许值。本工序的加工余量要考虑前工序的表面粗糙度
前工序的尺寸公差	前工序加工后会有尺寸误差，其总和不会超过前工序的尺寸公差。本工序的加工余量要考虑前工序的尺寸公差
前工序的形状与位置公差（如直线度、同轴度、垂直度公差等）	前工序加工后会产生形状和位置误差，二者之和一般小于前工序的形状与位置公差，当存在两种以上形状与位置误差时，其总误差为各误差的矢量和。本工序的加工余量要考虑前工序的形位公差
本工序加工时的安装误差	安装误差等于定位误差和夹紧误差的矢量和。本工序的加工余量要考虑本工序的安装误差

3. 加工余量的确定

确定加工余量有三种方法，即计算法、查表法和经验估计法。

① 计算法确定加工余量　该方法首先分析影响加工余量的因素，分别计算各项因素，再合成为工序的加工余量。计算加工余量时要考虑具体加工情况，如无心磨外圆表面时不存在安装误差，可以从计算中去除该误差，用浮动铰刀铰孔或拉孔时，可从计算中去除位置偏差和安装误差。超精加工和抛光时，主要是减小表面粗糙度，加工余量可只涉及上道工序表面粗糙度等。该方法工作量很大，不实用，一般仅用于计算个别重要工序的加工余量。

② 经验估计法确定加工余量　该方法是根据工厂的毛坯制造和机械加工的水平，凭经验估计确定出加工余量。加工余量的经验估计，应由一些有经验的机械制造工艺员或熟练技术工人做出。由于加工余量估计者主观上有防止余量过小而产生废品的想法，所估计的加工余量往往偏大。因此，此法仅适用于单件小批量生产。

③ 查表法确定加工余量　该方法是以工厂生产实际和实验研究积累的数据为基础制定的各种表格依据，通过查阅工艺手册或工厂中的生产经验统计表，获得工序的加工余量。

查表法简单实用，是实际生产中最常用的确定加工余量的方法。

4.6.2　工序尺寸的确定

零件图上所标注的尺寸和公差是通过逐步的中间加工获得的，每一步中间加工都有一个相应的尺寸和公差，这些尺寸和公差就是工序尺寸和公差。

1. 工序基准与设计基准重合时工序尺寸的确定

工序尺寸是标注在机械加工工序简图上的尺寸，它的度量的起点是工序基准。为了消除基准不重合误差，应使工序基准、定位基准和测量基准都与设计基准重合。如果工序基准与设计基准不重合，则工序尺寸就需要用工艺尺寸链列方程求解（具体计算见 4.7 节）。如果工序基准与设计基准重合，则工序尺寸按以下步骤计算。

(1) 最后一道工序的工序尺寸计算

用零件图上标注的表面设计参数(包括基本尺寸、尺寸公差和表面粗糙度)作为最后一道工序的工序基本尺寸、尺寸公差和表面粗糙度。通过查表确定本道工序的加工余量和加工精度。

注意,实际加工是从毛坯开始的,一道一道工序加工,最后获得所要求的设计尺寸。工序尺寸计算则相反,从已知设计尺寸的最后一道工序开始逐步计算每道工序的尺寸,直至计算出毛坯的尺寸。

(2) 中间工序的工序尺寸计算

对于被包容面(如轴的表面),用后道工序的基本尺寸(前面已算出)加上后道工序的加工余量获得本道工序的工序基本尺寸。根据所确定的表面加工方法和精度等级查表获得本道工序的尺寸公差(一般上偏差为 0,下偏差为公差数值)、表面粗糙度和加工余量。

对于包容面(如孔的表面),用后道工序的基本尺寸减去前道工序的加工余量获得本道工序的工序基本尺寸。根据所确定的表面加工方法和精度等级查表获得本道工序的尺寸公差(一般下偏差为 0,上偏差为公差数值)、表面粗糙度和加工余量。

(3) 毛坯的尺寸计算

对于被包容面(如轴的表面),毛坯的基本尺寸为第 1 道工序尺寸减去第 1 道机械加工工序的加工余量。根据所确定的毛坯加工方法查表获得本道工序的尺寸公差(一般标注成对称公差形式,即上下偏差相等,为公差数值的一半)。

对于包容面(如孔的表面),毛坯的基本尺寸为第 1 道工序尺寸减去第 1 道工序的加工余量。根据所确定的毛坯加工方法查表获得本道工序的尺寸公差(一般标注成对称公差形式,即上下偏差相等,为公差数值的一半)。

2. 工序尺寸计算举例

例 4-1 某轴段需加工的直径为 $\phi 60$,长度为 200 mm,要求精度为 IT5,表面粗糙度 Ra 为 0.04 μm,并要求高频淬火,毛坯为锻件。试求该轴段各工序的工序尺寸和公差。

解(1) 拟定轴的经济加工路线

参考表 4-8 外圆表面的推荐经济加工方案,确定轴的加工路线为:毛坯(锻件)—粗车—半精车—高频淬火—粗磨—精磨—研磨。

(2) 确定各工序的加工余量

查阅机械加工工艺手册并适当调整后可得:研磨余量为 0.01 mm,精磨余量为 0.15 mm,粗磨余量为 0.25 mm,半精车余量为 1.5 mm,粗车余量为 2.3 mm,总的机械加工余量为 4.21 mm,将其向上圆整为 5 mm,则粗车余量调整为 3.09 mm。另外,毛坯的公差取±2 mm(一般为对称公差)。

(3) 列表计算各工序的工序尺寸(见表 4-12)

表 4-12 轴加工工序尺寸计算表

工序名称	工序基本尺寸/mm	经济加工精度	工序加工直径余量/mm	尺寸及公差/mm	表面粗糙度 Ra/μm
研磨	60	IT5	0.01	$\phi 60_{-0.013}^{0}$	0.04
精磨	60+0.01=60.01	IT6	0.15	$\phi 60.01_{-0.019}^{0}$	0.16

续表 4-12

工序名称	工序基本尺寸/mm	经济加工精度	工序加工直径余量/mm	尺寸及公差/mm	表面粗糙度 Ra/μm
粗磨	60.01+0.15=60.16	IT8	0.25	$\phi 60.16_{-0.046}^{0}$	0.8
半精车	60.16+0.25=60.41	IT9	1.5	$\phi 60.41_{-0.074}^{0}$	3.2
粗车	60.41+1.5=61.91	IT11	3.09	$\phi 61.91_{-0.190}^{0}$	12.5
毛坯	61.91+3.09=65	—	—	$\phi 65 \pm 2$	—

例 4-2　某孔需加工直径为 $\phi 60$，长度为 150 mm，要求孔的精度为 IT7，表面粗糙度为 Ra 0.4 μm，毛坯为铸件。试求该孔各工序的工序尺寸和公差。

解(1) 拟定孔的经济加工路线

参考表 4-9 内孔表面的推荐经济加工方案，确定孔的加工路线为：毛坯(锻件)—粗镗—半精镗—精镗—浮动镗刀块精镗。

(2) 确定各工序的加工余量

查阅机械加工工艺手册并适当调整后可得：浮动镗余量为 0.1 mm，精镗余量为 0.5 mm，半精镗余量为 1.5 mm，粗镗余量为 2 mm，这样总的机械加工余量为 4.1 mm，将其向上圆整为 5 mm，则粗镗余量调整为 2.9 mm。另外，毛坯的公差取±2 mm(一般为对称公差)。

(3) 列表计算各工序的工序尺寸(见表 4-13)

表 4-13　孔加工工序尺寸计算表

工序名称	工序基本尺寸/mm	经济加工精度	工序加工直径余量/mm	尺寸及公差/mm	表面粗糙度 Ra/μm
浮动镗刀块精镗	60	IT6	0.1	$\phi 60_{0}^{+0.03}$	0.4
精镗	60-0.1=59.9	IT7	0.5	$\phi 59.9_{0}^{+0.046}$	1.6
半精镗	59.9-0.5=59.4	IT9	1.5	$\phi 59.4_{0}^{+0.074}$	3.2
粗镗	59.4-1.5=57.9	IT11	2.9	$\phi 57.9_{0}^{+0.19}$	12.5
毛坯孔	57.9-2.9=55	—	—	$\phi 55 \pm 2$	—

4.7　工艺尺寸链

零件工作图上标注的尺寸和公差是设计要求的尺寸和公差，该尺寸和公差的度量起点即设计基准。机械加工工序简图上标注的尺寸和公差是机械加工工序要达到的尺寸和公差，该尺寸和公差的度量起点即工序基准。具体机械加工时零件要在夹具上安装定位，安装的定位面即定位基准。零件在加工中和加工后需要多次测量，测量尺寸的起点即测量基准。若设计基准、工序基准、定位基准和测量基准重合，则工序尺寸和测量尺寸可直接将设计尺寸加上或减去加工余量后得到。若设计基准、工序基准、定位基准和测量基准不重合，则应先列出工序尺寸(或测量尺寸)与设计尺寸之间形成的工艺尺寸链，然后根据工艺尺寸链计算出工序尺寸或测量尺寸。

4.7.1 基本概念

1. 工艺尺寸链的定义

工艺尺寸链是在机械加工和装配过程中,从零件的加工面或装配面之间找到的互相联系,并按一定顺序连接而成的封闭尺寸组合。例如图4-45中A_1尺寸是底面到顶面的尺寸,A_2尺寸是底面到中间台阶的尺寸,A_3尺寸是中间台阶面到顶面的尺寸,尺寸A_1、A_2和A_3构成了一个首尾相接的封闭线性尺寸链,其可用如图4-46所示的单箭头尺寸链图表示(注意:初始箭头向上或向下都可以)。

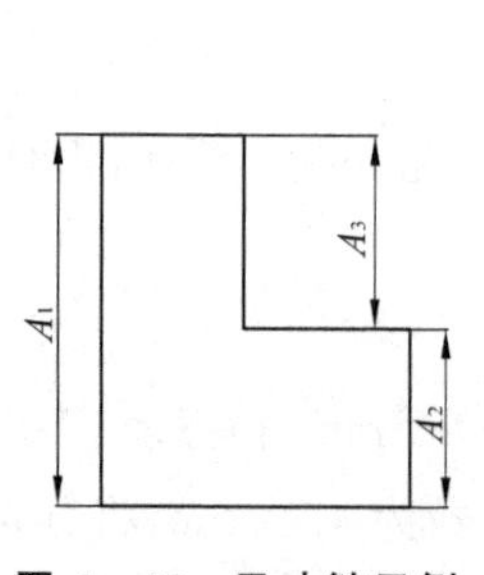

图4-45 尺寸链示例

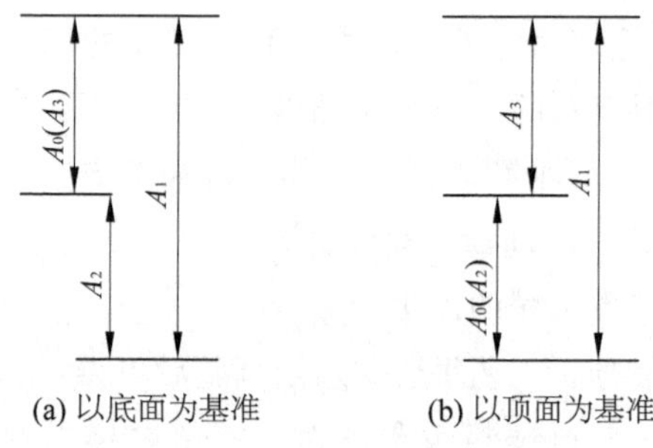

图4-46 单箭头尺寸链图

2. 工艺尺寸链的组成

① 封闭环 封闭环是在尺寸链中这样的尺寸,其尺寸是在加工或装配过程中,最后自然或间接得到的。在尺寸链中仅有一个最后得到的尺寸,该尺寸就是封闭环。封闭环的尺寸用“A_0”表示。加工次序不同,最后得到的尺寸将不同,封闭环的尺寸也不同,因此对于同一个尺寸链,选择不同的加工次序,可获得不同的封闭环。例如,对于图4-45中的零件,如果先加工底面,然后以底面为基准加工顶面,再以底面为基准加工中间台阶面,则最后间接得到的尺寸A_3是封闭环A_0,如图4-46(a)所示。如果先加工顶面,然后以顶面为基准加工底面,再以顶面为基准加工中间台阶面,则最后间接得到的尺寸A_2是封闭环A_0,如图4-46(b)所示。

② 组成环 组成环为除封闭环以外构成尺寸链的各个尺寸。图4-46(a)中尺寸A_1和A_2是尺寸链的组成环,图4-46(b)中尺寸A_1和尺寸A_3都是尺寸链的组成环。

③ 增 环 增环在尺寸链中是这样的组成环:其尺寸的增大将使最后间接得到的封闭环尺寸也增大。例如,对于图4-45中的零件,如果封闭环是A_3,则A_1是增环。

④ 减 环 减环在尺寸链中是这样的组成环:其尺寸的增大将使最后间接得到的封闭环尺寸相应减小。例如,对于图4-45中的零件,如果封闭环是A_3,则A_2是减环。

⑤ 尺寸链图 尺寸链图是将尺寸链中各组成环尺寸按大致比例,用首尾相接的单箭头顺序画出的尺寸图。对于图4-45所示零件可画出如图4-46所示的尺寸链图。一般可先画出封闭环尺寸,然后从封闭环的箭头端开始找出首尾相接的组成环尺寸并连接,直至连接到封闭环尺寸的起始端为止。从单箭头尺寸链图可方便地确定增环和减环,即与封闭环箭头方向一致的组成环为减环,与封闭环箭头方向相反的组成环为增环。

3. 工艺尺寸链的分类

按工艺尺寸链中组成环的几何特征和所处的空间位置,可将其分为以下几种:

① 直线尺寸链　直线尺寸链是所有组成环尺寸均互相平行的工艺尺寸链。如图 4-46 所示的尺寸链是直线尺寸链。这种尺寸链在机械制造工序尺寸计算中用得最多，是尺寸链最基本的形式，也是本节要讨论的重点。

② 平面尺寸链　平面尺寸链是所有组成环尺寸均位于互相平行的平面上但相互不一定平行的工艺尺寸链。如图 4-47 所示的尺寸链就是平面尺寸链。

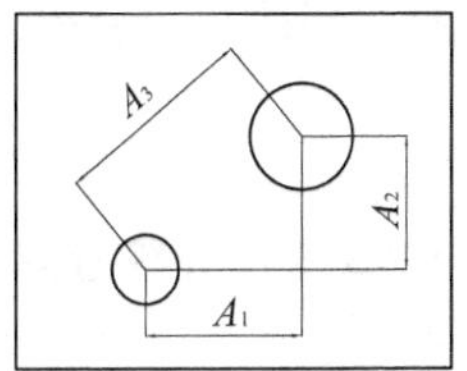

图 4-47　平面尺寸链

③ 空间尺寸链　空间尺寸链是组成环尺寸位于互相不平行平面上的工艺尺寸链。由于这种尺寸链中组成环尺寸的相互位置的加工精度难以保证，因此其在机械制造工序尺寸换算中很少用到。

4.7.2　工艺尺寸链的计算

1. 极值法计算直线尺寸链的计算公式

极值法是按尺寸链各环均处于极值条件来分析封闭环与组成环之间关系的。计算的依据是要考虑工艺尺寸链中各组成环尺寸的所有可能取值情况，即可能所有的增环都同时取最大值，所有的减环都同时取最小值等。

(1) 封闭环基本尺寸的计算公式

封闭环基本尺寸 A_0 等于所有增环基本尺寸 $\vec{A}_i$ 之和减去所有减环基本尺寸 $\overleftarrow{A}_i$ 之和。公式如下：

$$A_0=\sum_{i=1}^{m}\vec{A}_i-\sum_{i=m+1}^{n-1}\overleftarrow{A}_i \qquad (4-9)$$

式中，m 为增环的个数；n 为尺寸链中总的环数。

(2) 封闭环极限尺寸的计算公式

封闭环最大极限尺寸 $A_{0\max}$ 等于所有增环的最大极限尺寸 $\vec{A}_{i\max}$ 之和减去所有减环的最小极限尺寸 $\overleftarrow{A}_{i\min}$ 之和。公式如下：

$$A_{0\max}=\sum_{i=1}^{m}\vec{A}_{i\max}-\sum_{i=m+1}^{n-1}\overleftarrow{A}_{i\min} \qquad (4-10)$$

封闭环最小极限尺寸 $A_{0\min}$ 等于所有增环的最小极限尺寸 $\vec{A}_{i\min}$ 之和减去所有减环的最大极限尺寸 $\overleftarrow{A}_{i\max}$ 之和。公式如下：

$$A_{0\min}=\sum_{i=1}^{m}\vec{A}_{i\min}-\sum_{i=m+1}^{n-1}\overleftarrow{A}_{i\max} \qquad (4-11)$$

(3) 封闭环尺寸上下偏差和公差的计算公式

封闭环尺寸的上偏差 $\mathrm{ES}A_0$ 等于所有增环尺寸上偏差 $\mathrm{ES}\vec{A}_i$ 之和减去所有减环尺寸下偏差 $\mathrm{EI}\overleftarrow{A}_i$ 之和。公式如下：

$$\mathrm{ES}A_0=\sum_{i=1}^{m}\mathrm{ES}\vec{A}_i-\sum_{i=m+1}^{n-1}\mathrm{EI}\overleftarrow{A}_i \qquad (4-12)$$

封闭环尺寸的下偏差 $\mathrm{EI}A_0$ 等于所有增环尺寸下偏差 $\mathrm{EI}\vec{A}_i$ 之和减去所有减环尺寸上偏

差 $ES\overleftarrow{A}_i$ 之和。公式如下：

$$EIA_0 = \sum_{i=1}^{m} EI\overrightarrow{A}_i - \sum_{i=m+1}^{n-1} ES\overleftarrow{A}_i \tag{4-13}$$

封闭环的尺寸公差 T_0 等于所有组成环尺寸公差之和。公式如下：

$$T_0 = \sum_{i=1}^{n-1} T_i \tag{4-14}$$

2. 概率法计算直线尺寸链的计算公式

极值法计算直线尺寸链时考虑到了各组成环尺寸同时出现极值的情况，即所有的增环出现最大值而所有的减环同时出现最小值等。这样如果封闭环的尺寸公差确定后，就势必要压缩各组成环的公差，就要提高加工精度，增加加工成本。实际上，出现这种各组成环尺寸同时出现极值的概率是很小的，因此当封闭环的尺寸公差较小、用极值法计算出的组成环公差太小时，可根据概率统计原理和加工误差分布的实际情况，采用概率法求解计算直线尺寸链。

(1) 封闭环尺寸平均数和均方差的计算公式

根据概率理论，若将各组成环的尺寸取值看成随机变量，则封闭环尺寸(为其他组成环尺寸的代数和)的取值也为随机变量。各组成环尺寸取值的随机变量是相互独立的，这样封闭环尺寸的数学期望(平均数)A_{0M} 为其他组成环尺寸数学期望(平均数)A_{iM} 的代数和，封闭环尺寸方差或均方差 σ_0 的平方为其他组成环尺寸方差或均方差 σ_i 平方的代数和。公式如下：

$$A_{0M} = \sum_{i=1}^{m} \overrightarrow{A}_{iM} - \sum_{i=m+1}^{n-1} \overleftarrow{A}_{iM} \tag{4-15}$$

$$\sigma_0^2 = \sum_{i=1}^{n-1} \sigma_i^2 \tag{4-16}$$

式中：m 为增环的个数；n 为尺寸链中总的环数。

(2) 组成环尺寸接近正态分布时封闭环尺寸公差的计算公式

当各组成环尺寸接近正态分布时，组成环尺寸的 T_i 公差可以看成是 $6\sigma_i$(其概率为 99.73%)。此时封闭环尺寸也接近正态分布，封闭环尺寸的公差 T_0 也可以看成是 $6\sigma_0$(其概率为 99.73%)。公式如下：

$$T_0 = 6\sigma_0 = 6\sqrt{\sum_{i=1}^{n-1} \sigma_i^2} = 6\sqrt{\sum_{i=1}^{n-1} \left(\frac{T_i}{6}\right)^2} = \sqrt{\sum_{i=1}^{n-1} T_i^2} \tag{4-17}$$

4.7.3 工艺尺寸链的应用

1. 基准不重合时工艺尺寸的换算

在零件加工中，当加工表面的定位基准或测量基准与设计基准不重合时，其工序加工尺寸或测量尺寸要通过尺寸链换算获得。

例 4-3 如图 4-48 所示的套筒零件，加工时要求保证 $\phi14^{+0.018}$ 孔的长度尺寸为 $42_{-0.062}$ mm，但在加工中该尺寸难以测量，只能测量 $\phi22$ 孔的长度尺寸 L。此时设计基准与测量基准不重合，要求通过工尺寸链计算出尺寸 L 及其公差 δL。

解 (1)确定封闭环尺寸

$\phi14^{+0.018}$ 孔的长度尺寸 $42_{-0.062}^{\ 0}$ mm 难以测量，它是测量套筒长度尺寸(70±0.023) mm 和 $\phi22$ 孔的长度尺寸 L 后，间接获得的，因此 $\phi14^{+0.018}$ 孔的长度尺寸 $42_{-0.062}^{\ 0}$ mm 是封闭环尺寸。

(2) 绘制尺寸链图

首先按大致的比例用单箭头(箭头在左或在右都可以)绘制出封闭环尺寸 $42_{-0.062}^{\ 0}$ mm，然后按箭头方向找出 $\phi22$ 孔长度尺寸 L 并绘制，最后找出套筒长度尺寸(70±0.023) mm 并绘制。绘制出的尺寸链图如图 4-49 所示(注意起始时箭头在左或在右绘制出的尺寸链图是基本相同的)。从尺寸链图 4-49 看出，$\phi22$ 孔长度尺寸 L 的箭头方向与封闭环尺寸箭头方向一致是减环；套筒长度尺寸(70±0.023) mm 的箭头方向与封闭环尺寸箭头方向相反是增环。

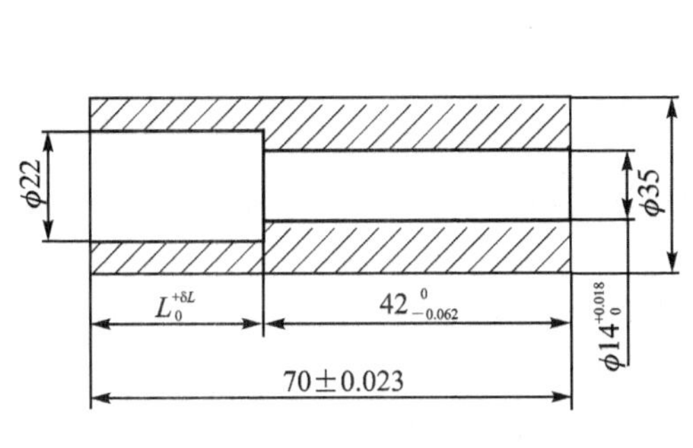

图 4-48　套筒零件

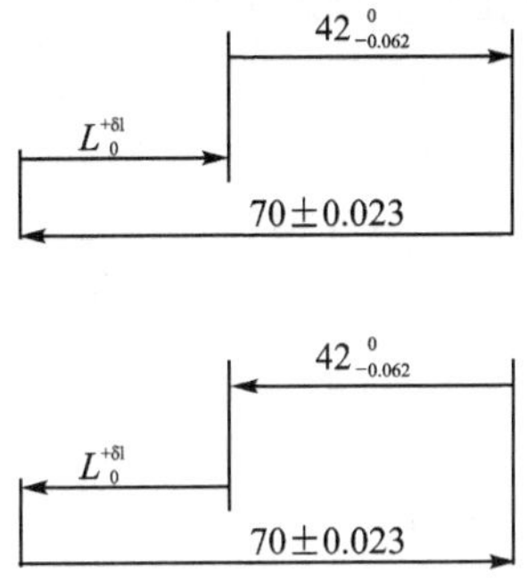

图 4-49　尺寸链图

(3) 用极值法计算 $\phi22$ 孔基本尺寸 L、上偏差 ESL、下偏差 EIL 和公差 δL

参见封闭环基本尺寸计算式(4-9)可得

$$42\ \text{mm}=70\ \text{mm}-L\Rightarrow L=70\ \text{mm}-42\ \text{mm}=28\ \text{mm}$$

参见封闭环上偏差和下偏差计算式(3-12)和式(3-13)可得

$$0\ \text{mm}=0.023\ \text{mm}-\text{EI}L\Rightarrow \text{EI}L=0.023\ \text{mm}$$

$$-0.062\ \text{mm}=-0.023\ \text{mm}-\text{ES}L\Rightarrow$$

$$\text{ES}L=-0.023\ \text{mm}-(-0.062\ \text{mm})=0.039\ \text{mm}$$

$$L=L_{\text{EI}L}^{\text{ES}L}=28_{+0.023}^{+0.039}\ \text{mm}=28.023_{\ 0}^{+0.016}\ \text{mm}\quad \text{(按“入体”原则标注)}$$

$$\delta L=0.016\ \text{mm}$$

用封闭环公差计算式(3-14)验算公差：

$$0.062\ \text{mm}=0.046\ \text{mm}+0.016\ \text{mm}\quad \text{(验算正确)}$$

(4) 用概率法计算 $\phi22$ 孔长度基本尺寸 L 和公差 δL

首先将所有组成环和封闭环的尺寸转换成平均数和对称偏差形式：

$$42_{-0.062}\ \text{mm}=(41.969\pm0.031)\ \text{mm}$$

参见封闭环尺寸平均数计算式(3-15)可得

$$41.969\ \text{mm}=70\ \text{mm}-L_{\text{m}}$$

$$L_{\text{m}}=70\ \text{mm}-41.969\ \text{mm}=28.031\ \text{mm}\quad (L_{\text{m}}\ \text{是平均数尺寸})$$

参见封闭环尺寸公差计算式(4-17)可得

$$0.062=\sqrt{0.046^2+\delta L^2}\Rightarrow\delta L=\sqrt{0.062^2-0.046^2}=0.042\ \text{mm}$$

$$L=(28.031\pm0.021)\ \text{mm}=28.010_{\ 0}^{+0.042}\ \text{mm}$$

从计算结果可以看出，用概率法计算出的 $\phi22$ 孔长度尺寸 L 的公差 δL，比用极值法计算出的 $\phi22$ 孔长度尺寸 L 的公差 δL 大得多。原因是极值法考虑了可能性较小的所有组成环尺寸同时出现极值的情况,而概率法则不考虑该小概率(小于0.27%)情况。公差越大,加工越方便,因此用概率法计算出的尺寸易于在加工时达到,但出现废品的概率略大一点。

2. 中间工序尺寸及其公差的计算

在工件的加工过程中,有些加工表面的定位基准和测量基准是待加工的表面,在加工这样表面时要考虑后道工序的工序尺寸,此时本道工序的工序尺寸要通过工艺尺寸链计算。

例 4-4 如图 4-50 所示内孔,孔径设计尺寸为 $\phi40^{+0.06}_{0}$,键槽设计深度为 $43.2^{+0.36}_{0}$ mm,内孔及键槽加工顺序如下:

① 镗内孔至 $\phi39.6^{+0.01}_{0}$;

② 插键槽至尺寸 $L^{+\delta L}_{0}$;

③ 淬火热处理;

④ 磨内孔至设计尺寸 $\phi40^{+0.06}_{0}$,同时要求保证键槽尺寸 $43.2^{+0.36}_{0}$ mm,磨孔和镗孔的同轴度公差为 0.05 mm。

要求:确定镗孔后插键槽深度 $L^{+\delta L}_{0}$ 的尺寸和公差。

解 (1) 确定封闭环尺寸

要求保证的键槽最终尺寸 $43.2^{+0.36}_{0}$ mm 是加工结束后自然形成的,因此该尺寸是封闭环尺寸。

(2)绘制尺寸链图

首先按大致的比例用单箭头(箭头在左或在右都可以)绘制出封闭环尺寸 $43.2^{+0.36}_{0}$ mm,然后按箭头方向找出并绘制插键槽尺寸 $L^{+\delta L}_{0}$,镗内孔半径尺寸 $19.8^{+0.05}_{0}$ mm,磨孔和镗孔的同轴度公差尺寸(0±0.025) mm,磨内孔半径尺寸 $20^{+0.03}_{0}$ mm,最后将箭头连到封闭环尺寸的起点。用单箭头按顺序绘制出的尺寸链图,如图 4-51 所示。从尺寸链图 4-51 看出,插键槽尺寸 $L^{+\delta L}_{0}$ 的箭头方向与封闭环尺寸箭头方向相反是增环,镗内孔半径尺寸 $19.8^{+0.05}_{0}$ mm 的箭头方向与封闭环尺寸箭头方向与封闭环尺寸箭头一致是减环,同轴度公差尺寸(0±0.025) mm 的箭头方向与封闭环尺寸箭头一致是减环(该尺寸也可看成增环),磨内孔半径尺寸 $20^{+0.03}_{0}$ mm 的箭头方向与封闭环尺寸箭头方向相反是增环。

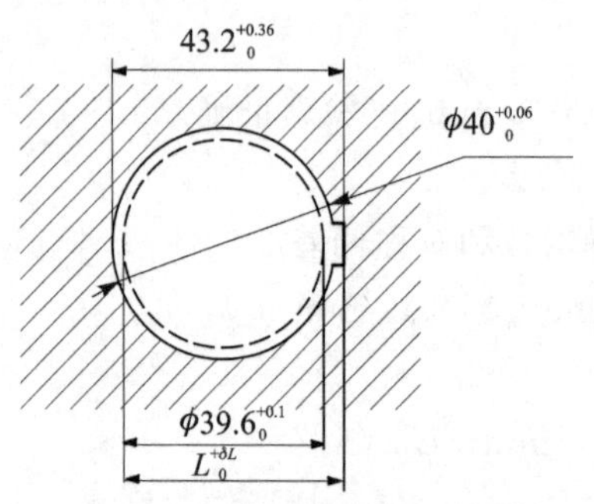

图 4-50 需插槽的高精度内孔

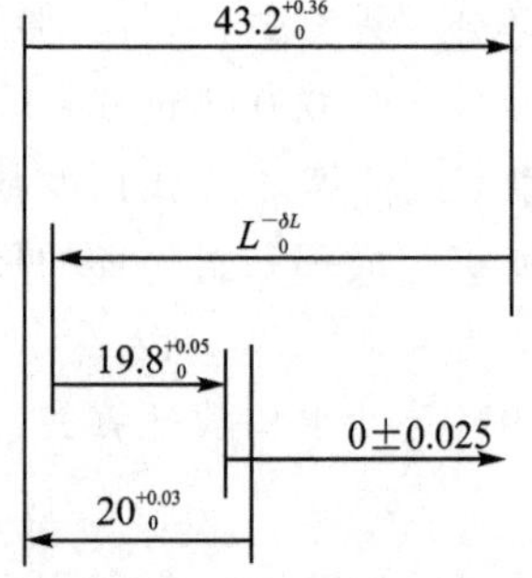

图 4-51 尺寸链图

(3) 用极值法计算插键槽基本尺寸 L、上偏差 ESL、下偏差 EIL 和公差 δL

参见封闭环基本尺寸计算式(4-9)可得

$$43.2\ \text{mm}=L-19.8\ \text{mm}-0\ \text{mm}+20\ \text{mm}$$

$$L=43.2\ \text{mm}+19.8\ \text{mm}-30\ \text{mm}=43\ \text{mm}$$

参见封闭环上偏差和下偏差计算式(4－12)和式(4－13)可得

$$0.36\ \text{mm}=\text{ES}L-0\ \text{mm}-(-0.025\ \text{mm})+0.03\ \text{mm}$$

$$\text{ES}L=0.36\ \text{mm}-0.025\ \text{mm}-0.03\ \text{mm}=0.305\ \text{mm}$$

$$0\ \text{mm}=\text{EI}L-0.05\ \text{mm}-0.025\ \text{mm}+0\ \text{mm}$$

$$\text{EI}L=0.05\ \text{mm}+0.025\ \text{mm}=0.075\ \text{mm}$$

$$L=L_{\text{EI}L}^{\text{ES}L}=43_{+0.075}^{+0.305}\ \text{mm}=43.075_{\ 0}^{+0.230}\ \text{mm};\quad \delta L=0.230\ \text{mm}$$

用封闭环公差计算式(4－14)验算公差：

$$0.36=0.230+0.05+0.05+0.03=0.36\quad（验算正确）$$

(4) 用概率法计算插键槽长度尺寸 L 和公差 δL

首先将所有组成环和封闭环的尺寸转换成平均数和对称偏差形式：

$$43.2^{+0.36}\ \text{mm}=(43.38\pm0.18)\ \text{mm}$$

$$19.8^{+0.05}\ \text{mm}=(19.825\pm0.025)\ \text{mm}$$

$$20^{+0.03}\ \text{mm}=(20.015\pm0.015)\ \text{mm}$$

参见封闭环尺寸平均数计算式(4－15)可得

$$43.38\ \text{mm}=L_{\text{m}}-19.825\ \text{mm}-0+20.015\ \text{mm}$$

$$L_{\text{m}}=43.38\ \text{mm}+19.825\ \text{mm}-20.015\ \text{mm}=43.19\ \text{mm}\quad（L_{\text{m}}\ 是平均数尺寸）$$

参见封闭环尺寸公差计算式(4－17)可得

$$0.36=\sqrt{\delta L^2+0.05^2+0.05^2+0.03^2}\Rightarrow\delta L=0.352\ \text{mm}$$

$$L=(43.19\pm0.176)\ \text{mm}=43.014_{\ 0}^{+0.352}\ \text{mm}$$

3. 保证渗氮、渗碳层深度的工序尺寸计算

有些零件的表面需要进行渗氮或渗碳处理，并要求精加工后仍能保证一定含氮或含碳的深度。为此要根据要求的渗氮或渗碳层的深度、精加工前后的加工工序尺寸，确定热处理时渗氮或渗碳的深度。

例 4－5 如图 4－52 所示零件，需渗氮的孔径设计尺寸为 $\phi140_{\ 0}^{+0.04}$，要求渗氮层单面的深度为 0.3～0.5 mm(双面为 0.6～1.0 mm)，该内孔的加工顺序如下：

① 粗磨内孔至 $\phi139.7_{\ 0}^{+0.19}$；

② 渗氮热处理，渗氮深度 $t_{\ 0}^{\delta L}$；

③ 精磨内孔至设计尺寸 $\phi140_{\ 0}^{+0.04}$，同时要求保证渗氮层双面深度为 $0.6_{\ 0}^{+0.4}$ mm。

要求：确定渗氮热处理时渗氮层双面深度 $t_{\ 0}^{\delta L}$。

解 (1) 确定封闭环尺寸

要求保证的渗氮层双面深度 $0.6_{\ 0}^{+0.4}$ mm 是加工结束后自然形成的，因此该尺寸是封闭环尺寸。

(2) 绘制尺寸链图

用单箭头按顺序绘制出的尺寸链图如图 4－53 所示。

(3) 用极值法计算渗氮层基本尺寸 t、上偏差 $\text{ES}t$、下偏差 $\text{EI}t$ 和公差 δt

参见封闭环基本尺寸计算式(4－9)可得

$$0.6\ \text{mm}=t+139.7\ \text{mm}-140\ \text{mm}$$

$$t=0.6\ \text{mm}-139.7\ \text{mm}+140\ \text{mm}=0.9\ \text{mm}$$

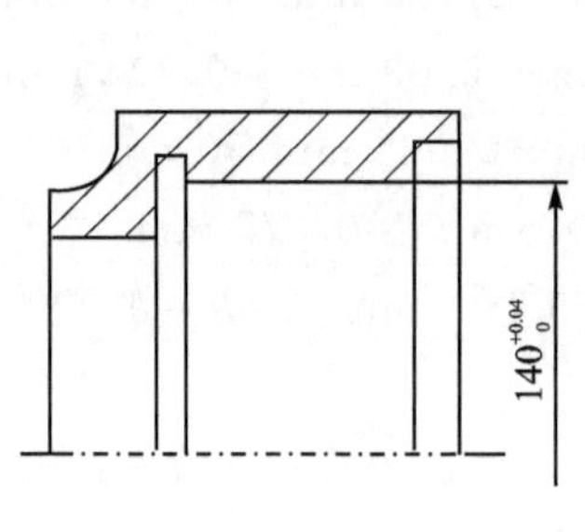

图 4-52　需渗氮的内孔

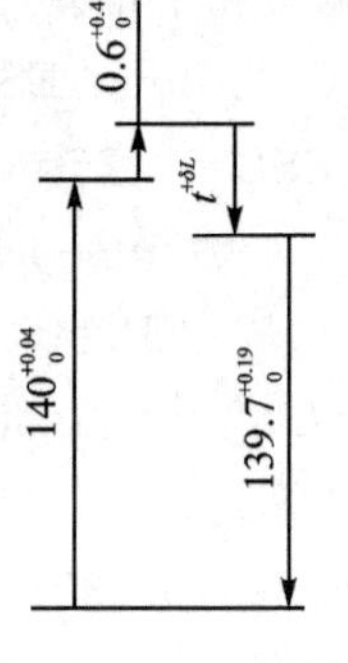

图 4-53　尺寸链图

参见封闭环上偏差和下偏差计算式(4-12)和式(4-13)可得

$$0.4\ \text{mm}=\text{ES}t+0.19\ \text{mm}-0\ \text{mm}$$

$$\text{ES}t=0.4\ \text{mm}-0.19\ \text{mm}=0.21\ \text{mm}$$

$$0\ \text{mm}=\text{EI}t+0\ \text{mm}-0.04\ \text{mm}$$

$$\text{EI}t=0.04\ \text{mm}$$

$$t=t_{\text{EI}t}^{\text{ES}t}=0.9_{+0.04}^{+0.21}\ \text{mm}=0.94_{0}^{+0.17}\ \text{mm}$$

$$\delta t=0.17\ \text{mm}$$

用封闭环公差计算式(4-14)验算公差：

$$0.4=0.17+0.19+0.04=0.4\quad(\text{验算正确})$$

(4) 用概率法计算插键槽长度尺寸 L 和公差 δL

首先将所有组成环和封闭环的尺寸转换成平均数和对称偏差形式：

$$0.6^{+0.4}\ \text{mm}=(0.8\pm0.2)\ \text{mm}$$

$$139.7^{+0.19}\ \text{mm}=(139.795\pm0.095)\ \text{mm}$$

$$140^{+0.04}\ \text{mm}=(140.02\pm0.02)\ \text{mm}$$

参见封闭环尺寸平均数计算式(4-15)可得

$$0.8\ \text{mm}=t_{\text{m}}+139.795\ \text{mm}-140.02\ \text{mm}$$

$$t_{\text{m}}=0.8\ \text{mm}-139.795\ \text{mm}+140.02\ \text{mm}=1.025\ \text{mm}\quad(t_{\text{m}}\ \text{是平均数尺寸})$$

参见封闭环尺寸公差计算式(4-17)可得

$$0.4=\sqrt{\delta t^{2}+0.19^{2}+0.04^{2}}\Rightarrow\delta t=0.35\ \text{mm}$$

$$t=(1.025\pm0.175)\ \text{mm}=0.85_{0}^{+0.35}\ \text{mm}$$

习　题

1. 机械加工工艺过程是怎样的？
2. 什么是工序、安装、工位、工步、走刀？
3. 何为零件的结构工艺性？结构工艺性分析主要包括哪些工作？
4. 选择粗基准时，一般应遵循哪些原则？并举例说明。
5. 选择精基准时，一般应遵循哪些原则？并作简要阐述，同时举例说明。
6. 何为加工经济精度？试举例说明在普通车床上和在普通外圆磨床上加工外圆的经济

精度各是多少。

7. 为什么要划分加工阶段？划分加工阶段的作用是什么？

8. 何为工序集中与工序分散？各有何特点？

9. 对下面机械加工零件进行工艺性分析，指出不合理的部分，画出改后的零件图。

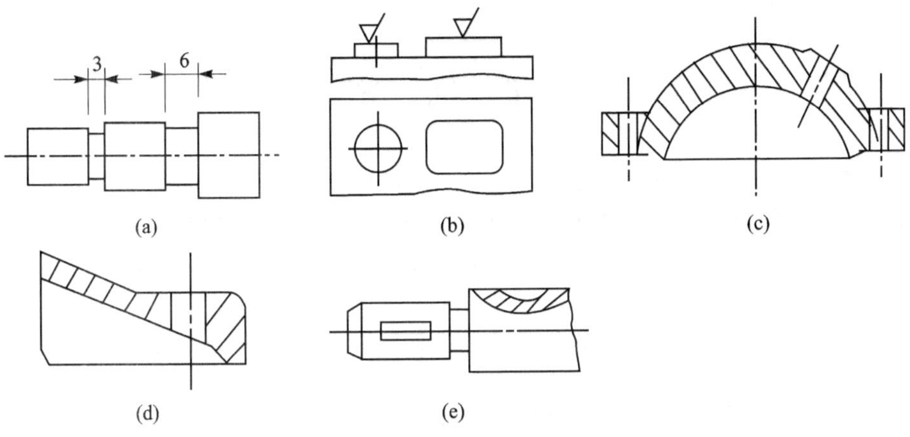

图 4－54　题 9 图

10. 某主轴孔的直径为 $\Phi100$，毛坯为锻件，尺寸为 $\varphi93_{-1}^{+2}$，加工过程为：粗镗→半精镗→精镗→浮动镗，试确定工序尺寸及公差，并填入表 4－14 中。

表 4－14　主轴孔工序尺寸及公差的确定

工序名称	加工余量/mm	工序基本尺寸/mm	加工经济精度/mm	工序尺寸与公差/mm
浮动镗	0.1	100	0.035	
精镗	0.4		0.053	
半精镗	2.5		0.15	
粗镗			0.34	
毛坯孔	—	93	$^{+2}_{-1}$	$\varphi93_{-1}^{+2}$

11. 如图 4－55(a)所示为一轴套零件，尺寸为 $38_{-0.1}^{0}$ mm 和 $8_{-0.05}^{0}$ mm 且已加工好，图(b)、(c)、(d)为钻孔加工时三种定位方案的简图。试用尺寸链方法计算三种定位方案的工序尺寸 A_1、A_2 和 A_3。

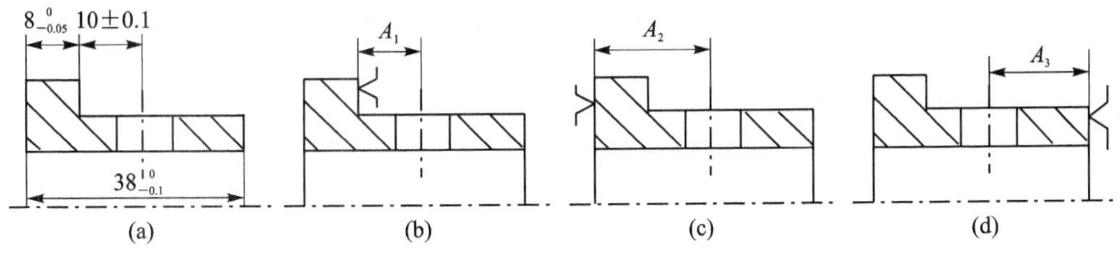

图 4－55　题 11 图

第 5 章　装配工艺简介

5.1　概　述

按照一定的精度和技术要求，将零件联结或固定起来，使之成为产品的过程，称为装配。

机器的生产总的可以分为毛坯制造、零件加工和装配三个工艺过程。

机器的装配是整个机器制造过程中的最后一个环节，它包括安装、调整、检验、试验、油漆和包装等工作。

装配工作的基本任务就是保证在一定的生产条件下，又快又好地装配出合格的产品来。

5.1.1　装配的类型和装配方法

机器有两种不同的装配类型。一种是由制造厂完全装配好，如一般小型的、运输方便的机器；另一种是制造厂只装配其中的一部分，最后的总装、调整、试车、检验等工作都在机器使用的现场进行，如一些大型的、重型的、不便于运输的机器设备。

装配的方法可归纳为完全互换法、分组选配法、修配法和调整法四种。

1. 完全互换法

完全互换法的装配，是指装配时，在各类零件中任意取出要装配的零件，不需任何修配或者选择就可以装配，并能完全符合要求，如图 5-1(a)所示。

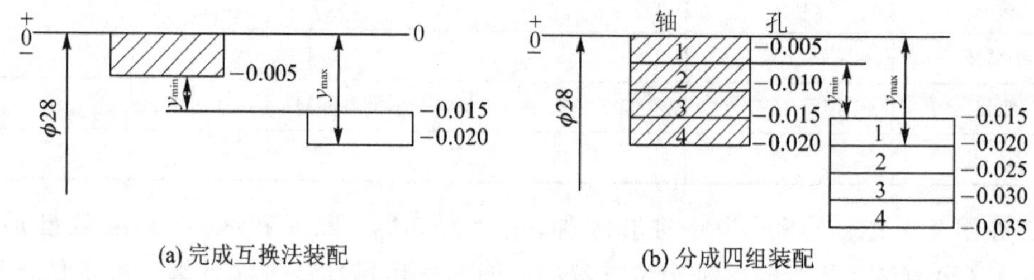

(a) 完成互换法装配　　(b) 分成四组装配

图 5-1　销子与销孔尺寸公差带图

它的特点是：装配工作简单，工人不需要很高的技术水平，生产率很高，有利于组织装配流水线和专业化协作生产。按照完全互换法装配的时候，装配精度是由零件的制造精度来保证的。因此，零件的加工精度要求较高，制造的费用较大。

完全互换法装配适用于大批量的生产。

2. 分组选配法(不完全互换法)

分组选配法的装配，是指设计时，配合副中孔和轴的加工公差，按照装配精度要求的允许公差放大若干倍，装配前，按照严格的尺寸范围将零件分成若干组，然后将对应的各组配合件装配在一起，以达到所要求的装配精度，见图 5-1(b)。

分组选配法的工艺特点：

① 零件公差放大了数倍，使加工经济；装配时分组，提高配合精度。

② 增加了对零件的测量和分组工作，这是一个缺点。

③ 各组配合零件的数量不可能相同，加工时应采取适当的调整措施，这是第二个缺点。

分组选配法又称不完全互换法。

3. 修配法

当装配精度要求较高，采用完全互换不够经济时，还可以采用修正某配合零件的方法来达到规定的装配精度。如图 5-2 所示，车床两顶尖不等高，装配时可以通过刮削尾架底座来达到精度要求。尾架底座被刮刀刮去的厚度为 $A_0=A_2+A_3-A_1$。

修配法虽然使装配工作复杂化，增加了装配时间，但是在加工零件的时候可以适当降低其加工精度，不需要采用高精度的设备，节省了机械加工时间，从而使产品的成本降低。

修配法常用在单件或者小批量生产中装配精度要求很高的场合，如车床尾架的垫板。

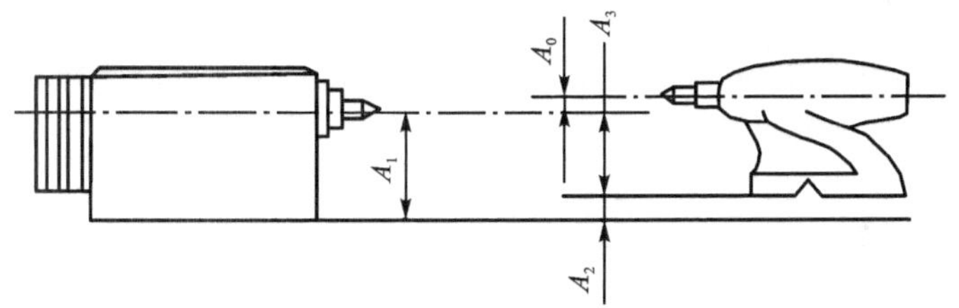

图 5-2　刮削尾架底座

4. 调整法

装配过程中，调整一个或几个零件的位置，以消除零件的累积误差，达到装配的要求。例如，使用不同尺寸的可换垫片、衬套、套筒、可调节螺钉和镶条进行调整。

有两种调整方法：可动调整法和固定调整法。

① 可动调整法　如图 5-3(a)所示，图中以套筒作为调整件。齿轮的轴向尺寸 A_1 和机体尺寸 A_2 都是按照经济精度进行加工的。装配时使套筒沿轴向移动至规定的间隙为止。

② 固定调整法　如图 5-3(b)所示，其中尺寸为 A_3 的垫圈为固定调整件，齿轮的轴向尺寸 A_1 及机体尺寸 A_2 都是按照经济精度进行加工的。将固定调整件 A_3 按照一定的尺寸间隔制成一组，装配时选择尺寸合适的 A_3，以保证轴向间隙的要求。

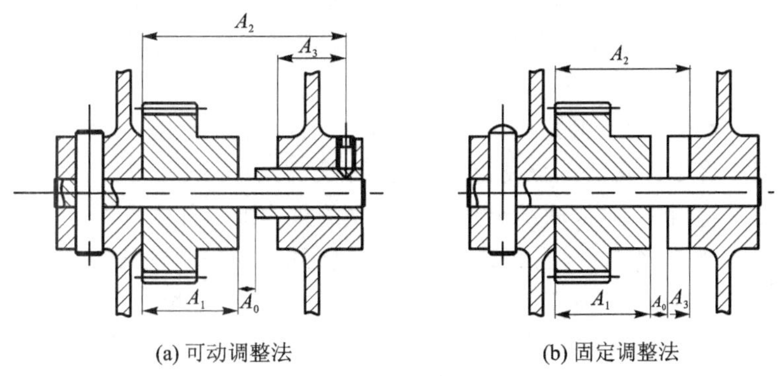

(a) 可动调整法　　(b) 固定调整法

图 5-3　调整法

调整法比修配法方便，也能达到很高的装配精度，在大批生产和单件生产中都可使用。但是这种方法往往使部件的刚性降低。此外,由于增设了调整用的零件,结构显得稍复杂些。

5.1.2 装配的一般步骤

① 准备工作 熟悉装配图和装配工艺;明确装配方法和装配程序,准备必需的工具;按照清单领取零件,并进行清理和清洗,检查零件的质量,进行分组和有关试验。例如:用油石和砂纸清理气缸等零件的碰伤或划痕,用煤油或汽油清洗气缸等零件。

② 装 配 对组件和部件进行装配;进行机器的总装配。

③ 调整和试验 调整间隙、压力、位置和角度的;进行空载试验和负荷试验。

④ 涂漆和保养 外表面按照规定涂漆;加工面进行油封保养。

5.1.3 零件联结类型

按照部件或零件联结方式的不同,联结可分为固定联结(零件之间没有相对运动)和活动联结(零件在工作时能按要求做相对运动)。这两类联结中都有可拆联结和不可拆联结之分,所以联结可以分为四个种类,见表5-1。

表5-1 联结的种类

固定联结		活动联结	
可拆的	不可拆的	可拆的	不可拆的
螺纹、键、楔、销等	铆接、焊接、压合、胶合等	轴与轴承、丝杠与螺母、柱塞与套筒等配合	任何活动联结的铆合

可拆联结,在拆卸时不致损伤联结零件。不可拆联结,虽然有时也需要拆卸,但拆卸往往比较困难,必须使其中一个或几个零件遭到损坏,在重装时不能重复使用原来的零件,或者需要专门的修理后才能重复使用。

5.1.4 机器的组成和装配单元系统图

任何一台机器都可以分为若干零件、组件和部件等组成部分,这些零件、组件和部件称为装配单元。零件是机器中最基本的单元。压缩机中的曲轴、活塞、气缸、缸盖、螺钉等都是一个个零件。组件则是由几个零件组合而成的单元,例如,已装上了排气阀片的上缸盖就是一个组件。部件是由若干零件和组件组合而成的,例如,安装电机转子前已经装配好的机械部分是部件。

为了便于组织生产和分析装配中的问题,机器的装配过程基本上分为三个阶段:

① 组件装配 将零件联结组合成为组件的操作过程。

② 部件装配 将组件、零件联结组合成为独立的机构即部件的操作过程。

③ 总装配 将部件、组件、零件联结组合成为整台机器的操作过程。

下面介绍CA6140床头箱中II轴组件(见图5-4)的装配过程。

装配前要做好准备工作。首先将构成组件的全部零件集中,清洗干净。

这一传动轴组件的装配过程可以应用图解的方法表示。这种图称为装配单元系统图,其绘制方法如下:

① 先画一条横线。

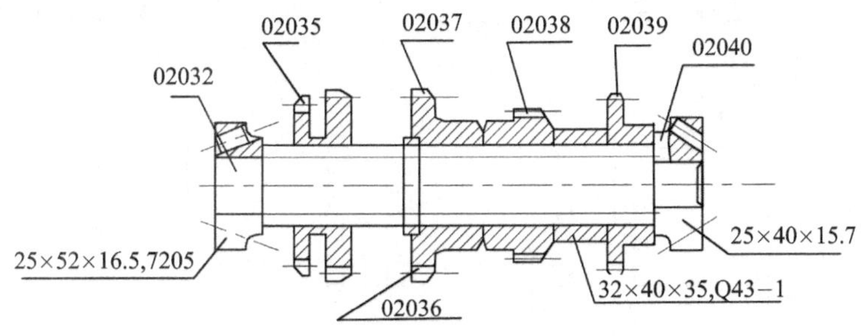

图 5-4　II 轴组件结构图

② 横线的左端画一个小长方格，代表基准件（在组件中用来装配其他零件的零件）。在长方格中要注明装配单元的编号、名称和数量。

③ 横线的右端画一个小长方格，代表装配的成品。

④ 横线自左至右表示装配的顺序，直接进入装配的零件画在横线的上面，直接进入装配的组件画在横线的下面。

按此法绘制的 II 轴组件装配单元系统图见图 5-5。

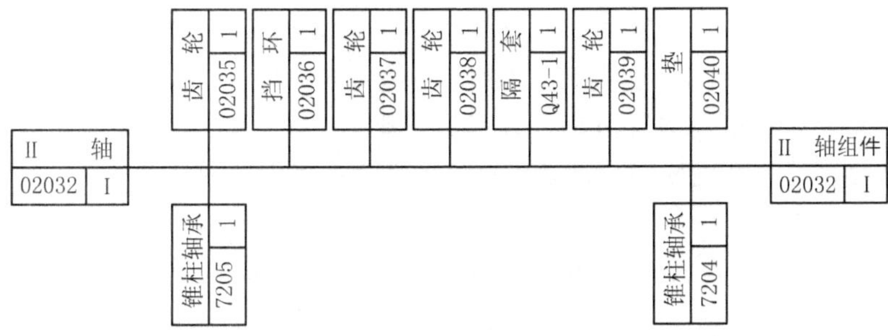

图 5-5　II 轴组件装配单元系统图

由图可见，装配单元系统图可以一目了然地表示出成品的装配过程，装配所需的零件名称、编号和数量，并且可以根据它来划分装配工序。因此，它可以起到指导和组织装配作业的作用。同理，也可以画出部件和机器的装配单元系统图。

有些机械产品的生产过程是相当复杂的。为了既得到高质量的机械产品又利用专业化工厂的特定技术和效率，现代机械工业一般采取组织专业化生产的方法。此时一种产品的生产是分散在若干个专业化工厂进行，例如毛坯的制造在某个专业化工厂进行，零件的机械加工在另一个专业化工厂进行，零件的热处理又在另一个专业化工厂进行，最后集中由一个工厂制成完整的机械产品。

5.2　装配精度与装配尺寸链

5.2.1　装配精度

1. 几何精度

① 距离精度，是指产品中相关零部件间的距离精度。如图 5-6 所示，卧式车床精度标准

要求主轴锥孔中心线和尾座顶尖锥孔中心线对机床导轨的等高度，只许尾座锥孔中心高 0～0.06 mm。

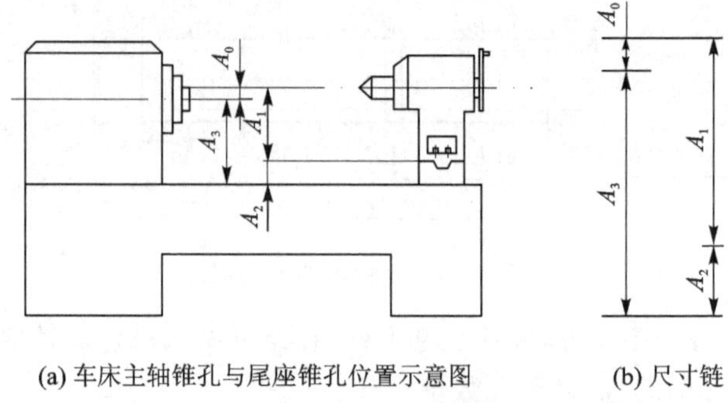

(a) 车床主轴锥孔与尾座锥孔位置示意图　　(b) 尺寸链

图 5-6　车床主轴锥孔中心线与尾座锥孔中心线等高度

② 相互位置精度，是指产品中相关零部件间的平行度、垂直度、同轴度等。如卧式车床规定的溜板箱移动对主轴中心线的平行度；溜板箱移动对尾座顶尖锥孔中心线的平行度。

2. 运动精度

① 回转精度　机床中回转零件的径向跳动和轴向窜动。一般车床主轴的径向跳动允许在轴端处为 0.01 mm，在 300 mm 处为 0.02 mm；轴向窜动为 0.015 mm。回转精度除了与主轴组件各零件的精度有关，与装配方法也有密切关系。

② 传动链精度　机床内联系传动链中对该项精度有规定要求。

3. 相互配合精度

配合精度是指零件配合表面间的配合质量和接触质量。配合质量影响配合性质，接触质量影响产品的接触刚度，影响机械产品的几何精度和运动精度的保持性。

5.2.2　装配尺寸链

1. 装配尺寸链的建立

装配尺寸链的建立就是在装配图上，根据装配精度的要求，找出与该项精度有关的零件上相应的尺寸，并画出相应的尺寸链图。如图 5-6(a)所示的装配图，装配后要求主轴锥孔中心线和尾座顶尖锥孔中心线对机床导轨的等高度，只许尾座锥孔中心高 0～0.06 mm。即 A_0 为封闭环，与该项精度有关零件的尺寸 A_1、A_2、A_3 为组成环。所组成的装配尺寸链如图 5-6(b)所示。

对于每一个封闭环，通过装配关系的分析，查找方法如下：

① 取封闭环两端的那两个零件为起点，沿装配精度要求的位置方向，以装配基准面为联系线索，分别查明装配关系中影响装配精度要求的那些有关零件及零件上的尺寸，直到封闭为止。这样所有与装配精度有关的尺寸或位置关系，就是装配尺寸链的全部组成环。

② 在建立装配尺寸链时应使环数最少，即最短路线原则。

③ 在结构确定的条件下组成装配尺寸链时，每个有关零件只应有一个尺寸列入装配尺寸链。图 5-7(a)所示是装配情况，图 5-7(b)所示的尺寸链符合组成环环数最少原则，而图 5-7(c)所示的尺寸链不符合组成环环数最少原则，是不合理的。

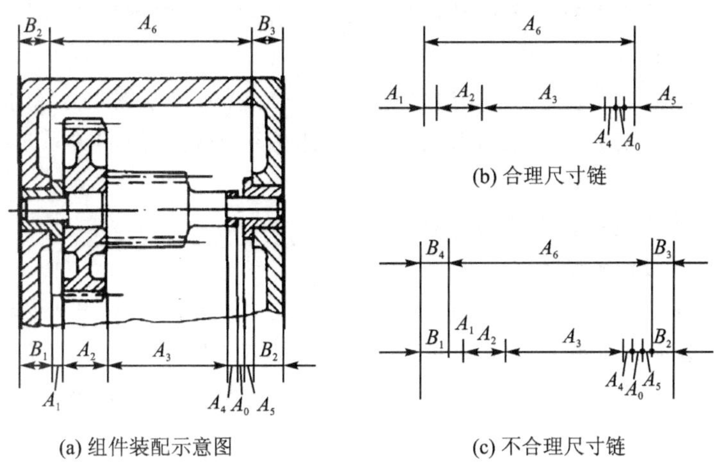

(a) 组件装配示意图

(b) 合理尺寸链

(c) 不合理尺寸链

图 5－7　尺寸链环数最少原则

2. 装配尺寸链的计算方法和解题类型

尺寸链的计算方法：

- 极值法(采用第 4 章的计算公式)；
- 概率法(采用第 4 章的计算公式)。

在装配尺寸链的计算中，各组成环的尺寸是为了保证封闭环的多个相关零件上的尺寸。

装配尺寸链的解题类型在计算装配尺寸链时常遇到以下三类问题：

① 已知组成环的尺寸和公差，求封闭环的尺寸及公差。在装配工作中，用来校验产品装配后精度是否达到规定要求。这类问题计算比较简单，称为正计算。

② 已知封闭环的尺寸和公差，求组成环的尺寸和公差。用于产品设计工作中，已知装配精度要求，设计各相关零件的精度。因未知数较多，求解比较复杂，所以解这类问题称为反计算。

③ 已知封闭环和部分组成环的尺寸和公差，求其余组成环的尺寸和公差。许多反计算问题最终都是转化为这类求解问题，所以称为中间计算。具体计算过程中常设定某些组成环，只留一个组成环为未知数。利用尺寸链的计算公式求出最后结果。

3. 保证装配精度的方法

(1) 互换法

互换法是通过零件的精度来保证装配精度的一种装配方法。装配时零件不需进行任何选择、修配或调节就可以达到规定的装配精度要求。其优点是装配工作简单，生产率高，便于组织装配流水线和协作化生产，也有利于产品的维修。

互换法是通过求解尺寸链来达到装配精度的要求，解尺寸链的核心问题是将封闭环的公差合理地分配到各组成环上去。

公差的分配方法有三种，即等公差法、等精度法和经验法。

① 等公差法。设定各组成环的公差相等，将封闭环的公差平均分配到各组成环上。此方法计算较简单，但未考虑相关零件的尺寸大小和实际加工方法，所以不够合理，常用在组成环尺寸相差不太大，而加工方法的精度较接近的场合。

② 等精度法。设定各组成环的精度相等，考虑了组成环尺寸的大小，但未考虑各零件加

工的难易程度,使组成环中有的零件精度容易保证,有的精度较难保证。此法比等公差法合理,但计算较复杂。

③ 经验法。先根据等公差法计算出各组成环的公差值,再根据尺寸大小、加工的难易程度及工作经验进行调整,最后利用封闭环公差和各组成环公差之间的关系进行核算。此法在实际中应用较多。

互换法可分为完全互换法和大数互换法。

1) 完全互换法(极值解法)

这种方法由于采用极值法求解尺寸链,只要零件的尺寸及公差按图纸要求加工合格,装配精度就能够保证,这样就实现了零件的完全互换。这种方法广泛应用于汽车、拖拉机、轴承、自行车等大批量生产的装配中。当封闭环环数较多,而封闭环的公差较小时,不宜采用完全互换法装配。

如图 5-8 所示之齿轮箱部件,装配后要求轴向间隙为 0.2~0.7 mm,即 $A_3=0^{+0.7}_{+0.2}$ mm,已知其他零件的有关基本尺寸是:$A_1=122$ mm,$A_2=28$ mm,$A_3=5$ mm,$A_4=140$ mm,$A_5=5$ mm,试确定各组成环的大小及分布位置。

求解步骤如下:

① 画出装配尺寸链图(见图 5-9)并进行分析。该尺寸链由六环组成,其中 A_0 为封闭环,A_1、A_2 为增环,A_3、A_4、A_5 为减环。

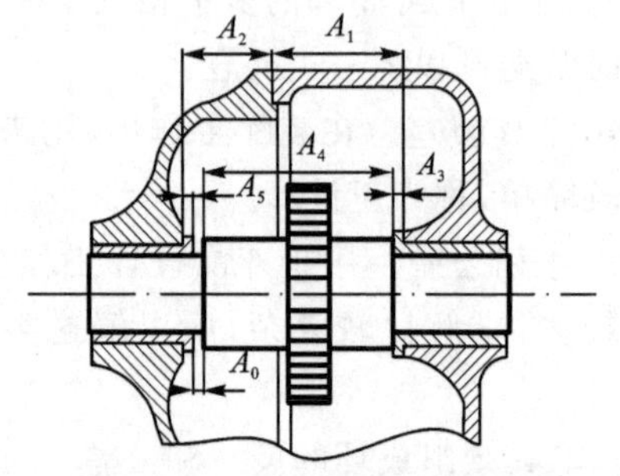

图 5-8 齿轮箱部件

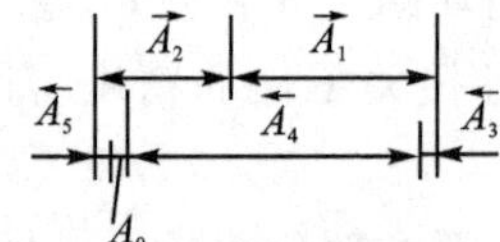

图 5-9 齿轮箱部件装配尺寸链图

② 校核各环的基本尺寸。封闭环的基本尺寸为

$$A_0=(\vec{A}_1+\vec{A}_2)\rightarrow(\overleftarrow{A}_3+\overleftarrow{A}_4+\overleftarrow{A}_5)=(122+28)\ \text{mm}-(5+140+5)\ \text{mm}=0\ \text{mm}$$

各环的基本尺寸符合要求。

③ 确定各组成环的公差及其分布位置。为满足封闭环公差 $T_0=0.5$ mm 的要求,各组成环公差之和 $\sum T_i \leqslant T_0=0.5$ mm。先按等公差法考虑各环所能分配的平均公差 T_a,即

$$T_a=\frac{T_0}{m}=\frac{0.5\ \text{mm}}{5}=0.1\ \text{mm}$$

式中:m 为组成环的环数。

再根据各环加工的难易程度和尺寸的大小调整各环的公差。考虑到 A_1、A_2 加工较难,公差可略大;A_3、A_4 加工较易,其公差可规定较严。选 A_4 为协调环(在装配尺寸链中起协调作用),故确定

$$T_1=0.16\ \text{mm}\qquad T_2=0.084\ \text{mm}\qquad T_3=T_5=0.048\ \text{mm}$$

再按“入体”原则确定公差带的位置，则

$$A_1=122^{+0.16}_{0}\ \text{mm}\qquad A_2=28^{+0.084}_{0}\ \text{mm}\qquad T_3=T_5=5^{0}_{-0.040}\ \text{mm}$$

④ 确定协调环的上下偏差。根据极值法上下偏差算式(4-12)和式(4-13)有

$$\mathrm{ES_0}=\mathrm{ES_1}+\mathrm{ES_2}-\mathrm{EI_3}-\mathrm{EI_4}-\mathrm{EI_5}$$

$$\mathrm{EI_4}=\mathrm{ES_1}+\mathrm{ES_2}-\mathrm{ES_0}-\mathrm{EI_3}-\mathrm{EI_5}=0.16\ \text{mm}+0.084\ \text{mm}-0.7\ \text{mm}-(-0.048\ \text{mm})-(-0.048\ \text{mm})=0.36\ \text{mm}$$

$$\mathrm{EI_0}=\mathrm{EI_1}+\mathrm{EI_2}-\mathrm{ES_3}-\mathrm{ES_4}-\mathrm{ES_5}$$

$$\mathrm{ES_4}=\mathrm{EI_1}+\mathrm{EI_2}-\mathrm{EI_0}-\mathrm{ES_3}-\mathrm{ES_5}=(0+0-0.2-0-0)\ \text{mm}=-0.2\ \text{mm}$$

即 $A_4=140^{-0.2}_{-0.36}\ \text{mm}$。

2) 大数互换法(概率解法)

当装配精度要求较高而尺寸链的组成环又较多，如用完全互换法装配，则会使得各组成环的公差很小，造成加工困难。其实采用完全互换法装配，所有零件同时出现极值是小概率事件(所有增环都达到最大值，所有减环都达到最小值，或反之)。所以采用概率法进行计算，可能存在0.27%的不合格率，故此法称为大数互换法或不完全互换法。

现仍以图 5-8 为例进行计算。

$$T_a=\frac{T_0}{\sqrt{m}}=\frac{0.5\ \text{mm}}{\sqrt{5}}=0.22\ \text{mm}$$

在平均公差的基础上，再考虑各组成环加工的难易程度，调整各组成环的公差如下：

$$T_1=0.4\ \text{mm},\quad T_2=0.2\ \text{mm}\quad T_3=T_5=0.08\ \text{mm}$$

为了满足 $T_0=\sqrt{\sum_{i=1}^{m}T_i^2}$ 的要求，协调环 A_4 的公差按该式进行计算，即

$$0.5^2=0.4^2+0.2^2+0.08^2+0.08^2+T_4^2$$

$$T_4=0.192\ \text{mm}$$

按“入体”原则确定组成环的公差带位置，即

$$A_1=122^{+0.4}_{0}\ \text{mm}\quad A_2=28^{+0.2}_{0}\ \text{mm},\quad A_3=A_5=5^{0}_{-0.08}\ \text{mm}$$

考虑到用概率法进行计算时，按对称公差算法比较方便。将各环用对称公差表示，即

$$A_0=0^{+0.7}_{+0.2}\ \text{mm}=(0.45\pm0.25)\ \text{mm}$$

$$A_1=122^{+0.4}_{0}\ \text{mm}=(122.2\pm0.2)\ \text{mm}$$

$$A_2=28^{+0.2}_{0}\ \text{mm}=(28.1\pm0.1)\ \text{mm}$$

$$A_3=A_5=5^{0}_{-0.08}\ \text{mm}=(4.96\pm0.04)\ \text{mm}$$

计算协调环 A_4 的平均尺寸，即

$$A_{0a}=(\overrightarrow{A}_{1a}+\overrightarrow{A}_{2a})\rightarrow(\overleftarrow{A}_{3a}+\overleftarrow{A}_{4a}+\overleftarrow{A}_{5a})$$

$$0.45\ \text{mm}=(122.2+28.1)\ \text{mm}-(4.96\ \text{mm}+\overleftarrow{A}_{4a}+4.96\ \text{mm})$$

$$A_{4a}=139.93\ \text{mm}$$

所以

$$A_4=A_{4a}\pm\frac{T_4}{2}=(139.93\pm0.096)\ \text{mm}$$

即 $$A_4 = 140^{+0.026}_{-0.166}\ \text{mm}$$

从上面的计算可以看出：在封闭环公差一定的情况下，利用大数互换法装配其组成环的公差比完全互换法装配时组成环的公差要大(组成环的平均公差扩大了 $\sqrt{m}$ 倍)，且组成环零件的加工变得容易了。

(2) 选择装配法

当装配精度很高，用互换法装配无法满足要求时，即组成环的公差很小，难以加工，可使用选择装配法。选择装配法就是将组成环的公差放大到经济加工精度，通过选择合适的零件进行装配，以保证达到规定装配精度的方法。

1) 直接选配法

由工人凭经验从待装配的零件中选择合适的零件进行装配，装配质量在很大程度上取决于工人的技术水平和经验，但装配的生产率低。

2) 分组装配法

将组成环的公差按完全互换法装配算出后放大数倍，达到经济精度公差数值。零件加工后测量实际尺寸的大小，并进行分组，将对应组互换装配以达到规定的装配精度。由于组内零件可以互换，又称为分组互换法。

图 5-10 所示为活塞与活塞销组件图，配合要求最大过盈量为 0.007 5 mm，最小过盈量为 0.002 5 mm。若采用完全互换法的极值法计算，以等公差规定活塞销外径为 $\phi 28^{-0.0075}_{-0.0100}$，活塞销孔的孔径为 $\phi 28^{-0.01250}_{-0.0150}$，销与销孔的平均公差为 0.002 5 mm。按此公差制造是很不经济的。实际生产中将轴、孔的公差放大 4 倍，即活塞销为 $\phi 28^{\ 0}_{-0.0100}$，活塞销孔为 $\phi 28^{-0.0050}_{-0.0150}$。这样活塞销外圆用无心磨、活塞销孔可用金刚镗等高效率加工方法。加工后用精密测量仪测量其实际尺寸，并按尺寸的大小分成四组，分别涂上不同的颜色加以区别，以便进行分组装配。具体分组见表 5-2。

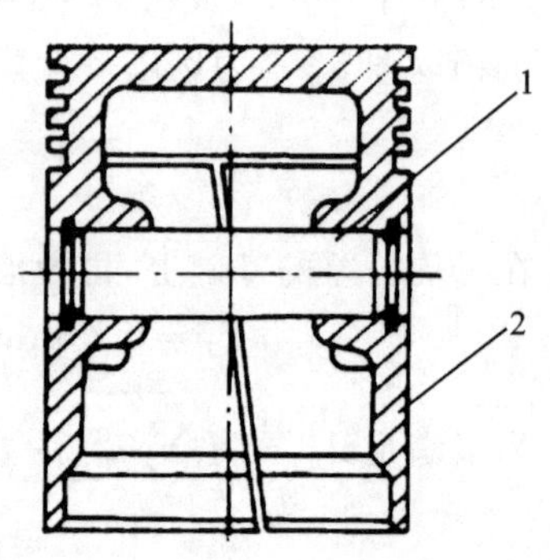

1—活塞销；2—活塞

图 5-10 活塞与活塞销组件图

表 5-2 活塞与活塞销孔的分组尺寸

mm

组 别	标志颜色	活塞销直径	活塞销孔直径	配合情况	
				最小过盈	最大过盈
一组	白	$\phi 28^{\ 0}_{-0.0025}$	$\phi 28^{-0.0050}_{-0.0075}$	0.002 5	0.007 5
二组	绿	$\phi 28^{-0.0025}_{-0.0050}$	$\phi 28^{-0.0075}_{-0.0100}$	0.002 5	0.007 5
三组	黄	$\phi 28^{-0.0050}_{-0.0075}$	$\phi 28^{-0.0100}_{-0.0125}$	0.002 5	0.007 5
四组	红	$\phi 28^{-0.0075}_{-0.0100}$	$\phi 28^{-0.0125}_{-0.0150}$	0.002 5	0.007 5

采用分组互换法，需要具备的条件：

① 配合件的公差应相等，公差增大时要向同方向增大，增大的倍数就是要分的组数。这样分组装配后，各组的配合精度与配合性质才能符合原来的要求。

② 零件分组后，应保证装配时相配合零件在数量上能够匹配。如果各组成环的尺寸均呈正态分布，则相配合零件可以匹配，否则将产生各对应组零件数量差别太多而不能配套。对于

不匹配的零件有一定的数量后，可专门加工一批零件与之相匹配。

③ 分组数不宜太多，否则不便管理。分组数只要使零件的制造精度达到经济加工精度就可以了。

由表 5－2 可见，分组装配后各组的配合性质和与原装配精度要求相同。

分组互换法多用于封闭环精度要求较高的短环尺寸链。一般组成环只有 2～3 个，通常用于汽车、拖拉机及轴承制造业等大批量生产中。

3）复合选配法

该方法是分组装配法和直接选配法的复合，即零件加工后预先测量分组，装配时在各对应组进行直接选配。这种方法可以达到比较高的装配精度。

（3）修配法

修配法是在装配过程中，通过修配尺寸链中某一组成环的尺寸，使封闭环达到规定精度要求的一种装配方法。

采用修配装配法时，尺寸链中各组成环尺寸均按经济加工精度制造。这样，在装配时累积在封闭环上的总误差必然超过规定的公差。为了达到规定的精度要求，需对规定的某一组成环进行修配。要进行修配的组成环称为修配环。

修配法在生产中应用广泛，主要用于成批或单件生产，装配精度要求高的情况下。

修配环的选择应注意以下原则：

① 选易于修配且装卸方便的零件。

② 若有并联尺寸链，选非公共环；否则修配后，保证了一个尺寸的装配要求，同时又破坏了另一个尺寸链的装配精度要求。

③ 选不进行表面处理的零件，以免破坏表面处理层。

修配法解尺寸链的主要问题是如何合理确定修配环公差带的位置，使修配时有足够的而又尽可能小的修配余量。修配环被修配后对封闭环尺寸变化的影响有两种情况：一种是使封闭环尺寸变小，另一种是使封闭环尺寸变大。

1）修配环被修配后使封闭环尺寸变小

如图 5－6 所示，卧式车床装配尺寸链，在装配时要求主轴锥孔中心线和尾座顶尖锥孔中心线的等高度误差为 0～0.06 mm（只许尾座高），已知 $A_1=156$ mm，$A_2=46$ mm，$A_3=202$ mm，$A_0=0^{+0.06}_{0}$ mm。现采用修配法装配，确定各组成环公差及其分布。

计算过程如下：

① 选择修配环。刮削尾座底板底面较方便，故选 A_2 作修配环。

② 根据经济加工精度确定各组成环公差，并确定除修配环以外各组成环公差带的位置。A_1、A_3 两尺寸用镗模加工，取 $T_1=T_3=0.1$ mm；A_2 尺寸采用精刨加工，取 $T_2=0.1$ mm，以上公差均为经济加工精度公差。按对称原则标注：$A_1=(202\pm0.05)$ mm，$A_3=(156\pm0.05)$ mm。

③ 确定修配环公差带的位置。由尺寸链可知，修配环 A_2 被修配后，封闭环的实际尺寸 A'_0 变小（A_0 为规定尺寸）。若 $A'_0<A_{0\min}$，则再要修配，只能使封闭环的尺寸变得更小，无法达到装配精度的要求。因此，为保证有足够的修配余量，必须使 $A'_{0\min}<A_{0\min}$；要使修配量最小，则 $A'_{0\min}=A_{0\min}$。由此可得到在修配环被修配后封闭环尺寸变小的情况下确定修配环公差带位置的计算公式：

$$A'_{0\min}=A_{0\min}=\sum_{i=1}^{n}\vec{A}_{\min}-\sum_{i-n+1}^{n-1}\overleftarrow{A}_{\max} \qquad (5-1)$$

将已知数值代入式(4-1),有

$$0=\vec{A}_{2\min}+155.95\ \text{mm}-202.05\ \text{mm}$$

$$A_{2\min}=46.1\ \text{mm}$$

所以

$$A_2=46^{+0.2}_{+0.1}\ \text{mm}$$

若考虑尾座底板装配时必须刮研,应留最小修配量。例如 0.15 mm,则 $A_2=46^{+0.035}_{+0.025}$ mm。

④ 计算最大修配量。若 A_2、A_3 加工到最大,A_1 加工到最小,则可能出现的最大修配量为

$$Z_{\max}=A'_{0\max}-A_{0\max}=A_{2\max}+A_{3\max}-A_{1\min}-A_{0\max}=0.39\ \text{mm}$$

2) 修配环被修配后使封闭环尺寸变大

计算过程与修配环被修后使封闭环尺寸变小时相同,确定修配环公差带位置的计算公式如下:

$$A'_{0\max}=A_{0\max}=\sum_{i=1}^{n}\vec{A}_{i\max}-\sum_{i=n+1}^{m-1}\overleftarrow{A}_{i\min} \qquad (5-2)$$

若修配环为增环,计算可得 $A_{i\max}$;若修配环为减环,计算可得 $A_{i\min}$。计算后再考虑修配量。

(4) 调整法

调整法是指在装配时用改变产品中可调件的相对位置或选用大小合适的调整件来达到装配精度的方法。

① 可动调整法　通过改变零件的相对位置来达到装配精度的方法。这种方法调整比较方便,在机械产品的装配中被广泛采用。图 5-11(a)为采用螺钉调整,使楔块上下移动来调整丝杠螺母副的轴向间隙;图 5-11(b)为通过螺钉调整轴承间隙。

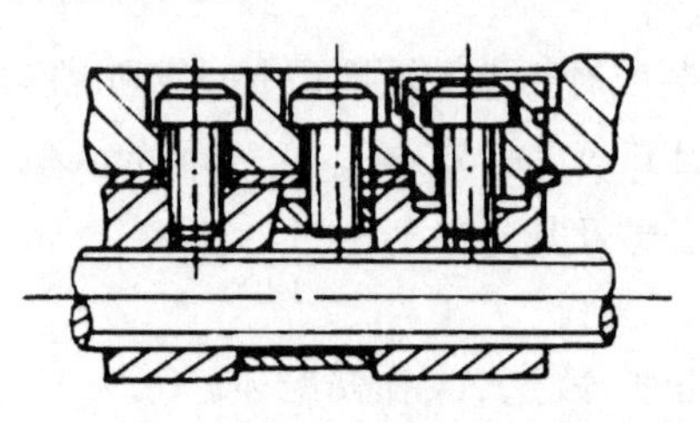

(a) 采用螺钉调整轴向间隙

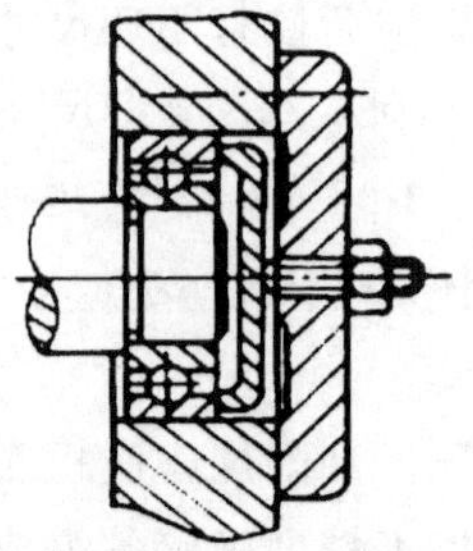

(b) 采用螺钉调整轴承间隙

图 5-11　可动调整法应用示例

② 固定调整法　在装配尺寸链中加入一个零件作为调整环。该调整环零件是按一定的尺寸间隔制成一组零件,根据需要,选用其中某一尺寸的零件来作补偿。实际上通过改变某一零件的尺寸大小,来保证要求的装配精度。

如图 5-12 所示的部件中,齿轮的轴向间隙量要求严格(0.05~0.15 mm),无法用完全互换装配法,因此采用固定调整法,即在结构中专门加入一个固定调整垫 A_K。具体方法是加工

4 种调整垫。在装配时，根据空位尺寸 A_0+A_K 的大小选择合适的调整垫，使间隙尺寸 A_0 为所要求，即可保证装配精度。各种固定调整件分级尺寸的计算方法可参见有关资料。

③ 误差抵消调整法　这种方法是利用某些组成环误差的大小和方向，在装配时，合理选择装配方向，使其相互抵消一部分，以提高装配精度的方法。如安装车床主轴时，可先分别确定主轴前、后轴承引起主轴前端定位面径向跳动的大小和方向，然后，调整轴承的安装方向，使各自产生的径向跳动方向相反而抵消一部分，从而控制主轴的径向跳动。

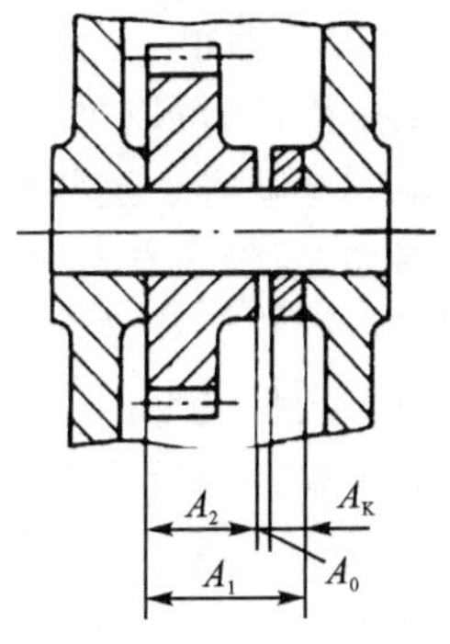

图 5－12　固定调整法示例

5.3　装配工艺规程的制定

装配工艺规程就是用文件的形式将装配内容、装配顺序和装配质量的检验等规定下来，成为指导装配工作和处理装配质量问题的依据。

5.3.1　制定装配工艺规程的原则

① 保证产品质量　这是一项最基本的要求。有了合格的零件，才能装配出合格的机器；但是，如果装配不当，即使零件质量很高，也不能装配出高质量的机器。此外，通过装配，可以发现设计和零件加工中存在的问题，以便进一步改进。

② 满足装配周期的要求　装配周期是根据产量要求计算出来的，是必须要完成的。对于流水生产，就是要保证生产节拍，这往往是成批生产和大量生产的组织形式；而对于单件小批生产，则往往是规定每月生产数量。这容易造成前松后紧，装配周期不均衡的现象。

③ 尽量减少手工劳动量　装配工作中的手工劳动量很大，大多数产品都是手工装配的，因此大量的时间花费在零件的清洗、配合和修配等工作上。修配时，采用刮研的方法，其劳动量是最大的。因此装配工作的机械化和自动化是一个重要的研究课题，它与机器的结构设计有密切的联系。

④ 尽量减少装配工作所占的成本　首先是考虑减少装配的投资，其次是缩短装配周期。

总之，制定装配工艺规程的原则是：装配的质量要好，装配的产量要高，装配的费用要低。其中，装配质量是最重要的。

5.3.2　制定装配工艺规程的原始资料

在制定装配工艺规程之前，必须具备下列原始资料，才能顺利地进行这项工作。

① 产品图纸和技术性能指标　产品图纸包括全套总装图、部件图和零件图，这样可以了解产品的结构、配合尺寸、配合性质和精度，从而决定装配的顺序和装配方法。从零件图的零件质量可以计算出部件和整机的质量，然后选择相应的起吊工具。有些零件在装配时要验算装配尺寸链或进行机械加工，因此零件图纸是必不可少的。为了看清产品和部件结构，有时没有零件图也是不行的。

技术性能指标包括精度、运动范围、试验及验收条件等。精度包括主轴的几何精度、部件之间的位置精度、零件之间的配合精度和传动精度等。试验包括性能试验、温升试验、寿命考验试验和安全考验试验等。这些指标与选择装配方法和装配顺序有密切关系。

② 生产纲领　生产纲领就是年产量,它是选择生产组织形式和装配方法的主要依据。对于大批量生产,可以采用流水线和自动线的生产组织方式,即设计专用生产线,如汽车制造业和轴承制造业等。这些生产线都有严格的生产节奏,被装配的成品或部件在生产线上按生产节拍移动,组织十分严密。对于成批生产的产品,往往采用固定生产地的装配方式,如机床的装配。一台机床固定在一块生产地从头到尾装配完,试验后再送往油漆包装车间。

对于大批量生产,可以采用专用的装配设备和工具,现代装配工作中已经大量采用机器人。对于单件小批生产,大多采用一般的装配手段。

③ 生产条件　如果是在现有的生产条件下制定装配工艺规程,那么就应该考虑现场的车间面积、生产设备和工人的技术水平,这样装配工作才能结合实际,行之有效。

5.3.3　装配工艺规程的内容及制定步骤

① 产品图纸分析　从产品的总装图、部件装配图到零件图,要了解产品的结构和技术要求,审查零件结构的装配工艺性,划分装配单元。

② 确定生产组织形式　根据生产纲领和产品的结构,确定生产组织形式。

移动式流水装配线用于大批量生产,产品可大可小,较多地用于仪器仪表等的装配,汽车、拖拉机等大产品也可采用。产品在装配线上移动,有固定节奏和自由节奏两种。前者节奏严格,各工位的装配必须在规定的节奏时间内完成,进行节拍性的流水线生产。装配中如发生问题超过节奏,则吊装到线外进行处理。自由节奏不严格,上一工位装配完后传到下一工位,由于节奏不严格,容易造成阻塞等现象,因此多用于成批生产中。

移动式流水装配线又可以分为连续移动和断续移动两种。连续移动即装配线连续缓慢移动,工人在装配时一面装配一面随装配线走动,装配完毕后再回到原位。断续移动即在装配时产品不动,工人在规定时间内装配完后,产品被输送带运送到下一工位。从输送带的结构来说,连续移动的结构比较简单些,断续移动有定位机构和返回机构,结构上复杂些。

固定式装配即将产品固定在一个工作地上进行装配,它也可以组织流水生产,即工人按专业分工,按装配顺序进行装配。这种方式多用于机床、汽轮机等成批生产中。

③ 装配顺序的决定　在划分装配单元的基础上,决定装配顺序是制定装配工艺规程最重要的工作。根据产品结构和装配方法划分套件、组件和部件,从而也就表现出装配顺序了。图5-5就是图5-4所示II轴组件装配单元系统图,它表明了各零件的装配顺序。把几个部件的装配工艺系统图合在一起,就成为了整个产品的装配工艺系统图,也就清楚地表明了整个产品的装配顺序。因此,装配工艺系统图是装配顺序的表示方法。

装配顺序主要是根据装配工艺系统图来确定。具体来说就是先难后易,先内后外,先下后上,先重大后轻小,先精密后一般。

④ 合理装配方法的选择　在这里,装配方法的含义包括两个方面:一方面指的是手工装配还是机械装配;另一方面指保证精度采用完全互换法、不完全互换法、修配法或调整法中的其中一种。应该根据装配精度的要求、产品结构和生产纲领来合理选择装配方法。

⑤ 编制装配工艺文件　主要是指装配工艺过程卡片,其中包括装配工序、装配工艺装备(工具、夹具和量具)和时间定额等。

有些工厂没有装配工艺过程卡片,而是用装配工艺系统图来代替的。

此外,还应该有装配检验卡片和试验卡片,有些产品还附有测试报告和修正(校正)曲线等。

习　题

1．飞机机翼蒙皮与翼肋之间的装配若出现超差现象，一般允许挫修或加补偿片，这种装配方法属于(　　)。

A．完全互换法　　B．大数互换法　　C．分组选配法　　D．修配法

2．机器装配精度包括(　　)。

A．相互位置精度、相互运动精度、相互配合精度

B．相互位置精度、相互尺寸精度、相互配合精度

C．相互位置精度、相互运动精度、相互加工精度

D．相互位置精度、相互调整精度、相互配合精度

3．装配系统图表示了(　　)。

A．装配过程　　B．装配系统组成　　C．装配系统布局　　D．机器装配结构

4．一个部件可以有(　　)基准零件。

A．一个　　B．两个　　C．三个　　D．多个

5．汽车、拖拉机装配中广泛采用(　　)。

A．完全互换法　　B．大数互换法　　C．分组选配法　　D．修配法

6．高精度滚动轴承内外圈与滚动体的装配常采用(　　)。

A．完全互换法　　B．大数互换法　　C．分组选配法　　D．修配法

7．机床主轴装配常采用(　　)。

A．完全互换法　　B．大数互换法　　C．修配法　　D．调节法

第 6 章　飞机典型零件机械加工

6.1　整体壁板的加工

整体壁板是广泛应用于现代飞机的承力构件。

由于 CAD/CAM 技术在飞机制造中的应用，因此现代飞机有条件将蒙皮、筋条、凸台等部分结构组成整体件，即整体壁板。整体壁板的制造主要采用数值量传递或图形直接传递，应用数控加工的方法来完成。

1. 整体壁板的结构要素

整体壁板由腹板、筋条、孔及其周边加强凸台、搭接边 4 部分组成，如图 6-1 所示。

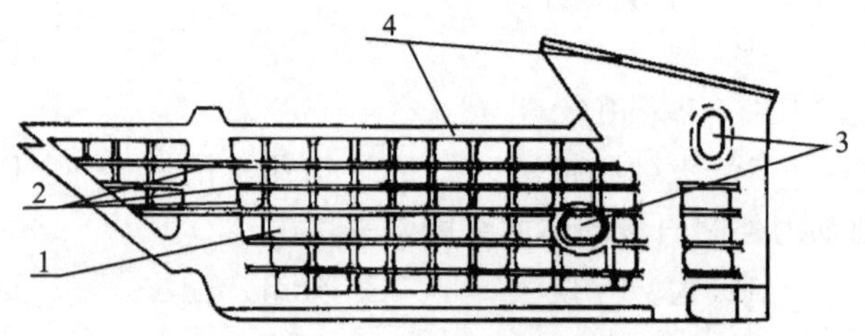

1—腹板；2—筋条；3—孔及其周边加强凸台；4—搭接边

图 6-1　整体壁板示意图

2. 整体壁板的制作方案

整体壁板的制作方案见表 6-1。

表 6-1　整体壁板的制作方案

制造方案	主要工序	特　点	可加工的平面、剖面形状	外廓尺寸/mm		生产的适应性
				可选用板坯	可加工壁板	
机械加工	热轧厚板 ↓ 淬火时效 ↓ 拉伸处理 ↓ 机械加工 ↓ 矫　正 ↓ 成　型 ↓ 光整加工 ↓ 表面处理 ↓ 待装壁板	① 加工效率取决于铣床的自动化程度； ② 加工精度高，表面粗糙度低； ③ 可作为其他制造方案的补充加工手段	① 平面形状基本不受限制，可实现等强度材料分布； ② 剖面有 T、ユ、工等形状	厚拉伸板材： 5 000×1 000×40、 10 000×2 500×60 等国内可供选择的范围	1 000×1 800 8 000×2 000 12 500×1 600 16 000×2 000	① 满足产品变化频繁的要求； ② 试制和批生产均适用

续表 6-1

制造方案	主要工序	特　点	可加工的平面、剖面形状	外廓尺寸/mm		生产的适应性
				可选用板坯	可加工壁板	
化学铣切	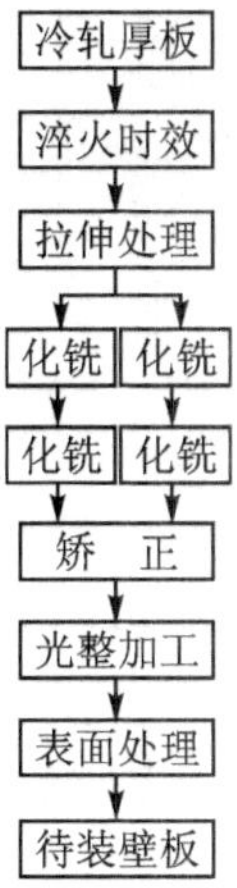 冷轧厚板 ↓ 淬火时效 ↓ 拉伸处理 ↓　↓ 化铣　化铣 ↓　↓ 化铣　化铣 ↓　↓ 矫　正 ↓ 光整加工 ↓ 表面处理 ↓ 待装壁板	① 加工精度和效率都较低； ② 废屑回收困难； ③ 方法灵活，容易实现	① 平面形状不宜复杂，一般可实现等强度材料分布； ② 剖面形状为 T 形等	薄板： 5 000×1 500×10 10 000×2 500×10	仅受化铣槽和壁板搬运限制，化铣深度不大于 10 mm	① 设备简单，生产效率和零件尺寸要考虑现有化铣槽尺寸； ② 满足产品变化频繁的要求； ③ 试制和批生产均适用
挤压	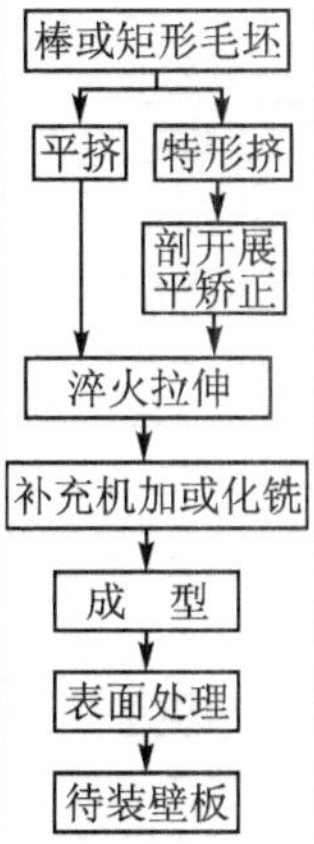 棒或矩形毛坯 ↓　↓ 平挤　特形挤 │　↓ │　剖开展平矫正 ↓　↓ 淬火拉伸 ↓ 补充机加或化铣 ↓ 成　型 ↓ 表面处理 ↓ 待装壁板	① 需要大型卧式挤压机和拉伸矫正机； ② 带筋板坯生产效率高； ③ 要达到壁板最后尺寸，尚须补充机加筋条	① 平面形状：筋条平行，经补充机械加工，可较好地实现等强度材料分布； ② 剖面为 T、ユ、工形	带筋板： 最大尺寸为 18 000×800×80	仅受挤压设备加工范围限制，一般为 16 000×2 000	① 适用于批生产； ② 保持纤维流线
模锻	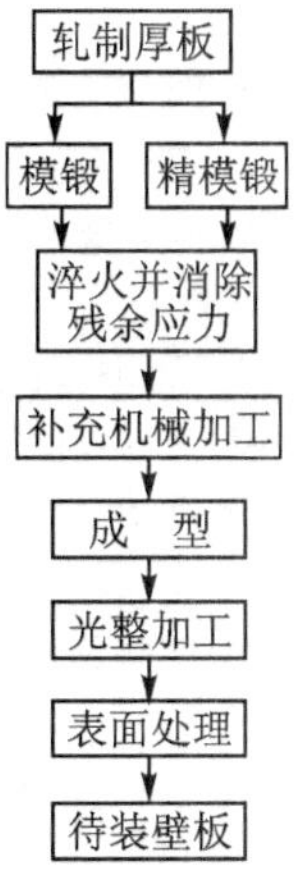 轧制厚板 ↓　↓ 模锻　精模锻 ↓　↓ 淬火并消除残余应力 ↓ 补充机械加工 ↓ 成　型 ↓ 光整加工 ↓ 表面处理 ↓ 待装壁板	① 需要大型立式水压机，普通模锻压强为 294.2 MPa，精模锻压强为 588.4 MPa； ② 模具制造周期长，成本高	① 平面形状基本不受限制； ② 剖面形状为 T 形（立筋条带有斜度）	投影面积： 1.2 m^2	中、小型壁板	① 最适于大批生产； ② 保持纤维流线

续表 6-1

制造方案	主要工序	特　点	可加工的平面、剖面形状	外廓尺寸/mm		生产的适应性
				可选用板坯	可加工壁板	
铸造	挤铸、低压铸造→热处理→矫　正→补充机械加工→光整加工→待装壁板	① 壁板强度低，延伸率小，但刚度高；② 周期短，材料利用率高，用于飞机小护板、小口盖等，大壁板不推荐使用	① 平面形状不宜太复杂；② 剖面为T形(立筋条带有斜度)	受铸造金属流动性、零件复杂性和壁厚尺寸限制，一般为 3 500×1 500	小型壁板	① 适应变化频繁的产品；② 适合试制和小批生产

3. 整体壁板的材料及主要加工性能

国内整体壁板常用材料一般为LY12、LC4、LC9、LD10铝合金，ZL104-T4铸铝合金等，其中应用最多的是LY12、LC4和LC9铝合金。

LC4铝合金的主要特点如表6-2所列。

表 6-2　LC4铝合金的主要特点

材料特性	加工性能	保证加工质量的措施
经过淬火时效后，强度提高	切削加工性能好，加工后零件表面粗糙度 *Ra* 可达 1.6～3.2	① 切削加工时，使用乳化切削液或水剂切削液作为冷却剂，完成加工后必须擦干，以免产生锈痕；② 切削加工以后，零件表面上不允许有横向划痕、横向机械加工痕迹、锐边和尖角。如产生了上述缺陷，则必须用圆角刮刀进行纵向局部修整，并使转接平滑，最后用细砂布磨光；③ 根据截面尺寸的大小，选取切削加工时的转接半径，但不得小于 2 mm；④ 零件机械加工后最好不进行钳工锯切，否则其切口必须用细纹锉刀 仔细锉修，并用细砂布磨光；⑤ 粗糙度要求：加工表面粗糙度 *Ra* 应不高于 3.2，转接半径、下陷及端部表面粗糙度 *Ra* 不高于 1.6，工作边缘倒圆处经打磨后表面粗糙度 *Ra* 不高于 1.6；⑥ 零件打印或标记用橡皮图章，如必须使用钢印，其深度也不可超过 0.2 mm；⑦ 当零件划线使用尖冲冲点时，不允许在横纤维方向形成密集的直线冲点。对型材缘板的外形划线时，要轻轻冲点，保证其痕迹应能在铣切外形时消除，而不影响零件尺寸；⑧ 不允许在孔径、压凹、斜角、弯曲及缘板边缘处打印；⑨ 为防止变形，要保证切削区温度不超过 100 ℃
具有缺口敏感性，容易产生应力集中和应力腐蚀	加工中易产生变形	

4. 毛坯类型及加工特点

整体壁板的毛坯类型及加工特点见表 6-3。

表 6-3　整体壁板的毛坯类型及特点

序　号	毛坯类型	加工特点	适用范围
1	预拉伸板材	① 适合真空平台装夹； ② 为铣去探伤盲区，每面去除余量不小于 1.5～3 mm； ③ 为减小翘曲变形，一般须进行多次正、反面反复加工； ④ 机械加工工作量大，切除金属多，材料利用率仅为 7%～15%	是整体壁板使用的最佳毛坯
2	挤压带筋板	① 可采用专业夹具或真空吸力平台装夹； ② 与预拉伸板材相比，机械加工工作量小，材料利用率可达 30%～50%	用于平行筋条类壁板及角度比较小的放射筋条类壁板，且适合于筋条剖面形状为工形的整体壁板
3	挤铸带筋板	① 可采用专业真空吸力夹具装夹； ② 与预拉伸板材相比，机械加工工作量较小，材料利用率可达 40%～60%	可用于放射筋条类、网格筋条类、点辐射筋条类等小型整体壁板
4	特型轧制的带筋板	① 与预拉伸板材相比，机械加工工作量小，材料利用率高； ② 材料制造价格昂贵，只适用于成批大量生产	成批量生产时用于 T 形剖面的平行筋条类壁板

6.2　梁类零件的加工

1. 梁类零件的结构特点

梁类零件是飞机的重要受力构件，由于飞机性能不断提高，飞机对梁的要求也越来越高，既要减轻重量，又要提高强度和刚度，因此，梁类零件的构形都比较复杂。从截面构形看，梁类零件一般可分为工字型、U 字型或工字和 U 字型的组合形以及更复杂的异型等；从使用功能和工艺特点看，梁类零件既有配合槽口、结合孔，又有协调要求较高的外形、交点孔以及内 形套合面等，这给机械加工增加了难度，特别是加工变形问题更为突出。梁类零件的典型结构如图 6-2 所示。

2. 梁类零件的材料及切削加工特点

梁类零件常用材料主要有高强度合金结构钢、铝合金及钛合金等，见表 6-4，其中 30CrMnSiA 和 30CrMnSiNi2A 合金钢的主要特性和用途见表 6-5。

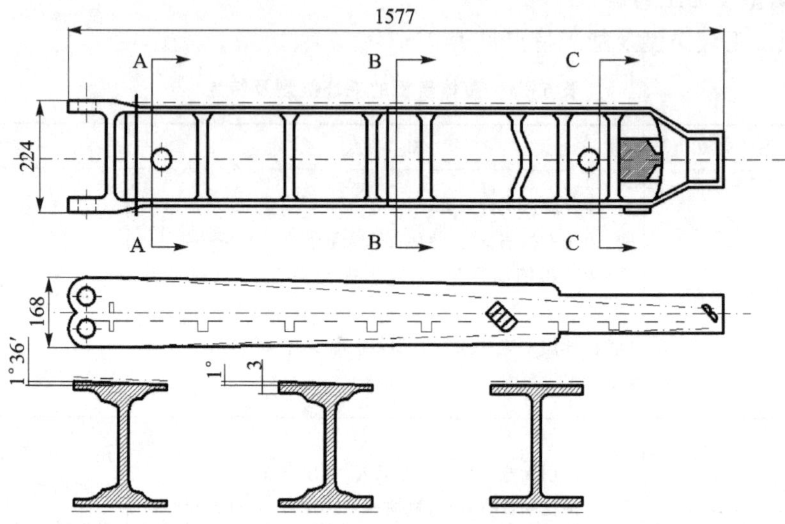

图 6-2　梁类零件的典型结构

表 6-4　梁类零件常用材料

序　号	材料名称		常用的材料牌号
1	合金结构钢	低合金高强度钢	30CrMnSiA
		低合金超高强度钢	30CrMnSiNi2A
2	铝合金	硬铝	LY12
		超硬铝	LC4
3	钛合金	$\alpha+\beta$ 两相钛合金	TC4

表 6-5　主要特性及用途

材料牌号	主要特性	用　途
30CrMnSiA	航空工业中应用最广泛的一种低合金结构钢，经调质后具有很高的强度和足够的韧性，但淬透性不高，油淬可淬透 25 mm 直径；有回火脆性和脱碳倾向；冷变形塑性中等；退火状态下钢的切削加工性能好；可电弧焊，气焊易开裂。为获得较高的强度和韧性，减少内应力、淬火变形和开裂，减小缺口敏感性，可采用等温淬火	用于制造起落架作动筒、机身加强隔框、对接接头、梁类零件、螺栓、天窗盖、发动机机架，也可用于制作压气机叶片和压气机盘
30CrMnSiNi2A	航空工业中使用最广泛的一种低合金超硬强度钢，其强度、韧性和淬透性均高于 30CrMnSiA 钢，但有较大的应力集中敏感性，可以采用电弧焊和氢原子焊，但不能采用气焊；零件在热处理与表面处理时应防止氢脆。钢在退火状态下，切削加工性尚好，但在强化处理后，切削加工性很差	用于制造重要的飞机零件，如起落架、机翼主梁、对合接头、螺栓、带板、缘条，也可以用于制作压气机中机匣的后段

高强度钢的切削加工特点如下：

① 由于材料硬度高、强度高、韧性较大，因此，刀具易产生月牙洼磨损，使耐用度降低。

② 切削力大。与 45 钢相比，30CrMnSiA 钢的单位切削力约为 45 钢的 1.24 倍，30CrMnSiNi2A 钢的单位切削力更大些。

③ 导热系数较小。30CrMnSiA 钢的导热系数 $k=0.9$ cal/(m · s · ℃)，约为 45 钢的 3/4，30CrMnSiNi2A 钢的导热系数还要小。由于导热系数小，刀、屑接触长度较短，约为45 钢的 3/5～3/4，因此，切削热集中在切削刃附近，导致切削温度较高，刀具磨损很快。

④ 车削、镗削、钻削时，切屑不易折断，易划伤已加工表面，同时也给切削加工带来了不安全因素。

3. 毛坯类型及加工特点

梁的毛坯类型及加工特点见表 6－6。

表 6－6　毛坯类型及加工特点

毛坯类型	加工特点	适用范围
自由锻件	毛坯形状简单、加工余量大、生产周期短。采用通用工具和拼装夹具，可减少专用工装数量，但生产效率低	飞机研制或小批试制阶段，有利于缩短生产周期
模锻件	毛坯形状较复杂，表面质量较好，加工余量较小，材料利用率较高。一般采用专用工装多，生产效率有所提高	飞机进入生产定型或转入批量生产阶段
预拉伸板材	零件装夹定位简单，可减少零件变形量	厚度尺寸较小的零件

4. 梁类零件的加工特点

① 切削加工以铣削为主，铣削加工量占全部加工量的 60%以上。

② 加工尺寸精度不高，但协调精度要求高，如槽口、结合孔、交点孔、缘条内套合面等之间的位置精度要求较高，加工这些有装配要求的表面时，必须符合协调精度，才能保证零件装机使用要求。

③ 梁类零件的选材多为高强度合金钢或高强度铝合金，这些材料缺口敏感性强，一般采用手工或机械打磨达到表面粗糙度要求，其打磨工作量占全部工作量的 20%以上，但随着 NC 加工技术的应用，打磨工作量会逐渐减少。

④ 梁类零件长度尺寸较大，梁的结构又比较复杂，在加工过程中极易产生变形。对铝合金梁来说，梁的矫正是加工过程中的重要内容。

6.3　框类零件的加工

1. 机身框的设计结构

机身是飞机的主体部分。机身纵向结构的主要承力件是长桁，横向结构的承力件是框，同时，框又是形成和保持机身径向外形的主要结构件。

机身框一般是由多个框类零件组成的组合框，但也有少数是整体框。整体框和组合框的工艺特点有很大的差别，本节主要介绍加强框中组合框的框类零件的加工。

组合框中框类零件的连接部位一般为结合槽口、结合平面和结合孔。框类零件的自身结构主要由与机身理论外形成等距的外形曲面、内形曲面、加强筋以及以框轴线为对称轴的双面(或单面)、有凹槽框格结构的腹板组成。同一框格内的腹板在纵向有等厚度的,也有变厚度的。

框的横截面类型有工字型、U字型、⊏字型加U字型、⊏字型加工字型及其他异型截面。组合式上半框设计结构简图见图6-3。

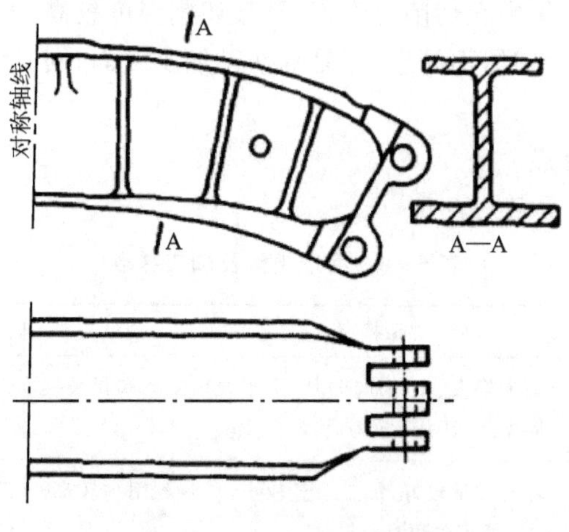

图6-3　上半框结构简图

2. 机身框的常用材料及主要加工性能

框类零件的材料大多数为铝合金,少数为合金结构钢。框类零件常用材料及主要加工性能见表6-7。

表6-7　常用材料及主要加工性能

材料牌号	加工性能
30CrMnSiNi2A	其强度、韧性和淬透性均高于30CrMnSiA钢,但有较大的应力集中敏感性;在退火状态下,切削加工性尚好;但强化处理后,切削加工性很差
LC4	详见表6-2
2024	具有较高的强度、刚度和抗疲劳性,韧性较好,时效状态下切削性能良好,可以矫正
LD5	具有较高的强度,韧性好于2024钢,切削性能良好,可以冷矫正

3. 毛坯类型及加工特点

框类零件的毛坯形式多为模压件,预拉伸厚铝板在国外应用较多。框类零件的加工以铣削为主,占全部加工量的70%左右。一次装夹进行外形、内形和腹板的粗、精加工,然后翻面装夹进行内形、腹板的粗、精加工。内形以外形为基准加工,正反面以框平面为对称面。毛坯类型及加工特点见表6-8。

表6-8　毛坯类型及加工特点

序　号	毛坯类型		加工特点
1	模压件	合金钢	对外形、内形、腹板进行粗、精加工后，再进行热处理，最后对框缘结合槽口、梁结合槽口和结合孔进行细加工
		铝合金	铣定位基准面，一次定位铣完外形、内形和腹板面，然后翻面铣完内形和腹板面
2	预拉伸板	铝合金	以横线样板划线，将预拉伸板毛坯粗铣成外形轮廓，然后铣正反面内形和腹板，最后翻面铣完内形和腹板面

6.4　缘条、长桁类零件的加工

1. 缘条、长桁类零件的应用及典型结构

缘条、长桁类零件一般都是机身、机翼重要的纵向受力结构件。随着飞机性能的提高和数控加工技术的发展，缘条类零件的形状愈趋复杂。缘条类零件常用于大型飞机的机翼或尾翼，构成梁的装配件，因此常被称为梁缘条。零件一般有配合平面、槽口和交点孔。长桁类零件虽然也是细长类零件，但受力情况和结构形状比缘条简单。长桁类零件又称为型条或型材，广泛应用于机身、机翼。

(1) 缘条类零件的应用

图6-4是某中短程客机水平安定面的结构示意图。从图中可以看出缘条零件的应用部位。水平安定面的主要载荷是由前梁组件、后梁组件、翼肋和上、下壁板组成的盒状结构来承担的，而在前、后梁组件中缘条又是主要的受力构件。一般在大型飞机的机翼、尾翼上，梁装配件总是由上、下缘条、腹板、支柱以及其他加强件铆接而成的。

缘条截面为T字型，由超高强度铝合金挤压型材经机械加工而成，全长约6 m，从头部至尾部其截面尺寸逐渐变小，头部厚度34.8 mm，尾端厚度仅6 mm。零件呈细长形、刚性差、形状较复杂。

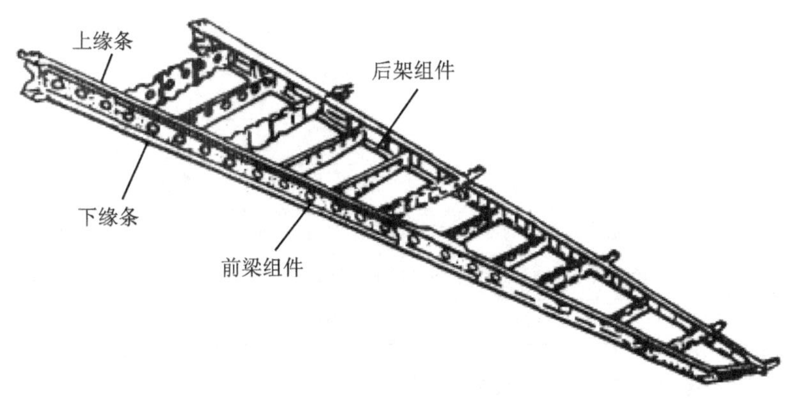

图6-4　某客机水平安定面结构示意图

(2) 长桁类零件的应用

长桁是挤压型材经局部范围的机械加工而形成的，大量应用于各类大中型飞机。图6-5

所示为某客机机翼上翼面长桁的分布情况，从图上可以看出，长桁与蒙皮铆接后作为机翼的主要承力构件，与翼肋、前、后梁等共同承受机翼的巨大载荷。长桁的毛坯实际上是铝合金型材，其头部尺寸加大。

长桁类零件虽然与缘条类零件有许多相似之处，一般都是以挤压型材为毛坯的细长纵向受力构件，但从复杂程度、加工特点看，长桁类零件较为简单，机械加工工作量较小。

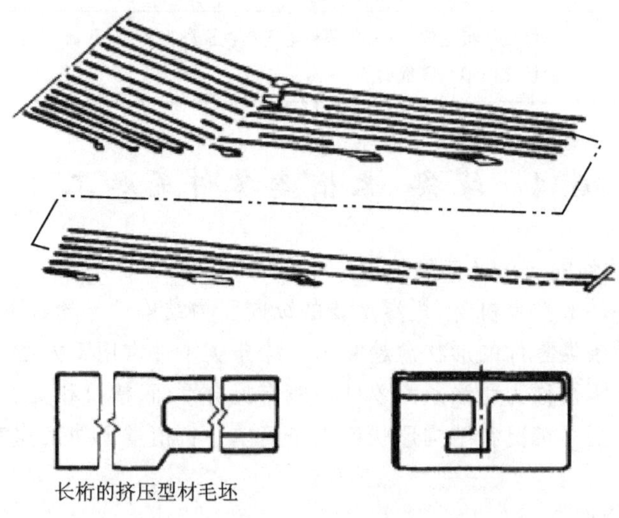

图6-5　某客机机翼长桁分布示意图

(3) 缘条、长桁类零件的分类及典型结构

缘条、长桁都是飞机上重要的受力构件，由于机型、安装部位、功能等的不同，缘条、长桁的结构、形状也各不相同。缘条、长桁类零件的分类及典型结构见表6-9和图6-6。

表6-9　缘条、长桁类零件的分类

分类方式	类型说明
按截面形状分类	L型截面
	T型截面
	工型截面
	其他异型截面
按头部形状分类	简单头部形状的零件
	复杂头部形状的零件(指头部有配合槽、平面、装配交点孔等协调要求)
按理论外形分类	等斜角:零件沿长度方向各剖面不随理论外形发生角度变化
	变斜角:零件沿长度方向各剖面随理论外形发生角度变化

2. 缘条、长桁类零件的材料及主要加工性能

(1) 常用材料

缘条、长桁类零件一般采用高强度铝合金和高强度合金钢。国内外缘条、长桁类零件常用材料见表6-10。

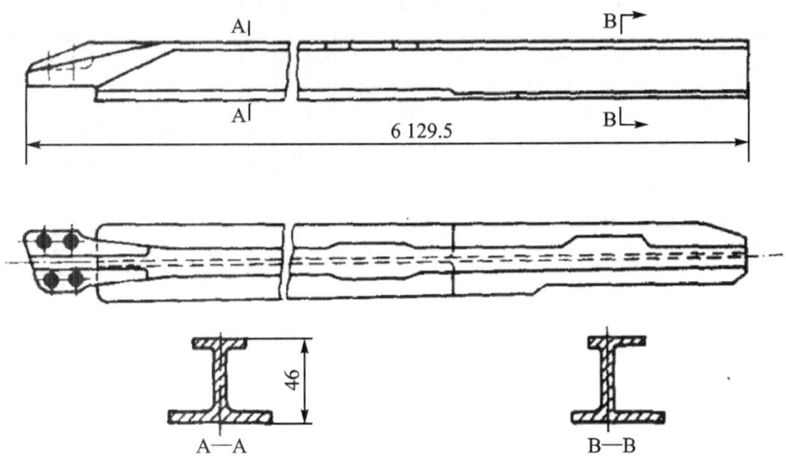

图 6-6　缘条、长桁类零件典型结构

表 6-10　缘条、长桁类零件常用材料

名　称	牌　号		
	中国	美国	苏联
硬铝合金	LY12	2024	П16
超硬铝合金	LC4	—	B95
	LC9	7075	
高强度合金钢	30CrMnSiA	—	30XГCA
	30CrMnSiNi2A		30XГCHA

(2) 材料的化学成分及机械性能

2024 和 7075 铝合金的主要化学成分见表 6-11。

表 6-11　2024 和 7075 铝合金的主要化学分

铝合金牌号	铜(Cu)/%	镁(Mg)/%	锰(Mn)/%	硅(Si)/%	锌(Zn)/%	镍(Ni)/%	铬(Cr)/%	铝(Al)/%
2024	3.8～4.9	1.2～1.8	0.30～0.9	0.5	0.25	—	0.10	余量
7075	1.2～2.0	2.1～2.9	0.30	0.4	5.1～6.1	—	0.18～0.28	余量

2024 和 7075 铝合金的主要机械性能见表 6-12。

表 6-12　2024 和 7075 铝合金的机械性能

铝合金牌号	材料状态	抗拉强度 σ_b/MPa	屈服点 σ_s/MPa	循环疲劳强度/MPa	延伸率 δ/%	断面收缩率 ψ/%	洛氏硬度 HRB
2024	T6	476	393	—	10	—	74.5～83.5
7075	T6	572	503	—	11	—	85～94

(3) 2024 和 7075 铝合金的机械加工和成型性能

2024 和 7075 铝合金的机械加工和成型性能见表 6-13。

表 6-13 2024和7075铝合金机械加工和成型性能

铝合金牌号	机械加工性能	成型、矫正性能
2024	淬火、时效后具有良好的机械加工性能,采用车、铣、钻、铰、镗等切削方法容易获得较高的加工精度和表面质量; 退火状态下切削性能较差	退火及新淬火状态下有较好的成型性能,失效后塑性下降,只能进行轻微、柔和的成型矫正
7075	机械加工性能类似2024	退火及新淬火状态下有较好的成型性能,失效以后严格控制矫正和成型。必须经工程材料部门批准,而且推荐在135～152 ℃范围内按生产说明书进行热成型或热矫正

3. 毛坯类型及加工特点

缘条、长桁类零件一般采用挤压型材,减少切削加工后的变形。铝合金的挤压型材淬火后应进行预拉伸处理。

大多数缘条、长桁类零件由于装配连接的需要,头部的大截面采用挤压型材,使缘条或长桁与接头形成一个整体,减少协调误差,避免装配应力,有利于提高零件、组件的抗应力腐蚀性能。缘条、长桁类零件的加工特点见表6-14。

表 6-14 缘条、长桁类零件的加工特点

零件名称	材料牌号及状态	毛坯类型	典型图例	加工特点
机翼大梁型条	LY12-CZ	等截面开角度型材	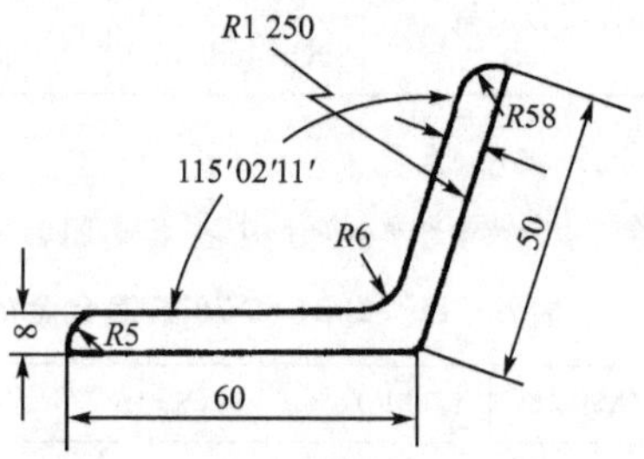	① 加工较简单; ② 加工过程中易变形
水平安定面梁缘条	7075-T73511	头部尺寸加大的T字型型材	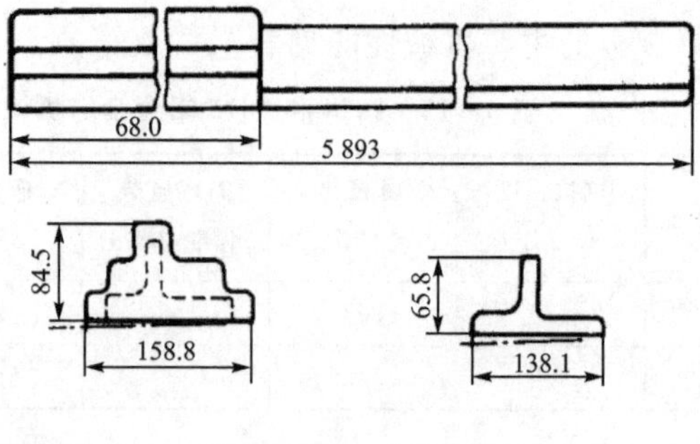	① 头部协调关系复杂; ② 各截面尺寸变化大; ③ 切削余量大; ④ 零件细长,易变形

续表 6 - 14

零件名称	材料牌号及状态	毛坯类型	典型图例	加工特点
机翼长桁	7075 - T6511	头部尺寸加大的丁字型型材	81 12.7 158.8 431.8	① 除头部以外，各截面形状、尺寸变化不大； ② 头部补充加工较复杂，并须分段热处理
中外翼长桁	7075 - T6511	头部尺寸加大的工字型型材	66 38 10 28.5	① 除头部以外，各截面形状、尺寸变化不大； ② 头部补充加工较复杂，并须分段热处理
机翼缘条	30CrMnSiA	等截面等边角材	7 36 7 36	① 形状简单； ② 加工方便

习　题

1. 简述整体壁板的作用、结构要素以及制造方案。
2. 简述梁类零件的加工特点。

参考文献

[1] 韩志仁、郑晖、贺平. 飞机制造技术基础：机械加工[M]. 北京：北京航空航天大学出版社. 2015.

[2]《航空制造工程手册》总编委会. 航空制造工程手册：飞机机械加工[M]. 北京：航空工业出版社. 1995.

[3] 孟光，郭立杰，林忠钦. 航天航空能制造技术与装备发展战略研究[M]. 上海：上海科学技术出版社，2017.

[4] 伍少敏. 机械制造工艺[M]. 北京：航空工业出版社，2015.

[5] 黄卫东，陈保国，张卫红，等. 民用飞机构件先进成形技术[M]. 上海：上海交通大学出版社，2016.

[6] 郭建烨，于超，张艳丽. 机械制造技术基础[M]. 北京航空航天大学出版社. 2016.

[7] 陈明，明伟伟，安庆龙. 民用飞机构件数控加工技术[M]上海：上海交通大学出版社，2016.

[8]《航空制造工程手册》总编委会. 航空制造工程手册：数字化制造[M]. 北京：航空工业出版社，2016.

[9] 贾玉红，何景武. 现代飞行器制造工艺[M]. 2 版. 北京. 北京航空航天大学出版社，2020.

[10] 孟光，郭立杰，林忠钦. 航天航空能制造技术与装备发展战略研究[M]. 上海：上海科学技术出版社，2017.

[11] 符双学，袁忠大. 航空制造工艺基础[M]. 武汉：华中科技大学出版社，2017.

[12] 韩维. 军民用飞机工程制造的差异性研究[M]. 北京：航空工业出版社，2018.

[13] 袁立. 飞机数字化制造技术及应用[M]. 北京：航空工业出版社，2018.

[14] 徐义华. 航空制造技术基础[M]. 西安：西北工业大学出版社，2018.

[15] 帅朝林，刘大炜，牟文平，等. 飞机结构件先进制造技术[M]. 北京：机械工业出版社，2019.

[16] 朱天文. 飞机结构全三维设计制造技术[M]. 北京：航空工业出版社，2020.

[17] 因多古尔·阿斯科里德·伊万诺维奇. 飞机结构零组件设计[M]. 北京：航空工业出版社，2020.

[18] 陈文亮，王珉，齐振超. 航空智能制造装备技术[M]. 北京：科学出版社，2021.

[19] 杨旭，魏金龙. 飞机结构长寿命连接与整体化技术工程应用研究[M]. 北京：航空工业出版社，2021.

[20] 汤漾平，张华书，邓建春. 机械制造装备技术[M]. 武汉：华中科技大学出版社，2015.

[21] 董鹏敏. 机械制造工艺学[M]. 北京航空航天大学出版社. 2012

[22] 陈勇志，李荣泳. 机械制造工程技术基础出版发行[M]. 成都：西南交通大学出版社，2015.

[23] 任海东，程琴. 机械制造基础[M]. 北京：北京邮电大学出版社，2015.

[24] 蔡安江，张建，张永贵. 机械制造装备设计[M]. 武汉：华中科技大学出版社，2015.

[25] 储伟俊,刘斌副.机械制造基础[M].北京:国防工业出版社,2015.

[26] 伍少敏.机械制造工艺[M].北京:航空工业出版社,2015.

[27] 唐火红,丁志,杨沁.机械制造技术基础[M].合肥:合肥工业大学出版社,2015.

[28] 赵敖生,沈其文.材料成形与机械制造技术基础:机械制造分册[M].武汉:华中科技大学出版社,2015.

[29] 何瑛,欧阳八生,陈书涵.机械制造工艺学[M].长沙:中南大学出版社,2015.

[30] 吉卫喜,李益民.机械制造技术基础[M].北京:高等教育出版社,2015.

[31] 冯之敬.机械制造工程原理[M].北京:清华大学出版社,2015.

[32] 郭兰申,王阳.机械制造工程学[M].北京:化学工业出版社,2015.

[33] 胡忠举,宋昭祥.机械制造基础[M].北京:机械工业出版社,2015.

[34] 吕明,轧刚,王时英.机械制造技术基础[M].武汉:武汉理工大学出版社,2015.

[35] 孔宪光,叶向林,马洪波.机械制造工艺:基于TECNOMATIX平台[M].北京:高等教育出版社,2015.

[36] 李保元,彭彦,刘垚.现代机械制造工艺学原理及应用研究[M].北京:中国水利水电出版社,2015.

[37] 冯丰.机械制造工艺与工装[M].北京:机械工业出版社,2015.

[38] 师建国,冷岳峰,程瑞.机械制造技术基础[M].北京:北京理工大学出版社,2016.

[39] 莫持标,张旭宁.机械制造技术主编[M].武汉:华中科技大学出版社,2016.

[40] 刘书暖.机械制造工艺学[M].西安:西北工业大学出版社,2016.

[41] 李清.工程材料及机械制造基础[M].武汉:华中科技大学出版社,2016.

[42] 郝用兴.机械制造技术基础[M].北京:高等教育出版社,2016.

[43] 谭豫之,李伟.机械制造工程学[M].2版.北京:机械工业出版社,2016.

[44] 喻洪平.机械制造技术基础[M].重庆:重庆大学出版社,2021.

[45] 郭永环,高丽.工程材料及机械制造基础[M].北京大学出版社,2021.

[46] 张也瀚,刘永猛,刘品.机械精度设计与检测基础[M].11版.哈尔滨:哈尔滨工业大学出版社,2021.

[47] 庄凯.机械制造工艺基础[M].北京:科学出版社,2021.

[48] 吴拓作.机械制造工程[M].4版.北京:机械工业出版社,2021.

[49] 王明耀,李海涛.机械制造技术[M].3版.北京:机械工业出版社,2021.